Adobe 创意大学指定教材

Ai

Adobe® 创意大学
Illustrator CS6 标准教材

多媒体教学资源
- 本书实例的素材以及效果文件
- 本书130多分钟的实例同步高清视频教学

北京希望电子出版社　总策划
瞿颖健 曹茂鹏　编 著

北京希望电子出版社
Beijing Hope Electronic Press
www.bhp.com.cn

内 容 简 介

Illustrator 是 Adobe 公司著名的矢量图形制作软件，可用于绘制插图、印刷排版、多媒体及 Web 图形的制作和处理，在全球拥有大量用户，备受矢量图形设计师的青睐。

本书知识结构清晰，讲解安排合理，以"理论知识+实战案例"的形式循序渐进地对知识点进行了讲解；版式设计新颖，对 Illustrator CS6 产品专家认证的考核知识点在书中进行了加着重点的标注，使读者一目了然，方便初学者和有一定基础的读者更有效率地掌握 Illustrator CS6 的重点和难点。本书内容丰富，全面、详细地讲解了 Illustrator CS6 的各项功能，内容包括创建与编辑文件、绘制图形、对象的基础操作、填充与描边、对象变形与高级编辑、透明度、文字、使用符号对象、创建与编辑图表、外观与效果、Web 图形与切片、任务自动化与打印输出等知识。

本书可以作为参加"Adobe 创意大学产品专家认证"考试人员的指导用书，还可以作为各院校和培训机构"数字媒体艺术"相关专业的教材。

本书附赠书中部分实例的源文件、效果文件以及视频教学文件，读者可以在学习过程中随时调用。

图书在版编目（CIP）数据

Illustrator CS6 标准教材 / 瞿颖健，曹茂鹏编著. 一北京：北京希望电子出版社，2013.4

（Adobe 创意大学系列）

ISBN 978-7-83002-094-1

Ⅰ. ①I…　Ⅱ. ①瞿…②曹…　Ⅲ. ①图形软件－教材　Ⅳ. ①TP391.41

中国版本图书馆 CIP 数据核字（2013）第 017757 号

出版：北京希望电子出版社

地址：北京市海淀区中关村大街 22 号
　　　中科大厦 A 座 10 层

邮编：100190

网址：www.bhp.com.cn

电话：010-82620818（总机）转发行部
　　　010-82626237（邮购）

传真：010-62543892

经销：各地新华书店

封面：韦　纲

编辑：焦昭君

校对：刘　伟

开本：787mm×1092mm 1/16

印张：19.5

字数：445 千字

印刷：北京市密东印刷有限公司

版次：2019 年 7 月 1 版 4 次印刷

定价：42.00 元

丛书编委会

主　任：王　敏

编委（或委员）：（按照姓氏字母顺序排列）

艾　藤　　曹茂鹏　　陈志民　　邓　健　　高　飞　　韩宜波

胡　柳　　胡　鹏　　靳　岩　　雷　波　　李　蕻　　李少勇

梁硕敏　　刘　强　　刘　奇　　马李昕　　石文涛　　舒　睿

宋培培　　万晨曦　　王中谋　　魏振华　　吴玉聪　　武天宇

张洪民　　张晓景　　朱园根

本书编委会

主　编：北京希望电子出版社

编　者：瞿颖健　曹茂鹏

审　稿：焦昭君

丛 书 序

　　文化创意产业是社会主义市场经济条件下满足人民多样化精神文化需求的重要途径，是促进社会主义文化大发展大繁荣的重要载体，是国民经济中具有先导性、战略性和支柱性的新兴朝阳产业，是推动中华文化走出去的主导力量，更是推动经济结构战略性调整的重要支点和转变经济发展方式的重要着力点。文化创意人才队伍是决定文化产业发展的关键要素，有关统计资料显示，在纽约，文化产业人才占所有工作人口总数的12%，伦敦为14%，东京为15%，而像北京、上海等国内一线城市还不足1%。发展离不开人才，21世纪是"人才世纪"。因此，文化创意产业的快速发展，创造了更多的就业机会，急需大量优秀人才的加盟。

　　教育机构是人才培养的主阵地，为文化创意产业的发展注入了动力和新鲜血液。同时，文化创意产业的人才培养也离不开先进技术的支撑。Adobe®公司的技术和产品是文化创意产业众多领域中重要和关键的生产工具，为文化创意产业的快速发展提供了强大的技术支持，带来了全新的理念和解决方案。使用Adobe产品，人们可尽情施展创作才华，创作出各种具有丰富视觉效果的作品。其无与伦比的图形图像功能，备受网页和图形设计人员、专业出版人员、商务人员和设计爱好者的喜爱。他们希望能够得到专业培训，更好地传递和表达自己的思想和创意。

　　Adobe®创意大学计划正是连接教育和行业的桥梁，承担着将Adobe最新技术和应用经验向教育机构传导的重要使命。Adobe®创意大学计划通过先进的考试平台和客观的评测标准，为广大合作院校、机构和学生提供快捷、稳定、公正、科学的认证服务，帮助培养和储备更多的优秀创意人才。

　　Adobe®创意大学标准系列教材，是基于Adobe核心技术和应用，充分考虑到教学要求而研发的，全面、科学、系统而又深入地阐述了Adobe技术及应用经验，为学习者提供了全新的多媒体学习和体验方式。为准备参与Adobe®认证的学习者提供了重点清晰、内容完善的参考资料和专业工具书，也为高层专业实践型人才的培养提供了全面的内容支持。

　　我们期待这套教材的出版，能够更好地服务于技能人才培养、服务于就业工作大局，为中国文化创意产业的振兴和发展做出贡献。

北京中科希望软件股份有限公司董事长　周明陶

序

Adobe®是全球最大、最多元化的软件公司之一，旗下拥有众多深受客户信赖的软件品牌,以其卓越的品质享誉世界，并始终致力于通过数字体验改变世界。从传统印刷品到数字出版，从平面设计、影视创作中的丰富图像到各种数字媒体的动态数字内容，从创意的制作、展示到丰富的创意信息交互，Adobe解决方案被越来越多的用户所采纳。这些用户包括设计人员、专业出版人员、影视制作人员、商务人员和普通消费者。Adobe产品已被广泛应用于创意产业各领域，改变了人们展示创意、处理信息的方式。

Adobe®创意大学（Adobe® Creative University）计划是Adobe联合行业专家、教育专家、技术专家，基于Adobe最新技术，面向动漫游戏、平面设计、出版印刷、网站制作、影视后期等专业，针对高等院校、社会办学机构和创意产业园区人才培养，旨在为中国创意产业生态全面升级和强化创意人才培养而联合打造的教育计划。

2011年中国创意产业总产值约3.9万亿元人民币，占GDP的比重首次突破3%，标志着中国创意产业已经成为中国最活跃、最具有竞争力的重要支柱产业之一。同时，中国的创意产业还存在着巨大的市场潜力，需要一大批高素质的创意人才。另一方面，大量受到良好传统教育的大学毕业生由于没有掌握与创意产业相匹配的技能，在走出校门后需要经过较长时间的再次学习才能投身创意产业。Adobe®创意大学计划致力于搭建高校创意人才培养和产业需求的桥梁，帮助学生提高岗位技能水平，使他们快速、高效地步入工作岗位。自2010年8月发布以来，Adobe®创意大学计划与中国200余所高校和社会办学机构建立了合作，为学员提供了Adobe®创意大学考试测评和高端认证服务，大量高素质人才通过了认证并在他们心仪的工作岗位上发挥出才能。目前，Adobe®创意大学已经成为国内最大的创意领域认证体系之一，成为企业招纳创意人才的最重要的依据之一，累计影响上百万人次，成为中国文化创意类专业人才培养过程中一个积极的参与者和一支重要的力量。

我祝愿大家通过学习由北京希望电子出版社编著的"Adobe®创意大学"系列教材，可以更好地掌握Adobe的相关技术，并希望本系列教材能够更有效地帮助广大院校的老师和学生，为中国创意产业的发展和人才培养提供良好的支持。

Adobe祝中国创意产业腾飞，愿与中国一起发展与进步！

Adobe大中华区董事总经理 黄耀辉

前言

一、Adobe®创意大学计划

　　Adobe®公司联合行业专家、行业协会、教育专家、一线教师、Adobe技术专家，面向国内游戏动漫、平面设计、出版印刷、eLearning、网站制作、影视后期、RIA开发及其相关行业，针对专业院校、培训领域和创意产业园区创意类人才的培养，以及中小学、网络学院、师范类院校师资力量的建设，基于Adobe核心技术，为中国创意产业生态全面升级和教育行业师资水平以及技术水平的全面强化而联合打造的全新教育计划。

　　详情参见Adobe®教育网：www.Adobecu.com。

二、Adobe®创意大学考试认证

　　Adobe®创意大学考试认证是Adobe®公司推出的权威国际认证，是针对全球Adobe软件的学习者和使用者提供的一套全面科学、严谨高效的考核体系，为企业的人才选拔和录用提供了重要和科学的参考标准。

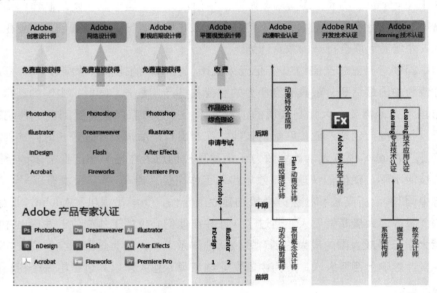

三、Adobe®创意大学计划标准教材

　　—《Adobe®创意大学Photoshop CS6标准教材》
　　—《Adobe®创意大学InDesign CS6标准教材》
　　—《Adobe®创意大学Dreamweaver CS6标准教材》
　　—《Adobe®创意大学Fireworks CS6标准教材》
　　—《Adobe®创意大学Illustrator CS6标准教材》
　　—《Adobe®创意大学After Effects CS6标准教材》
　　—《Adobe®创意大学Flash CS6标准教材》
　　—《Adobe®创意大学Premiere Pro CS6标准教材》

四、咨询或加盟"Adobe®创意大学"计划

　　如欲详细了解Adobe®创意大学计划，请登录Adobe®教育网www.adobecu.com或致电010-82626190，010-82626185，或发送邮件至邮箱：adobecu@hope.com.cn。

编著者

第1章
Adobe Illustrator
CS6的基础知识

Adobe Illustrator作为全球最著名的图形软件，以其强大的功能和体贴的用户界面已经占据了全球矢量图形软件中的大部分份额。Adobe Illustrator CS6是出版、多媒体和在线图像的工业标准矢量插画软件。在学习Adobe Illustrator CS6的使用方法之前，首先需要了解一些Adobe Illustrator CS6的相关知识。

学习要点

- Illustrator CS6简介与应用
- 熟悉Illustrator CS6的工作界面

- 文档视图操作
- 画板

1.1 Illustrator CS6简介与应用

由于同属Adobe公司旗下的图形图像软件，Illustrator和Photoshop之间可以进行互相交流，但是Illustrator是以处理矢量图形为主的图形绘制软件，而Photoshop则是以处理像素图为主的图像处理软件。Illustrator也可以对图形进行像素化处理，但同样的文件均存储为EPS格式后，Photoshop存储的文件要小很多，原因是它们描述信息的方式不同。图1-1所示为Illustrator CS6的启动界面。

Adobe Illustrator同时作为创意软件套装Creative Suite的重要组成部分，与兄弟软件——位图图像处理软件Photoshop有类似的界面，并能共享一些插件和功能，实现无缝连接。图1-2所示为Illustrator CS6界面。Adobe Illustrator中贝赛尔曲线的使用，使矢量绘图操作变得更加简单，功能更加强大。

图1-1　Illustrator CS6启动界面

图1-2　Illustrator CS6操作界面

Adobe Illustrator作为优秀的矢量软件，在平面设计中的应用非常广泛，标志设计、VI设计、海报招贴设计、画册样本设计、版式设计、书籍装帧设计、包装设计、界面设计、数字绘画等领域，如图1-3至图1-6所示。

图1-3　标志设计作品

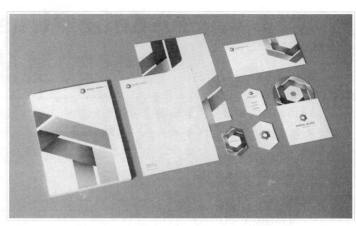

图1-4　VI设计作品

图1-5　画册样本设计作品

图1-6　数字绘画作品

1.2　熟悉Illustrator CS6的工作界面

▶ 1.2.1　Illustrator CS6界面布局

在学习Illustrator CS6之前，要全面熟悉Illustrator CS6的工作环境，了解各个界面元素的基本使用方法。Illustrator CS6工作界面由菜单栏、控制栏、工具箱、画布以及面板等多个部分组成，如图1-7所示。

图1-7　Illustrator CS6界面布局

▶ 1.2.2　菜单栏

菜单栏中包含用于执行任务的命令，一共包含9组主菜单，分别是"文件"、"编辑"、"对象"、"文字"、"选择"、"效果"、"视图"、"窗口"和"帮助"，单击相应的主菜单，即可打开该菜单下的命令，如图1-8所示。

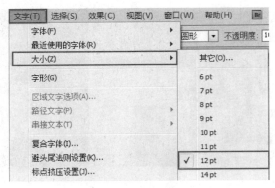

图1-8　使用菜单命令

1.2.3　文档操作区

文档操作区包括文档栏、绘画区、属性栏几个部分，如图1-9所示。打开文件后，Illustrator的文档栏中会自动生成相应文档，显示这个文件的名称、格式、窗口缩放比例以及颜色模式等信息。所有图形的绘制操作都将在绘画区中进行，可以通过缩放操作对绘制区域的尺寸进行调整。在属性栏中提供了当前文档的缩放比例和显示的页面，并且可以通过调整相应的选项，调整Version cue状态、当前工具、日期和时间、还原次数和文档颜色配置文件的状态。

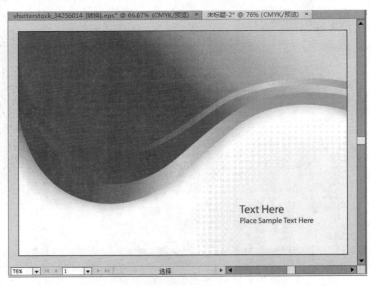

图1-9　文档操作区

1.2.4　工具箱

工具箱中包含用于创建、绘制和处理图稿的工具。使用工具箱中的工具可以在Illustrator中选择、创建和处理对象。使用鼠标左键单击一个工具，即可选择使用该工具。如果工具的右下角带有三角形图标，表示这是一个工具组，在工具上单击鼠标右键即可弹出隐藏的工具，如图1-10所示是工具箱中所有隐藏的工具。

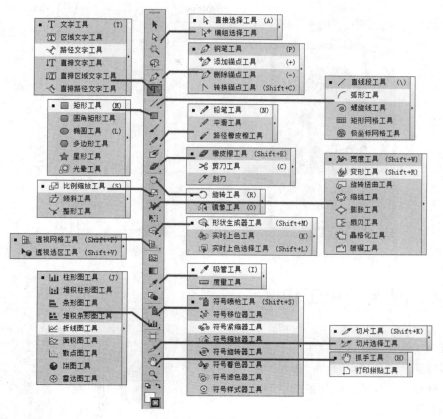

图1-10　工具箱中的工具

1.2.5　面板

　　Illustrator中的面板主要用来配合图形的修改、编辑、参数设置以及对操作进行控制等。在默认情况下，Illustrator CS6中的面板将以图标的方式停放在右侧的面板堆栈中，通过拖动面板堆栈左侧的边缘将该区域扩大，将各图标相应的画板名称显示出来，以便找到所需的面板，如图1-11所示。若要将面板全部显示出来，可以单击面板堆栈右上角的 ◄◄ 按钮，若要将展开的面板收回可以单击 ►► 按钮，如图1-12所示。

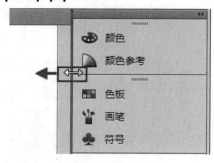

图1-11　扩大面板

图1-12　展开/收回面板

　　在"窗口"菜单中可以打开其他面板，如图1-13所示。

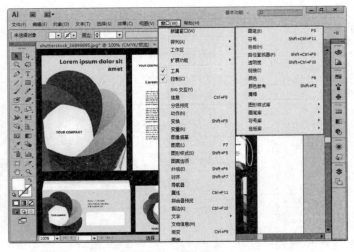

图1-13 多个面板

▶ 1.2.6 使用预设工作区

执行"窗口"|"工作区"菜单下的子命令来选择合适的工作区，如图1-14所示。也可以在软件界面最顶端的程序栏中单击"基本功能"按钮，系统会弹出一个菜单，在该菜单中可以选择系统预设的工作区。

图1-14 选择工作区

▶ 1.2.7 自定义工作区布局

在Illustrator中可以定义适合自己的工作区布局，调整好合适的布局后，执行"窗口"|"工作区"|"新建工作区"命令，如图1-15所示。然后在弹出的对话框中为工作区设置一个名称，接着单击"确定"按钮，即可将当前工作区存储为预设工作区，如图1-16所示。

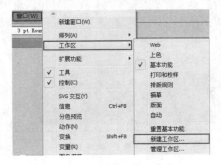

图1-15 新建工作区命令

图1-16 "新建工作区"对话框

执行"窗口"|"工作区"命令，在子菜单中可以选择前面自定义的工作区，或者在界面顶部单击"切换预设工作区"按钮，即可选择刚刚储存的工作区，如图1-17所示。

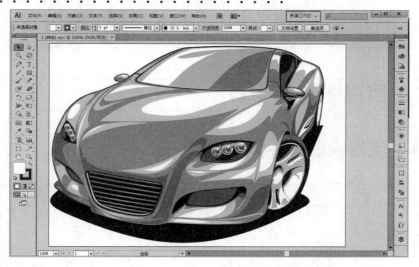

图1-17　使用自定义的工作区

1.2.8　更改屏幕模式

单击工具箱底部的"切换屏幕模式"按钮，可以更改插图窗口和菜单栏的可视性。如果在全屏模式下可以将光标放在屏幕的左边缘或右边缘，此时工具箱将被弹出，如图1-18所示。

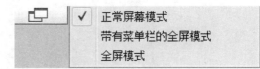

图1-18　切换屏幕模式

- "正常屏幕模式"：在标准窗口中显示图稿，菜单栏位于窗口顶部，滚动条位于两侧。
- "带有菜单栏的全屏模式"：在全屏窗口中显示图稿，在顶部显示菜单栏，带滚动条。
- "全屏模式"：在全屏窗口中显示图稿，不带标题栏或菜单栏。

1.2.9　自定义快捷键

执行"编辑"|"键盘快捷键"命令，在弹出的"键盘快捷键"对话框中选择需要修改快捷键的命令。首先需要从"键盘快捷键"对话框顶部的"键集"下拉列表中选择一组快捷键。然后在快捷键显示区上方的菜单中选择要修改"菜单命令"的快捷键或是"工具"的快捷键。单击相应快捷键的位置，输入新的快捷键，单击"确定"按钮即可完成快捷键的定义，如图1-19所示。

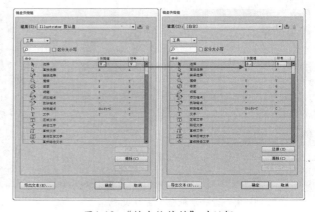

图1-19　"键盘快捷键"对话框

> **提示**
>
> 如果输入的快捷键已指定给另一个命令或工具，对话框底部会显示一个警告信息。此时，可以单击"还原"按钮以还原更改，或单击"转到"按钮以转到其他命令或工具并指定一个新的快捷键。在"符号"列输入要显示在命令或工具的菜单或工具提示中的符号。

1.3　文档视图操作

▶ 1.3.1　使用视图命令浏览图像

在Illustrator中，如果想要放大图像显示比例，可以执行"视图"｜"放大"命令或使用快捷键Ctrl++，即可放大到下一个预设百分比，如图1-20所示。如果执行"视图"｜"缩小"命令或使用快捷键Ctrl+-，可以缩小图像显示比例到下一个预设百分比，如图1-21所示。

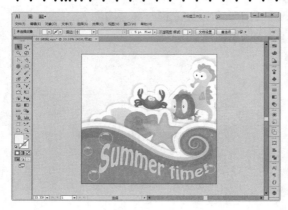

图1-20　放大视图

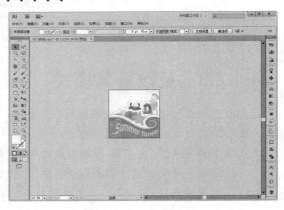

图1-21　缩小视图

执行"视图"｜"画板合适窗口大小"命令，可以将当前的画板按照屏幕尺寸进行缩放，如图1-22所示。执行"视图"｜"全部适合窗口大小"命令，要查看窗口中的所有内容，如图1-23所示。执行"视图"｜"实际大小"命令，可以100%比例显示文件，如图1-24所示。

图1-22　画板合适窗口大小

图1-23　全部适合窗口大小

图1-24　实际大小

1.3.2　使用工具浏览图像

1. 使用缩放工具

单击工具箱中的"缩放工具" ，鼠标指针会变为一个中心带有加号的"放大镜" ，单击要放大的区域的中心即可放大显示。按住Alt键，光标会变为中心带有减号的"缩小镜" ，单击要缩小的区域的中心。每单击一次，视图便放大或缩小到上一个预设百分比，如图1-25和图1-26所示。

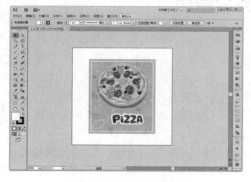

图1-25　缩小镜效果

图1-26　放大镜效果

使用"缩放工具"在需要放大的区域单击并拖动出虚线方框，释放鼠标后，窗口将显示框选的图像部分，如图1-27和图1-28所示。

图1-27　框选放大范围

图1-28　放大的效果

🔍 提　示

　　在打开的文件窗口的左下角位置有一个"缩放"文本框 `100%` ，在该文本框中输入相应的缩放倍数，按Enter键，即可直接调整到相应的缩放倍数。

---

2. 使用抓手工具

　　使用"抓手工具" 🖐 可以在不同的可视区域中进行拖动以便于浏览。单击工具箱中的"抓手工具"，在画面中单击并向所需观察的区域移动即可。在使用其他工具时，按住键盘上的空格键可以快速切换为"抓手工具"，如图1-29和图1-30所示。

图1-29　使用"抓手工具"拖动

图1-30　使用"抓手工具"浏览

▶ 1.3.3　使用"导航器"面板浏览图像

　　执行"窗口"|"导航器"命令打开"导航器"面板。在"导航器"面板中通过滑动鼠标可以查看图像的某个区域。导航器中的红色边框内的区域与画布窗口中当前显示的区域相对应，如图1-31所示。

- 缩放数值输入框 `50%` ：在这里可以输入缩放数值，然后按Enter键可以确认操作。
- "缩小"按钮 ⊿/"放大"按钮 ⊿：单击"缩小"按钮 ⊿可以缩小图像的显示比例；单击"放大"按钮 ⊿可以放大图像的显示比例。
- 要在"导航器"面板中的画板边界以外显示图稿，单击面板菜单中的"仅查看画板内容"命令将其取消选择。
- 要更改查看区域的颜色，可以从面板菜单中选择"面板选项"命令，从"颜色"菜单中选择一种预设颜色，或者双击颜色框以选择一种自定义颜色，如图1-32所示。
- 要在"导航器"面板中将文档中的虚线显示为实线，从面板菜单中选择"面板选项"命令，然后在弹出的对话框中勾选"将虚线绘制为实线"复选框，如图1-33所示。

图1-31　"导航器"面板

图1-32　设置查看区域的颜色

图1-33　设置虚线显示

1.3.4　创建参考窗口

在进行一些细微的局部操作并需要同时查看这一局部在整个图像中的效果时，可以为当前的图像创建一个新的参考窗口，在一个窗口中查看放大的局部效果，在另一个窗口中查看全局的效果。

首先选中要创建新的参考窗口的图像，然后执行"窗口"|"新建窗口"命令，此时将创建一个新的窗口，在其中一个窗口进行编辑，另一个窗口中都会出现相同的效果，如图1-34所示。

图1-34　新建窗口效果

1.4　画板

在Illustrator中画板表示可以包含可打印图稿的区域。在创建文档时可以指定文档的画板数，也可以在处理文档的过程中随时添加和删除画板。同时还可以对画板进行重新排列、自定义名称、设置参考点等操作，如图1-35所示。

图1-35　包含多个画板的文档

1.4.1　使用画板工具

使用"画板工具"□可以创建或编辑画板。双击工具箱中的"画板工具"按钮□，然后单击控制栏中的"画板选项"按钮▣，在弹出的"画板选项"对话框中可以进行相应的设置，如图1-36所示。

● 预设：指定画板尺寸。这些预设为指定输出设置了相应的视频标尺像素长宽比。

- 宽度/高度：指定画板大小。
- 方向：指定横向或纵向页面方向。
- 约束比例：如果手动调整画板大小，保持画板长宽比不变。
- X和Y：位置根据Illustrator工作区标尺来指定画板位置。要查看这些标尺，可执行"视图"|"显示标尺"命令。
- 显示中心标记：在画板中心显示一个点。
- 显示十字线：显示通过画板每条边中心的十字线。
- 显示视频安全区域：显示参考线，这些参考线表示位于可查看的视频区域内的区域。需要用户必须将能够查看的所有文本和图稿都放在视频安全区域内。
- 视频标尺像素长宽比：指定用于视频标尺的像素长宽比。
- 渐隐画板之外的区域：当画板工具处于现用状态时，显示的画板之外的区域比画板内的区域暗。

图1-36 "画板选项"对话框

- 拖动时更新：在拖动画板以调整其大小时，使画板之外的区域变暗。如果未勾选此复选框，则在调整画板大小时，画板外部区域与内部区域显示的颜色相同。
- 画板：指示存在的画板数。

实例：创建画板

源 文 件：	无
视频文件：	视频\第1章\创建画板.avi

本实例通过使用"画板工具"练习画板的创建。

本实例的具体操作步骤如下。

01 单击工具箱中的"画板工具"按钮，然后在工作区内拖动以调整画板的形状、大小和位置，如图1-37和图1-38所示。

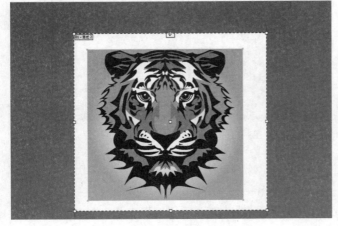

图1-37 使用"画板工具"

图1-38 调整工作区

02 要在现用的画板中创建画板，需要按住Shift键并使用"画板工具"在当前画板内拖动，即可创建出新画板，如图1-39所示。

03 要复制现有画板，可以使用"画板工具"单击选择要复制的画板，然后再单击控制栏中的"新建画板"按钮，然后在工作区中单击指定新画板的放置位置，如图1-40所示。

图1-39　移动画板

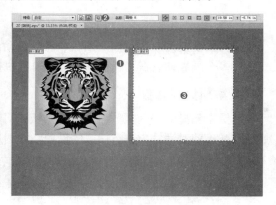

图1-40　复制现有画板

> 🔍 **提　示**
>
> 　　如果要复制多个画板，可以按住Alt键单击多次直到获得所需的数量，或者使用画板工具，按住Alt键拖动要复制的画板。

04 要复制带内容的画板，选择"画板工具"，需要单击控制栏上的"移动/复制带画板的图稿"图标，按住Alt键，然后拖动，如图1-41所示。

图1-41　复制带内容的画板

▶ 1.4.2　使用"画板"面板

　　执行"窗口"|"画板"命令，打开"画板"面板，在该面板中可以对画板进行添加、选择、排序、排列、删除、编号和导航等操作，如图1-42所示。

1. 使用画板面板新建画板

　　单击"画板"面板底部的"新建画板"图标，或从"画板"面板菜单中选择"新建画板"命令。

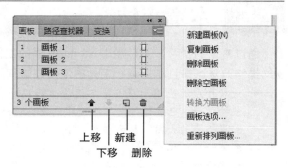

图1-42　"画板"面板

2. 删除一个或多个画板

　　选择要删除的画板，若要删除多个画板，按住Shift键单击"画板"面板中列出的画板，然后

单击"画板"面板底部的"删除画板"图标，或选择"画板"面板菜单中的"删除画板"命令。若要删除多个不连续的画板，可按住Ctrl键并在"画板"面板上单击画板。

3. 使用画板面板复制画板

选择要复制的一个或多个画板，将其拖动到"画板"面板的"新建"图标上，即可快速复制一个或多个画板，或在"画板"面板菜单中执行"复制画板"命令。

4. 重新排列画板

若要重新排列"画板"面板中的画板，可以执行"画板"面板菜单中的"重新排列画板"命令，在弹出的对话框中进行相应的设置，如图1-43和图1-44所示。

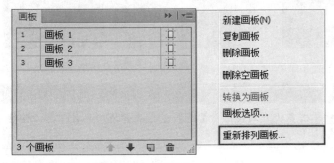
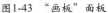

图1-43 "画板"面板　　　　　　　　　　图1-44 "重新排列面板"对话框

- 按行设置网格：在指定的行数中排列多个画板。在"行数"文本框中指定行数。如果采用默认值，则会使用指定数目的画板创建尽可能方正的外观。
- 按列设置网格：在指定的列数中排列多个画板。在"列数"文本框中指定列数。如果采用默认值，则会使用指定数目的画板创建尽可能方正的外观。
- 按行排列：此选项会将所有画板排列为一行。
- 按列排列：此选项会将所有画板排列为一列。
- 更改为从右至左的版面/更改为从左至右的版面：此选项将画板从左至右或从右至左排列。默认情况下，画板从左至右排列。
- 间距：指定画板间的间距。此设置同时应用于水平间距和垂直间距。
- 无论何时画板位置发生更改，均可选择"移动带画板的图稿"选项来移动图稿。

1.5　本章小结

通过本章的学习，可熟悉Illustrator CS6的工作界面，了解Illustrator CS6的用处，掌握文档视图的操作方法，并且掌握画板工具的使用方法，从而为后面章节的学习打下基础。

- 该软件广泛应用于覆盖标志设计、VI设计、海报招贴设计、画册样本设计、版式设计、书籍装帧设计、包装设计、界面设计、数字绘画等领域。
- 如果想要放大图像显示比例，可以执行"视图"|"放大"命令或使用快捷键Ctrl++，即可放大到下一个预设百分比。如果执行"视图"|"缩小"命令或使用快捷键Ctrl+-，可以缩小图像显示比例到下一个预设百分比。
- 执行"窗口"|"导航器"命令打开"导航器"面板，在该面板中可以通过滑动鼠标查看图像的某个区域。"导航器"中红色边框内的区域与画布窗口中当前显示的区域相对应。
- 使用"画板工具"可以创建或编辑画板。双击工具箱中的"画板工具"按钮，或者单击

"画板工具"，然后单击控制栏中的"画板选项"按钮▤，在弹出的"画板选项"对话框中可以进行相应的设置。

1.6 课后习题

1. 单选题

（1）Adobe Illustrator和Adobe Photoshop之间可互相交流，但两个软件有本质的不同，下列叙述正确的是（　　）。

　　A．Illustrator是以处理矢量图形为主的图形绘制软件，而Photoshop是以处理像素图为主的图像处理软件

　　B．Illustrator可存储为EPS格式，而Photoshop不可以

　　C．Illustrator可打开PDF格式的文件，而Photoshop不可以

　　D．Illustrator存储的AI或EPS格式文件在Photoshop中不可以置入

（2）Illustrator的屏幕模式不包括（　　）。

　　A．正常屏幕模式　　　　　　　　B．带菜单栏的全屏模式

　　C．精简模式　　　　　　　　　　D．全屏模式

（3）在使用"缩放工具"时，若鼠标指针为🔍，单击要放大区域的中心即可放大显示。按住（　　）键，光标会变为中心带有减号的"缩小镜"🔍，单击即可缩小一个预设百分比。

　　A．Alt　　　　　　　　　　　　B．Ctrl

　　C．Shift　　　　　　　　　　　D．Delete

2. 填空题

（1）若想要选择系统预设的工作区，也可以通过执行"窗口"菜单下的_____子命令来选择合适的工作区。

（2）在使用其他工具时，按住键盘上的_____键可以快速切换为"抓手工具"。

3. 判断题

（1）Illustrator也可以对图形进行像素化处理，但同样的文件均存储为EPS格式后，Photoshop存储的文件要小很多，原因是它们描述信息的方式不同。（　　）

（2）如果想要更换当前工作区的类型，可以执行"窗口"|"工作区"菜单下的子命令来选择合适的工作区。（　　）

4. 上机操作题

（1）练习"缩放工具"和"抓手工具"的使用方法。

（2）练习使用"画板工具"创建并调整画板。

第2章
文件的基本操作

在学习Adobe Illustrator CS6的绘图功能前，需要了解文档的新建、打开、储存等基本操作。

学习要点

- 文件基本操作
- 纠正操作失误
- 使用辅助工具
- 文档设置

2.1 文件基本操作

▶ 2.1.1 新建文件

若要创建新的空白文件，需要执行"文件"|"新建"命令或使用快捷键Ctrl+N，在弹出的"新建文档"对话框中可以对新建的文档进行相应参数的设置，如图2-1所示。

- 名称：在文本框中输入相应的字符，键入文档的名称。
- 配置文件：在该下拉列表中提供了打印、Web（网页）和基本RGB选项直接选中相应的选项，文档的参数将自动按照不同的方向进行调整。
- 画板数量：指定文档的画板数，以及它们在屏幕上的排列顺序。
- 间距：指定画板之间的默认间距。此设置同时应用于水平间距和垂直间距。
- 行数：在该选项中设置相应的数值，可以定义排列画板的行数或列数。

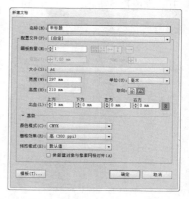

图2-1 "新建文档"对话框

- 大小：在该下拉列表中选择不同的选项，可以定义一个画板的尺寸。
- 取向：当设置画板为矩形状态时，需要定义画板的取向，在该选项中单击不同的按钮，可以定义不同的方向，此时画板高度和宽度中的数值进行交换。
- 出血：指定画板每一侧的出血位置。要对不同的侧面使用不同的值，单击"锁定"图标 🔒，将保持四个尺寸相同。
- 颜色模式：指定新文档的颜色模式。通过更改颜色模式，可以将选定的新建文档配置文件的默认内容（色板、画笔、符号、图形样式）转换为新的颜色模式，从而导致颜色发生变化。在进行更改时，注意警告图标。
- 栅格效果：为文档中的栅格效果指定分辨率。准备以较高分辨率输出到高端打印机时，将此选项设置为"高"尤为重要。默认情况下，"打印"配置文件将此选项设置为"高"。
- 透明度网格：为使用"视频和胶片"配置文件的文档指定透明度网格选项。
- 预览模式：为文档设置默认预览模式。
- 使新建对象与像素网格对齐：如果勾选此复选框，则会使所有新对象与像素网格对齐。因为此选项对于用来显示Web设备的设计非常重要。

如果想要从模板中创建新文档，可以执行"文件"|"从模板新建"命令或使用快捷键Ctrl+Shift+N，在弹出的"从模板新建"对话框中，选中要使用的模板文件，如图2-2所示。单击"新建"按钮即可以所选模板创建新的文档，如图2-3所示。

图2-2 "从模板新建"对话框

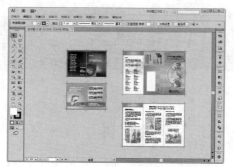

图2-3 从模板新建的文档

2.1.2　打开文件

要打开现有的文件，可执行"文件"|"打开"命令或使用快捷键Ctrl+O，在弹出的"打开"对话框中选择要打开的文件，然后单击"打开"按钮，如图2-4所示。软件会自动将相应的文档打开，如图2-5所示。Illustrator不仅可以打开Illustrator创建的矢量文件，也可以打开其他应用程序中创建的兼容文件，例如AutoCAD制作的.dwg格式文件，Photoshop创建的.psd格式文件等。

图2-4　"打开"对话框

图2-5　打开的文档

执行"文件"|"最近打开的文件"命令，在子菜单中可以看到最近打开过的一些文档，直接选中即可打开相应的文档，如图2-6所示。

使用Adobe Bridge可以快速查找、组织以及浏览位图或矢量素材资源。执行"文件"|"在Bridge中浏览"命令或使用快捷键Ctrl+Alt+O，可以在Adobe Bridge中打开相应的路径，以浏览该路径下的文件缩览图，选中需要打开的文件，然后执行"文件"|"打开方式"|"Adobe Illustrator CS6"命令，即可在Illustrator中打开，如图2-7和图2-8所示。

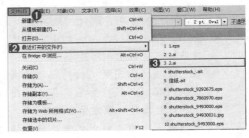

图2-6　最近打开的文件

图2-7　Adobe Bridge

图2-8　在Illustrator中打开的文档

2.1.3　存储文件

执行"文件"|"存储"命令或使用快捷键Ctrl+S可以存储文件。执行"文件"|"存储为"命

令，或使用快捷键Ctrl+Shift+S，在弹出的"存储为"对话框中可以对名称、格式、路径等选项进行更改。在Illustrator中可将图稿存储为5种基本文件格式：AI、PDF、EPS、FXG和SVG。选择合适的格式，并对文档进行命名后，单击"保存"按钮即可保存文件。首次对文件进行储存时会弹出"存储为"对话框，如图2-9所示。

接着会弹出"Illustrator选项"对话框，在其中可以对文件储存的版本、选项、透明度等参数进行设置，设置完毕后单击"确定"按钮完成操作，如图2-10所示。

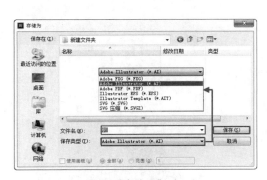

图2-9　"存储为"对话框　　　　　　图2-10　"Illustrator选项"对话框

- 版本：指定希望文件兼容的Illustrator版本。旧版格式不支持当前版本Illustrator中的所有功能。因此，当选择当前版本以外的版本时，某些存储选项不可用，并且一些数据将更改。务必仔细阅读对话框底部的警告，这样可以知道数据将如何更改。
- 子集化嵌入字体，若使用的字符百分比小于：指定何时根据文档中所使用字体的字符数量嵌入完整字体。
- 创建PDF兼容文件：在Illustrator文件中存储文档的PDF演示。如果希望Illustrator文件与其他Adobe应用程序兼容，勾选此复选框。
- 包括链接文件：嵌入与图稿链接的文件。
- 嵌入ICC配置文件：创建色彩受管理的文档。
- 使用压缩：在Illustrator文件中压缩PDF数据。使用压缩将增加存储文档的时间，因此如果现在的存储时间很长（8至15分钟），取消勾选此复选框。
- 将每个画板存储到单独的文件：将每个画板存储为单独的文件同时还会单独创建一个包含所有画板的主文件。触及某个画板的所有内容都会包括在与该画板对应的文件中。如果需要移动画稿以便可以容纳到一个画板中，则会显示一条警告消息来通知。如果不选择此选项，则画板会合并到一个文档中，并转换为对象参考线和裁剪区域。用于存储的文件的画板基于默认文档启动配置文件的大小。
- 透明度选项：确定当选择早于9.0版本的Illustrator格式时如何处理透明对象。选择"保留路径"可放弃透明度效果并将透明图稿重置为100%的不透明度和"正常"混合模式。选择"保留外观和叠印"可保留与透明对象不相互影响的叠印。与透明对象相互影响的叠印将拼合。

🔍 提　示

　　如果想要将当前编辑效果快速保存并且不希望在原始文件上发生改动，可以执行"文件"|"存储副本"命令或使用快捷键Ctrl+Alt+S，在弹出的"存储副本"对话框中可以看到当前文件名被自动命名为"原名称+_复制"的格式，使用该对话框储存了当前状态下文档的一个副本，而不影响原文档及其名称。

▶ 2.1.4 置入文件

使用Illustrator进行平面设计时经常会用到外部素材，这时就会使用到"置入"命令，"置入"命令是导入文件的主要方式，因为该命令提供有关文件格式、置入选项和颜色的最高级别的支持。使用"置入"命令不仅仅可以导入矢量素材，还可以导入位图素材以及文本文件。置入文件后，可以使用"链接"面板来识别、选择、监控和更新文件。如图2-11、图2-12所示为使用置入外部素材制作的作品。

图2-11 作品1

图2-12 作品2

执行"文件"|"置入"命令，在弹出的"置入"对话框中可以看到"文件类型"下拉列表中包含多种可置入文件的类型。在"置入"对话框中，选择要置入的文件，选择"链接"可创建文件的链接，取消选择"链接"可将图稿嵌入 Illustrator 文档，如图2-13所示。

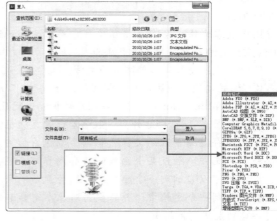

图2-13 "置入"对话框

🔍 **提 示**

AI中置入图片有两种方式：嵌入和链接。嵌入是将图片包含在AI文件中，就是和这个文件连在一起，作为一个完整的文件。当文件储存位置改变时，不用担心图片没有一起移动。链接是指图片不在AI文件中，仅仅是通过链接在AI中显示。链接的优势在于再多图片也不会使文件体积增大很多，并且不会给软件运行增加过多负担，而且链接的图片经过修改后在AI中会自动提示更新图片。但是链接文件移动时要注意链接的素材图像也需要一起移动，不然丢失链接图会使图片质量大打折扣。

2.1.5 导出文件

"导出"命令可以将文件导出为多种格式，以便于在Illustrator以外的软件中进行预览、编辑与使用。执行"文件"|"导出"命令，在弹出的"导出"对话框中，选择需要导出储存的文件位置，输入文件名，选择需要导出的文件类型，单击"保存"按钮后会弹出格式窗口，在其中进行各相关选项的设置即可，如图2-14所示。选择不同的导出格式，弹出的所选格式参数设置对话框也各不相同。

图2-14 "导出"对话框

2.1.6 关闭文件

执行"文件"|"关闭"命令或使用快捷键Ctrl+W可以关闭当前文件，也可以直接单击文档栏中的按钮进行关闭，如图2-15所示。

图2-15 关闭文件

2.1.7 退出软件

执行"文件"|"退出"命令或使用快捷键Ctrl+Q可以退出Illustrator。

> 🔍 提 示
>
> 如果当前Illustrator中包含未保存的文件，在关闭相应的文件时会弹出Illustrator对话框，可以在该对话框中进行相应的处理。单击"是"按钮，将保存文件后关闭文件；单击"否"按钮，将不对文件进行保存，直接关闭文件。

📭 实例：为文档置入位图素材

源 文 件：	源文件\第2章\为文档置入位图素材
视频文件：	视频\第2章\为文档置入位图素材.avi

本实例是通过使用"置入"命令为画面添加素材，实例效果如图2-16所示。

Illustrator CS6标准教材

本实例的具体操作步骤如下。

01 启动Adobe Illustrator CS6，使用快捷键Ctrl+O执行"打开"命令，打开素材文档"1.ai"，如图2-17所示。

图2-16　效果图

图2-17　打开素材

02 执行"文件"|"置入"命令，打开"置入"对话框，选择需要置入的素材文件"2.jpg"，单击"确定"按钮完成操作，如图2-18所示。调整置入素材的比例和位置，如图2-19所示。

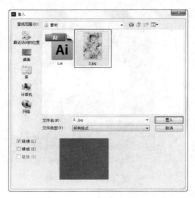

图2-18　"置入"对话框

图2-19　置入素材的效果

03 单击工具箱中的"选择工具"按钮，选中人像素材文件，再单击控制栏中的"嵌入"按钮，将图片嵌入到文件中，如图2-20所示。最终效果如图2-21所示。

图2-20　嵌入素材

图2-21　完成效果

2.2 纠正操作失误

1.还原错误操作

执行"编辑"|"还原"命令或使用快捷键Ctrl+Z，可以撤销最近的一次操作，将其还原到上一步操作状态。

2.重做操作

如果想要重做还原的操作，可以执行"编辑"|"重做"命令，或使用快捷键Shift+Ctrl+Z。

3.使用恢复命令恢复文件

执行"文件"|"恢复"命令或使用快捷键F12，可以将文件恢复到上次存储的版本。但如果已关闭文件，然后将其重新打开，则无法执行此操作，如图2-22所示。

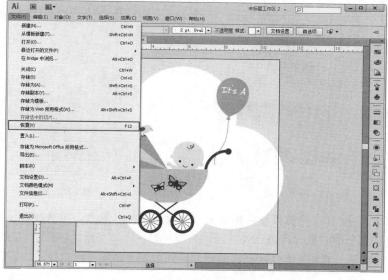

图2-22　恢复文件

2.3 使用辅助工具

在Illustrator中提供了多种辅助工具。借助这些辅助工具可以进行参考、对齐、定位等操作，能够为用户在绘制精确度较高的图稿时提供很大的帮助。常用的辅助工具包括标尺、网格、参考线等。

2.3.1 标尺

标尺可帮助设计者准确定位和度量插图窗口或画板中的对象。执行"视图"|"标尺"|"显示标尺"命令，可以在画板窗口中显示标尺，标尺会出现在窗口的顶部和左侧。如果需要隐藏标尺，可以执行"视图"|"标尺"|"隐藏标尺"命令。使用快捷键Ctrl+R也可以控制标尺的显示与隐藏，如图2-23所示。

在Illustrator中包含两种标尺："全局标尺"和"画板标尺"。全局标尺显示在插图窗口的顶部和左侧，默认标尺原点位于插图窗口的左上角，如图2-24所示。而画板标尺的原点则位于画板的左上角，并且在选中不同画板时，画板标尺也会发生变化，如图2-25所示。执行"视图"|"标尺"|"更改为全局标尺/画板标尺"命令，可以在"全局标尺"和"画板标尺"之间切换。

图2-23　显示标尺

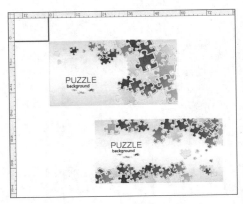

图2-24　全局标尺

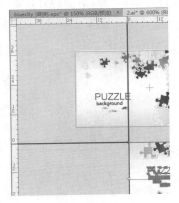

图2-25　画板标尺

在每个标尺上显示"0"的位置称为标尺原点。要更改标尺原点，可将鼠标指针移到左上角，然后将鼠标指针拖到所需的新标尺原点处。当进行拖动时，窗口和标尺中的十字线会指示不断变化的原点，如图2-26所示。要恢复默认的标尺原点，可双击左上角标尺相交处，如图2-27所示。

图2-26　全局标尺

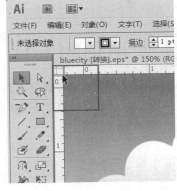

图2-27　恢复默认标尺

> **提 示**
>
> 在标尺中只显示数值，没有相应的单位，但是单位还是存在的。如果要调整单位，可以在任意标尺上单击鼠标右键，在弹出的快捷菜单中选中要使用的单位选项，此时标尺中的数值会随之发生变化。

▶ 2.3.2　网格

　　"网格"对象是辅助对象的一种，在输出或印刷时是不可见的，主要用于帮助对象对齐。执行"视图"|"显示网格/隐藏网格"命令或使用快捷键Ctrl+'，可以控制网格的显示或隐藏。显示网格后，执行"视图"|"对齐网格"命令，则移动网格对象时，对象就会自动对齐网格了，如图2-28所示。

图2-28　显示网格

🔍 提　示

　　要指定网格线间距、网格样式（线或点）、网格颜色等属性，需要执行"编辑"|"首选项"|"参考线与网格"命令，在弹出的对话框中进行详细设置。

▶ 2.3.3　参考线

　　与网格一样，参考线也是虚拟的辅助对象，输出打印时是不可见的。参考线可以帮助用户对齐文本和图形对象，可以创建垂直或水平的标尺参考线，也可以将矢量图形转换为参考线对象。

1. 创建参考线

　　（1）执行"视图"|"显示标尺"命令显示标尺，将指针放在左边标尺上以建立垂直参考线，或者放在顶部标尺上以建立水平参考线，将参考线拖移到适当位置上，如图2-29所示。

图2-29　创建参考线

　　（2）如果需要将矢量图形转换为参考线对象，需要选中矢量对象，执行"视图"|"参考线"|"建立参考线"命令或使用快捷键Ctrl+5，将矢量对象转换为参考线，如图2-30和图2-31所示。

图2-30　将矢量对象转换为参考线命令　　　　　　图2-31　将矢量对象转换为参考线效果

2. 锁定参考线

执行"视图"|"参考线"|"锁定参考线"命令可以将当前的参考线锁定，此时可以创建新的参考线，但是不能移动和删除相应的参考线。

3. 隐藏参考线

执行"视图"|"参考线"|"隐藏参考线"命令，可以将参考线暂时隐藏，再次执行该命令可以将参考线重新显示出来。

4. 删除参考线

当要将某一条参考线删除，可使用"选择工具"将相应的参考线拖到图像以外的区域，或按下Delete键即可。执行"视图"|"参考线"|"清除参考线"命令可以删除所有参考线。

> **提　示**
>
> 要删除参考线时，必须在没有锁定参考线的情况下进行，否则无法删除。

▶ 2.3.4　智能参考线

使用"智能参考线"可以帮助用户快速而精确地创建形状、对齐对象、轻松地移动和变换对象，如图2-32所示。执行"视图"|"智能参考线"命令，可以控制智能参考线的开启或关闭。执行"编辑"|"首选项"|"智能参考线"命令，在"智能参考线"对话框中进行相应的设置，如图2-33所示。

图2-32　智能参考线　　　　　　　　　　图2-33　智能参考线设置

- 颜色：指定参考线的颜色。
- 对齐参考线：显示沿着几何对象、画板和出血的中心和边缘生成的参考线。当移动对象以及执行绘制基本形状、使用钢笔工具以及变换对象等操作时，会生成这些参考线。
- 锚点/路径标签：在路径相交或路径居中对齐锚点时显示信息。
- 对象突出显示：在对象周围拖移时突出显示指针下的对象。突出显示颜色与对象的图层颜色匹配。
- 度量标签：当将光标置于某个锚点上时，为许多工具显示有关光标当前位置的信息。创建、选择、移动或变换对象时，显示相对于对象原始位置的x轴和y轴偏移量。如果在使用绘图工具时按Shift键，将显示起始位置。
- 变换工具：在比例缩放、旋转和倾斜对象时显示信息。
- 结构参考线：在绘制新对象时显示参考线。指定从附近对象的锚点绘制参考线的角度。最多可以设置6个角度。在选中的"角度"框中键入一个角度，从"角度"弹出菜单中选择一组角度，或者从弹出菜单中选择一组角度并更改框中的一个值以自定义一组角度。
- 对齐容差：从另一对象指定指针必须具有的点数，以让"智能参考线"生效。

> 提示
>
> "对齐网格"或"像素预览"选项打开时，无法使用"智能参考线"。

2.4 文档设置

执行"文件"|"文档设置"命令打开"文档设置"对话框，在弹出的对话框中可以对文档的度量单位、透明度网格显示、背景颜色和文字进行设置，如图2-34所示。

1."出血和视图选项"选项组

"出血和视图选项"选项组中的内容如图2-35所示。

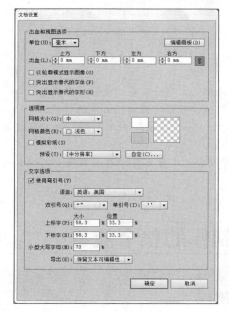

图2-34 "文档设置"对话框

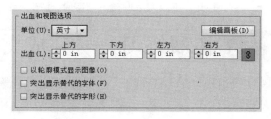

图2-35 "出血和视图选项"设置

- 单位：在该下拉列表中选择不同的选项，可定义调整文档时使用的单位。
- 在"出血"选项区域的4个文本框中，设置"上方"、"下方"、"左方"和"右方"文本框中的参数，重新调整出血线的位置。通过"连接"按钮，统一所有方向的出血线位置。
- 通过单击"编辑面板"按钮，可以对文档中的画板重新进行调整，具体的调整方法会在相应的章节中进行讲述。
- 当勾选"以轮廓模式显示图像"复选框时，文档将只显示图像的轮廓线，从而节省计算的时间。
- 勾选"突出显示替代的字体"复选框时，将突出显示文档中被代替的字体。
- 勾选"突出显示替代的字形"复选框时，将突出显示文档中被代替的字形。

2. "透明度"选项组

"透明度"选项组中的内容如图2-36所示。

- 在"网格大小"下拉列表中选择不同的选项，可以定义透明网格的颜色，如果列表中的选项都不是要使用的，可以在右侧的两个颜色按钮中进行调整，重新指定自定义的网格颜色。
- 如果计划在彩纸上打印文档，则勾选"模式彩纸"复选框。
- 在"预设"下拉列表中选中不同的选项，可以定义导出和剪贴板透明度拼合器的设置。

3. "文字选项"选项组

"文字选项"选项组中的内容如图2-37所示。

图2-36 "透明度"设置

图2-37 "文字选项"设置

- 当勾选"使用弯引号"复选框时，文档将采用中文中的引号效果，并不是使用英文中的直引号，反之则效果相反。
- 在"语言"下拉列表中选中不同的选项，可以定义文档的文字检查中的检查语言规则。
- 在"双引号"和"单引号"下拉列表中选中不同的选项，可以定义相应引号的样式。
- 在"上标字"和"下标字"两个选项中，调整"大小"和"位置"中的参数，从而定义相应角标的尺寸和位置。
- 在"小型大写字母"文本框中输入相应的数值，可以定义小型大写字母占原始大写字母尺寸的百分比。
- 在"导出"下拉列表中选中不同的选项，可以定义导出后文字的状态。

2.5 拓展练习——完成文件制作的整个流程

源 文 件：	源文件\第2章\完成文件制作的整个流程
视频文件：	视频\第2章\完成文件制作的整个流程.avi

本节将结合前面所学内容，完成文件制作的整个流程，实例效果如图2-38所示。

图2-38　完成效果

本实例的具体操作步骤如下。

01 启动Adobe Illustrator CS6，执行"文件"|"新建"命令，新建一个空白文档。设置文件名称为"音乐海报"，画板数量为1，宽度为400、高度为350，单位为"毫米"，出血为3mm，单击"确定"按钮，如图2-39和图2-40所示。

图2-39　新建文档

图2-40　新文档

02 执行"文件"|"置入"命令，打开"置入"对话框，选择需要置入的素材文件"1.jpg"，单击"确定"按钮，如图2-41所示。将素材置入到画面中，调整所置入素材的比例和位置，如图2-42所示。

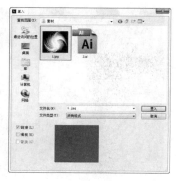

图2-41　"置入"对话框

图2-42　置入素材

03 执行"文件"|"打开"命令，打开素材文件"2.ai"，框选所有的内容，执行"编辑"|"复制"命令或者直接使用快捷键Ctrl+C，将框选的素材进行复制，如图2-43所示。

04 在文档栏中选择"音乐海报"文件，执行"编辑"|"粘贴"命令或者直接使用快捷键Ctrl+V，将素材进行粘贴，如图2-44所示。

图2-43　复制素材

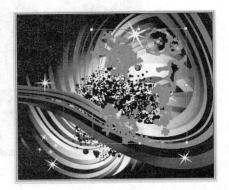

图2-44　粘贴素材

🔍 **提 示**

粘贴到文件中的素材是选择状态，需要在文件空白区域单击鼠标左键，退出选择状态。

05 使用"选择工具" ▶ 选中要编辑的对象，按住鼠标左键进行拖动，拖动到合适位置，在对象的四周会出现定界框，按住鼠标左键进行拖动，改变对象的大小，如图2-45所示。摆放在合适的位置，效果如图2-46所示。

图2-45　进行拖动

图2-46　摆放到合适位置

06 同样将其他素材摆放到合适位置，完成海报的制作，如图2-47所示。

07 完成制作后，执行"文件"|"储存为"命令，在"储存为"对话框中选择合适的储存位置，设置文件名称为"完成文件制作的整个流程"，保存类型为".AI"，单击"保存"按钮，如图2-48所示。

08 下面需要导出一张用于预览的位图，执行"文件"|"导出"命令，在弹出的"导出"对话框中

图2-47　完成制作

设置"保存类型"为"JPEG(*.JPG)",并保存到相应的文件夹,如图2-49所示。

图2-48　保存文件

图2-49　储存文件

09 执行"文件"|"关闭"命令,关闭文档。执行"文件"|"退出"命令,退出Adobe Illustrator CS6。

2.6　本章小结

　　本章主要学习了Illustrator的基本操作方法,通过"新建文档"、"打开文档"、"储存文档"、"置入文档"、"导出文档"等命令的学习掌握文档处理的常规操作方法。对于错误操作的纠正方法也是本章的重点,方法很简单,牢记"还原"与"重做"的快捷键会大大提高文档操作的效率,而灵活掌握辅助工具的使用也会在实际操作中提供便利。

- 执行"文件"|"新建"命令或使用快捷键Ctrl+N,在弹出的"新建文档"对话框中可以对新建的文档进行相应参数的设置。
- 要打开现有的文件,执行"文件"|"打开"命令或使用快捷键Ctrl+O,在弹出的"打开"对话框中选择要打开的文件,然后单击"打开"按钮,软件会自动将相应的文档打开。
- 执行"文件"|"存储"命令或使用快捷键Ctrl+S可以存储文件。执行"文件"|"存储为"命令或使用快捷键Ctrl+Shift+S,在弹出的"存储为"对话框中可以对名称、格式、路径等选项进行更改。
- "导出"命令可以将文件导出为多种格式,以便于在Illustrator以外的软件中进行预览、编辑与使用。执行"文件"|"导出"命令,在弹出的"导出"对话框中,选择需要导出储存的文件位置,输入文件名,选择需要导出的文件类型,单击"保存"按钮后会弹出格式窗口,进行各相关选项的设置即可。
- 如果想要重做还原的操作,可以执行"编辑"|"重做"菜单命令,或使用快捷键Shift+Ctrl+Z。

2.7　课后习题

1. 单选题

　　(1)标尺可帮助设计者准确(　　)插图窗口或画板中的对象。

A．绘制　　　　　　　　　　　　　　B．定位和度量

C．移动　　　　　　　　　　　　　　D．预测

（2）执行"编辑"菜单下的（　　　）命令，可以撤销最近的一次操作，将其还原到上一步操作状态。

　　A．储存　　　　　　　　　　B．还原

　　C．重做　　　　　　　　　　D．恢复

2．填空题

（1）创建新的文档需要执行"文件"菜单下的＿＿＿＿＿＿＿＿命令。

（2）想要将素材导入到当前文档，需要使用"文件"菜单下的＿＿＿＿＿＿＿＿命令。

3．判断题

（1）Illustrator只能打开Illustrator创建的矢量文件，不可以打开例如AutoCAD制作的.dwg格式文件或是Photoshop创建的.psd格式文件等其他应用程序中创建的兼容文件。（　　）

（2）执行"文件"|"恢复"命令或使用快捷键F12，可以将文件恢复到上次存储的版本。（　　）

4．上机操作题

创建一个用于打印的A4尺寸的文档，并进行存储，如图2-50所示。

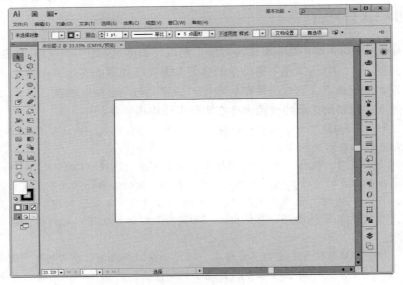

图2-50　空白文档

第3章
绘制图形

绘图是Adobe Illustrator的重要功能之一，在Adobe Illustrator中包含多种绘图工具，例如用于绘制线型对象的线型绘图工具、绘制图形的图形绘制工具、绘制任意形状的钢笔工具等。

学习要点

- 什么是路径
- 钢笔工具组
- 线型绘图工具
- 图形绘图工具
- 画笔工具
- 铅笔工具组
- 斑点画笔工具
- 橡皮擦工具组
- 透视图工具

3.1 什么是路径

在矢量绘图中称点为锚点，称线为路径。在Illustrator CS6中"路径"是最基本的构成元素，路径是由一个或多个直线或曲线线段组成。锚点的位置决定着连接线的动向，由控制手柄和动向线构成，其中控制手柄确定每个锚点两端的线段弯曲度，如图3-1所示。

图3-1 "路径"与"锚点"的关系

路径最基础的概念是两点连成一线，三个点可以定义一个面。矢量图的创作过程就是创作路径、编辑路径的过程，通过绘制路径并在路径中添加颜色可以组成各种复杂的图形。

在Illustrator中包含三种主要的路径类型，"开放路径"是两个不同的端点，它们之间有任意数量的锚点。"闭合路径"是一条首尾相接的没有端点、没有开始或结束的连续的路径。"复合路径"是两个或两个以上开放或闭合路径。

3.2 钢笔工具组

钢笔工具组中包括"钢笔工具"、"添加锚点工具"、"删除锚点工具"和"转换锚点工具"，这些工具主要用来创建或编辑路径。

3.2.1 认识钢笔工具

使用"钢笔工具" 可以绘制任意形状的直线或曲线路径。使用钢笔绘制路径后，在控制栏中可以看到多个用于编辑锚点的工具，如图3-2所示。

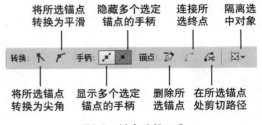

图3-2 锚点编辑工具

- 将所选锚点转换为尖角：选中平滑锚点，单击该按钮即可转换为尖角点。
- 将所选锚点转换为平滑：选中尖角锚点，单击该按钮即可转换为平滑点。
- 显示多个选定锚点的手柄：当该按钮处于选中状态时，被选中的多个锚点的手柄都将处于显示状态。
- 隐藏多个选定锚点的手柄：当该按钮处于选中状态时，被选中的多个锚点的手柄都将处于隐藏状态。
- 删除所选锚点：单击即可删除选中的锚点。
- 连接所选终点：在开放路径中，选中不相连的两个端点单击该按钮即可在两点之间建立路径进行连接。
- 在所选锚点处剪切路径：选中锚点，单击该按钮即可将所选的锚点分割为两个锚点，并且两个锚点之间不相连。
- 隔离选中对象：在包含选中对象的情况下，单击该按钮即可在隔离模式下编辑对象。

3.2.2 使用钢笔工具

1. 使用钢笔工具绘制简单图形

单击工具箱中的"钢笔工具" 或使用快捷键P，将光标移至画面中，单击可创建一个锚点，松开鼠标，将光标移至下一处位置单击创建第二个锚点，两个锚点会连接成一条由角点定义的直线路径，如图3-3所示。继续在其他区域单击即可创建第三个锚点，如图3-4所示。将光标放在路径的起点，当光标变为 形状时，单击即可闭合路径，如图3-5所示。

如果要结束一段开放式路径的绘制，可以按住Ctrl键并在画面的空白处单击，单击其他工具，或者按下Enter键也可以结束路径的绘制。

图3-3　创建直线路径　　　　图3-4　创建第三个锚点　　　　图3-5　闭合路径

> 提 示
>
> 按住Shift键可以绘制水平、垂直或以45°角为增量的直线。

2. 使用钢笔工具绘制波浪曲线

如果想要绘制波浪曲线时，首先在画布中单击鼠标即可出现一个锚点，松开鼠标后将光标移动到另外的位置单击并拖动即可创建一个平滑点。再次将光标放置在下一个位置，然后单击并拖动光标创建第二个平滑点，并控制好曲线的走向。采用同样的方法继续绘制出其他的平滑点。绘制完成后可以使用"直接选择工具" 选择锚点，并调节好其方向线，使其生成平滑的曲线，如图3-6所示。

图3-6　绘制波浪曲线

3.2.3 添加与删除锚点

1. 添加锚点

选择需要进行编辑的路径，单击工具箱中的"添加锚点工具"按钮 ，或使用快捷键"+"

快速切换至"添加锚点工具" 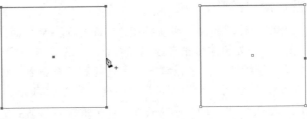，将指针置于路径段上，如图3-7所示。然后单击即可添加锚点，如图3-8所示。

图3-7　锚点添加位置　　　　　　　　图3-8　添加锚点

2. 删除锚点

通过删除不必要的锚点可以降低路径的复杂性。单击工具箱中的"删除锚点工具"按钮 或使用快捷键"-"，将指针置于将要删除的锚点上，然后单击即可删除锚点，如图3-9和图3-10所示。

　　　　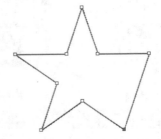

图3-9　选择要删除锚点　　　　　　　图3-10　删除锚点

> **提　示**
>
> 单击工具箱中的"钢笔工具"，将鼠标指针放置在路径没有锚点的区域上，鼠标指针自动变为 形状；将鼠标指针放在锚点上，指针会自动变为 。

▶ 3.2.4　转换锚点工具

"转换锚点工具"可以使角点变得平滑或使平滑的点变得尖锐，从而改变路径的形态。

1. 使锚点转换成为平滑曲线锚点

单击工具箱中的"转换锚点工具"按钮 或使用快捷键Shift+C，将鼠标指针放置在锚点上，单击并向外拖动鼠标，可以看出锚点上拖动出方向线，锚点转换成平滑曲线锚点，如图3-11和图3-12所示。

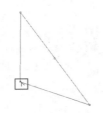　　　　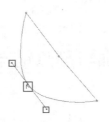

图3-11　选择更改的锚点　　　　　　　图3-12　拖动锚点

2. 使锚点转换成为角点

将鼠标指针放置在平滑的锚点上，单击平滑锚点即可将其直接转换为角点，如图3-13和图3-14所示。

图3-13　选择更改锚点　　　　　　　　　图3-14　转换为角点

3. 将平滑点转换成具有独立方向线的角点

如果要将平滑点转换成具有独立方向线的角点，需要将光标放在任一方向点上，单击并拖动即可，如图3-15和图3-16所示。

图3-15　单击并拖动方向点　　　　　　　图3-16　独立方向线的角点效果

➡ 实例：使用钢笔工具绘制可爱小动物

源 文 件：	源文件\第3章\使用钢笔工具绘制可爱小动物
视频文件：	视频\第3章\使用钢笔工具绘制可爱小动物.avi

本实例将使用"钢笔工具"绘制可爱的小动物，实例效果如图3-17所示。

本实例的具体操作步骤如下。

01 启动Adobe Illustrator CS6，新建一个空白文档。

02 单击工具箱中的"钢笔工具"或使用快捷键P，使用"钢笔工具"在画布中绘制鸭嘴形状的路径。在绘制过程中要控制好路径的走向，配合"直接选择工具"选择锚点，并调节好方向线，使其生成平滑的曲线，如图3-18和图3-19所示。

图3-17　实例效果

图3-18 绘制鸭嘴

图3-19 修改方向线

03 使用鼠标单击工具箱中的"选择工具" ![], 选中完成的路径。使用鼠标双击工具箱底部的"填色"按钮, 会弹出"拾色器"对话框, 在对话框右侧的R、G、B文本框中分别输入数值225、80、15, 单击"确定"按钮, 如图3-20所示。完成填色, 这样鸭嘴的外轮廓就绘制完成了, 如图3-21所示。

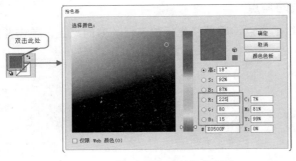

图3-20 "拾色器"对话框的设置

图3-21 完成填色的鸭嘴

04 继续绘制鸭嘴上的反光部分。选择刚绘制好的图形, 执行"编辑"|"复制"和"编辑"|"粘贴"命令, 将其进行复制, 这时画板中会出现两个一模一样的图形。

05 选择其中一个进行缩放, 缩放到合适大小后进行填色。在"拾色器"对话框中设置R、G、B的数值分别为230、110、20, 完成填色, 如图3-22所示。将缩放后的图形放置在另一个图形上, 如图3-23所示。

图3-22 复制图形

图3-23 为图形填色

06 绘制鸭嘴上的高光部分, 使用"钢笔工具"绘制路径。因为绘制完成后要放在鸭嘴反光图形上, 所以在绘制路径时, 需要能与鸭嘴反光图形边缘一致, 如图3-24所示。绘制完成后进行填色, R、G、B的数值分别为240、130、30。完成填色后, 放置到如图3-25所示的位置。

07 使用"钢笔工具"绘制出一条如图3-26所示的路径, 作为鸭嘴的阴影部分。绘制完成后进行填色, R、G、B的数值分别为160、55、45, 完成填色后, 放置到如图3-27所示的位置。

08 使用"钢笔工具"绘制出一条如图3-28所示的路径, 作为小鸭子的鼻孔。绘制完成后进行填色，R、G、B的数值分别为130、40、30。填色完成后放到如图3-29所示的位置，此时鸭嘴的部分就绘制完成了。

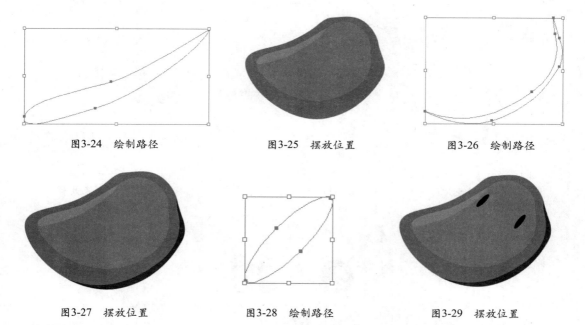

图3-24　绘制路径　　　　　　图3-25　摆放位置　　　　　　图3-26　绘制路径

图3-27　摆放位置　　　　　　图3-28　绘制路径　　　　　　图3-29　摆放位置

09　小鸭子的主体部分绘制如图3-30所示，绘制方法同上。绘制完成后进行填色，色值为：①R、G、B的数值分别为240、200、55。②R、G、B的数值分别为230、150、40。③R、G、B的数值分别为245、175、35。将鸭嘴放在主体的相应位置，如图3-31所示。

图3-30　绘制路径　　　　　　　　图3-31　为路径填色

10　小鸭子面部和翅膀的绘制如图3-32所示，绘制方法同上。绘制完成后参照如图3-33进行填色，色值为：①R、G、B的数值分别为235、220、135。②R、G、B的数值分别为245、170、40。③R、G、B的数值分别为240、195、10。④R、G、B的数值分别为245、155、35。将绘制好的路径摆放在适当的位置，如图3-34所示。

11　小鸭子眼睛部分的绘制如图3-35所示，绘制方法同上。绘制完成后进行填色，色值为：①R、G、B的数值分别为255、255、255。②R、G、B的数值分别为70、35、15。③R、G、B的数值分别为160、90、35。④R、G、B的数值分别为255、255、255，如图3-36所示。制作完成后将其进行"复制"和"粘贴"，这样就制作了一双眼睛。将小鸭子的眼睛摆放到相应位置，如图3-37所示。

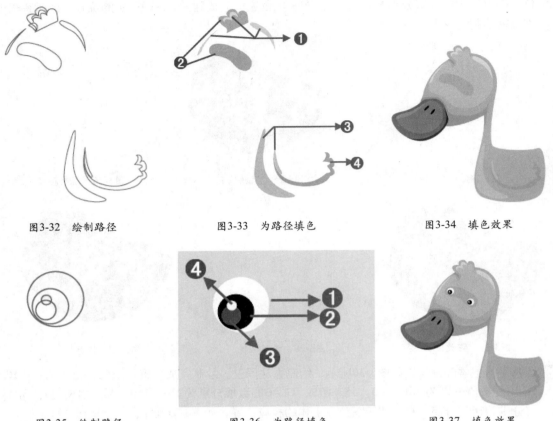

图3-32　绘制路径　　　　　图3-33　为路径填色　　　　　图3-34　填色效果

图3-35　绘制路径　　　　　图3-36　为路径填色　　　　　图3-37　填色效果

12 小鸭子腿的部分绘制如图3-38所示，绘制方法同上。绘制完成后进行填色，色值为：①R、G、B的数值分别为240、160、35。②R、G、B的数值分别为200、95、25。③R、G、B的数值分别为235、120、25，如图3-39所示。将绘制完成的图形进行复制和粘贴，并摆放到合适的位置，完成小鸭子的绘制，如图3-40所示。

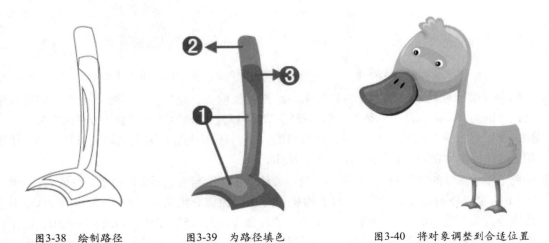

图3-38　绘制路径　　　　　图3-39　为路径填色　　　　　图3-40　将对象调整到合适位置

13 执行"文件"|"置入"命令，选择需要置入的素材文件"1.ai"，将绘制完成的小鸭子摆放

在合适的位置，完成本实例的制作，如图3-41所示。

图3-41　导入背景

3.3　线型绘图工具

在Illustrator中包括5种线型绘图工具：直线段工具、弧线工具、螺旋线工具、矩形网格工具和极坐标网格工具。单击工具箱中直线工具组按钮／右下角的三角号，可以看到这5种线形工具按钮，单击工具右侧的三角形按钮，可以使隐藏工具以浮动窗口的模式显示，如图3-42所示。单击▶▶按钮可以调整浮动窗口的方向，如图3-43所示。

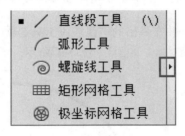

图3-42　浮动窗口按钮　　　　　　　图3-43　调整浮动窗口方向

> 🔍 **提示**
>
> 在Adobe Illustrator CS6中新增了"可停靠的隐藏工具"，将工具沿水平或垂直方向停靠，以获得更有效的工作区。

▶ 3.3.1　直线段工具

"直线段工具"／可以绘制随意或精准的直线。单击工具箱中的"直线段工具"按钮／或使用快捷键"\"，将鼠标指针定位到线段端点开始的地方，然后拖动到另一个端点位置上释放鼠标，就可以看到绘制了一条直线。还可以在要绘制直线的一个端点位置上单击，弹出"直线段工具选项"对话框，如图3-44所示。在该对话框中可以进行长度和角度的相应设置，单击"确定"按钮可创建精确的直线对象，如图3-45所示。

- 长度：在文本框中输入相应的数值来设定直线的长度。
- 角度：在文本框中输入相应的数值来设定直线和水平轴的夹角，也可以在控制栏中调整软件

的句柄调整。

- 线段填色：勾选该复选框时，将以当前的填充颜色对线段填色。

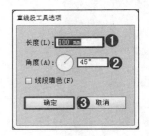

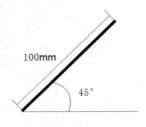

图3-44 "直线段工具选项"对话框　　　　图3-45　直线段工具绘制效果

🔍 提 示

　　在绘制的同时按住Shift键，可以锁定直线对象的角度为45°的倍值，就是45°、90°，以此类推。

3.3.2　弧形工具

　　使用"弧形工具" 可以绘制出任意弧度的弧线或精确的弧线。单击工具箱中的"弧形工具"按钮，将鼠标指针定位到端点的位置，然后拖动到另一个端点位置上后，不要释放鼠标，通过按键盘上的"向上"或"向下"方向键，调整弧线的弧度，确定弧线后释放鼠标，完成绘制。

　　另外，也可以在弧线的一个端点位置上单击，并在弹出的"弧线段工具选项"对话框中进行相应的设置，单击"确定"按钮可创建精确的弧线对象，如图3-46和3-47所示。

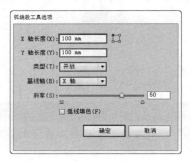

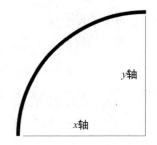

图3-46 "弧线段工具选项"对话框　　　　图3-47　使用弧形工具绘制效果

- X轴长度：在文本框中输入数值，可以定义另一个端点在x轴方向的距离。
- Y轴长度：在文本框中输入数值，可以定义另一个端点在y轴方向的距离。
- 定位：在"X轴长度"选项右侧的定位器中单击不同的按钮，可以定义在弧线中首先设置端点的位置。
- 类型：表示弧线的类型，可以定义绘制的弧线对象是"开放"还是"闭合"，默认情况下为开放路径。
- 基线轴：可以定义绘制的弧线对象基线轴为x轴还是为y轴。
- 斜率：通过调整选项中的参数，可以定义绘制的弧线对象的弧度，绝对值越大弧度越大，正值凸起，负值凹陷。
- 弧线填色：当勾选该复选框时，将使用当前的填充颜色填充绘制的弧型。

Adobe

> **提 示**
>
> 　　拖动鼠标绘制的同时，按住Shift键，可得到x轴和y轴长度相等的弧线。拖动鼠标绘制的同时，按C键可改变弧线类型，即开放路径和闭合路径间的切换。按F键可以改变弧线的方向。按X键可以使弧线在"凹"和"凸"曲线之间切换。拖动鼠标绘制的同时，按"向上"或"向下"箭头键可增加或减少弧线的曲率半径。拖动鼠标绘制的同时，按住空格键，可以随着鼠标移动弧线的位置。

3.3.3　螺旋线工具

　　使用"螺旋线工具" 可以绘制出不同半径、不同段数的顺时针或逆时针的螺旋线。使用"螺旋线工具"在螺旋线的中心位置单击，将鼠标直接拖动到外沿的位置，拖动出所需要的螺旋线后松开鼠标，螺旋线绘制完成了。还可以在要绘制螺旋线的中心点位置单击，在弹出的"螺旋线"对话框中进行相应设置，单击"确定"按钮可创建精确的螺旋线对象，如图3-48和图3-49所示。

　　图3-48　"螺旋线"对话框　　　　　　图3-49　螺旋线工具绘制效果

- 半径：在文本框中输入相应的数值，可以定义螺旋线的半径尺寸。
- 衰减：用来控制螺旋线之间相差的比例，百分比越小，螺旋线之间的差距就越小。
- 段数：通过调整该选项的参数，可以定义螺旋线对象的段数，数值越大螺旋线越长，反之数值越小螺旋线越短。
- 样式：可以选择顺时针或逆时针定义螺旋线的方向。

> **提 示**
>
> 　　拖动鼠标未松开的同时，按住空格键，直线可随鼠标的拖动移动位置。拖动鼠标未松开的同时，按住Shift键锁定螺旋线角度为45°的倍值。按住Ctrl键可保持涡形的衰减比例。拖动鼠标未松开的同时，按"向上"或"向下"箭头键可增加或减少涡形路径片段的数量。

3.3.4　矩形网格工具

　　使用"矩形网格工具"可以绘制出均匀或者不均匀的网格对象，单击工具箱中的"矩形网格工具"按钮 ，在一个角点位置上单击，将鼠标直接拖动到对角的角点上后，松开鼠标即可看到绘制的矩形网格。还可以在要绘制矩形网格对象的一个角点位置单击，此时会弹出"矩形网格工具选项"对话框，如图3-50所示。在该对话框中进行相应设置，单击"确定"按钮可创建精确的矩形网格对象，如图3-51所示。

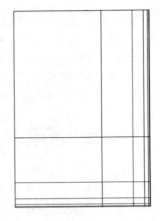

图3-50 "矩形网格工具选项"对话框　　　　图3-51 添加矩形网格

- 宽度：在文本框中输入相应的数值，可以定义绘制矩形网格对象的宽度。
- 高度：在文本框中输入相应的数值，可以定义绘制矩形网格对象的高度。
- 定位：在"宽度"选项右侧的定位器中单击不同的按钮，可以定义在矩形网格中首先设置角点位置。
- 水平分割线："数量"表示矩形网格内横线的数量，即行数。"倾斜"表示行的位置，数值为0%时，线与线距离是均等的；数值大于0%时，网格向上的列间距逐渐变窄；数值小于0%时，网格向下的列间距逐渐变窄。
- 垂直分割线："数量"表示矩形网格内竖线的数量，即列数。"倾斜"表示列的位置，数值为0%时，线与线距离是均等的；数值大于0%时，网格向右的列间距逐渐变窄；数值小于0%时，网格向左的列间距逐渐变窄。
- 使用外部矩形作为框架：默认情况下该复选框被勾选时，将采用一个矩形对象作为外框，反之将没有矩形框架，造成角落的缺损。
- 填充网格：当勾选该复选框时，将使用当前的填充颜色填充绘制线型。

> **提示**
>
> 拖动鼠标的同时，按住Shift键可以定义绘制的矩形网格为正方形网格。拖动鼠标的同时，按住C键，竖向的网格间距逐渐向右变窄；按住V键，横向的网格间距逐渐向上变窄；按住X键，竖向的网格间距逐渐向左变窄；按住F键，横向的网格间距逐渐向下变窄。拖动鼠标的同时，按"向上"或"向右"箭头键可增加竖向和横向的网格线。按"向左"或"向下"箭头键可减少竖向和横向的网格线。

实例：制作线条感商务招贴

源 文 件：	源文件\第3章\制作线条感商务招贴
视频文件：	视频\第3章\制作线条感商务招贴.avi

本实例将使用矩形网格工具绘制商务招贴，实例效果如图3-52所示。

本实例的具体操作步骤如下。

01 启动Adobe Illustrator CS6，新建一个空白文档。

02 执行"文件"|"置入"命令，打开素材文件"1.jpg"，将其调整到合适大小，作为背景图片，如图3-53所示。

图3-52 完成效果

图3-53 置入背景图片

03 在工具箱中单击"矩形网格工具",在画布空白处单击,弹出"矩形网格工具选项"对话框,设置参数如图3-54所示,单击"确定"按钮。将网格放置在合适的位置上,设置填色为无,描边颜色RGB数值分别为45、165、225,如图3-55所示。

图3-54 设置参数

图3-55 添加网格

04 采用同样的方法绘制一个列数为6、行数为8的矩形网格。选中网格进行透视编辑,执行"效果"|"扭曲和变换"|"自由扭曲"命令,弹出相应对话框,调整网格的透视角度,单击"确定"按钮完成操作,如图3-56所示。

05 调整大小并摆放到合适的位置,设置填充颜色RGB数值分别为15、25、155,描边颜色RGB数值分别为45、165、225,如图3-57所示。

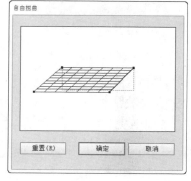

图3-56 透视编辑

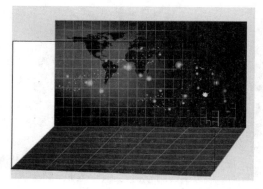

图3-57 摆放到合适位置

06 采用同样的方法制作左侧的透视网格，作为墙面效果，效果如图3-58所示。

07 打开素材文件"2.ai"，将素材复制到文档中，调整大小后摆放到合适的位置，完成本实例的
制作，效果如图3-59所示。

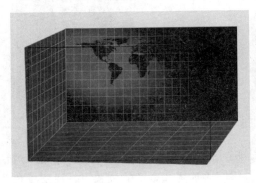

图3-58 添加墙面

图3-59 完成效果

▶ 3.3.5 极坐标网格工具

使用"极坐标网格工具"可以快速绘制出由多个同心圆和直线组成的极坐标网格。单击工具
箱中的"极坐标网格工具"按钮 ⊛ ，在绘制极坐标网格的一个虚拟角点处单击，将鼠标直接拖
动到虚拟的对角角点位置上后，松开鼠标可看到绘制的极坐标网格，如图3-60所示。

还可以在要绘制极坐标网格对象的一个角点位置单击，此时会弹出"极坐标网格工具选项"
对话框，如图3-61所示。在该对话框中进行相应的设置，单击"确定"按钮可创建精确的极坐标
网格对象。

图3-60 极坐标网格工具绘制效果

图3-61 "极坐标网格工具选项"对话框

- 宽度：在文本框中输入相应的数值，可以定义绘制极坐标网格对象的宽度。
- 高度：在文本框中输入相应的数值，可以定义绘制极坐标网格对象的高度。
- 定位：在"宽度"选项右侧的定位器中单击不同的按钮 ，可以定义在极坐标网格中首先设
  置角点位置。
- 同心圆分隔线："数量"指定希望出现在网格中的圆形同心圆分隔线数量。"倾斜"值决定同
  心圆分隔线倾向于网格内侧或外侧的方式。
- 径向分隔线："数量"指定希望在网格中心和外围之间出现的径向分隔线数量。"倾斜"值决

定径向分隔线倾向于网格逆时针或顺时针的方式。

- 从椭圆形创建复合路径：将同心圆转换为独立复合路径并每隔一个圆填色。
- 填色网格：当勾选该复选框时，将使用当前的填充颜色填充绘制的线型。

> 🔍 **提 示**
>
> 拖动鼠标的同时，按住Shift键，可以定义绘制的极坐标网格为正方形网格。拖动鼠标的同时，按"向上"或"向下"箭头键可以调整经线数量。按"向左"或"向右"箭头键可以调整纬线数量。

3.4 图形绘图工具

使用Illustrator中的形状工具可以轻松地绘制出矩形、圆角矩形、椭圆、多边形、星形和光晕。既可以进行随机绘制，也可以使用精确的参数进行控制，如图3-62和图3-63所示为使用图形绘图工具可以制作的效果。

图3-62 作品1

图3-63 作品2

▶ 3.4.1 矩形工具

使用"矩形工具" ▢ 可以绘制出标准的矩形对象和正方形对象。单击工具箱中的"矩形工具"按钮或使用快捷键M，在绘制的矩形对象一个角点处单击，将鼠标直接拖动到对角角点位置，释放鼠标后即可完成一个矩形对象绘制。还可以在要绘制矩形对象的一个角点位置单击，此时会弹出"矩形"对话框，如图3-64所示。在该对话框中进行相应设置，单击"确定"按钮可创建精确的矩形对象，如图3-65所示。

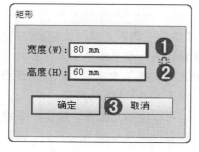

图3-64 "矩形"对话框

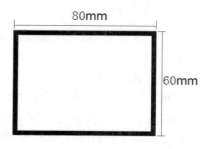

图3-65 绘制矩形

- 宽度：在文本框中输入相应的数值，可以定义绘制矩形网格对象的宽度。
- 高度：在文本框中输入相应的数值，可以定义绘制矩形网格对象的高度。

🔍 **提 示**

　　按住Shift键拖动鼠标，可以绘制正方形。按住Alt键拖动鼠标，可以绘制由鼠标落点为中心点向四周延伸的矩形。按住Shift和Alt键拖动鼠标，可以绘制由鼠标落点为中心的正方形。

▶ 3.4.2　圆角矩形工具

　　"圆角矩形工具"可以绘制出标准的圆角矩形对象和圆角正方形对象。单击工具箱中的"圆角矩形工具"按钮 ⬜，在绘制的圆角矩形对象一个角点处单击，鼠标左键以对角线的方向向外拖动，拖动到理想大小后释放鼠标，绘制完成了。

　　还可以在要绘制圆角矩形对象的一个角点位置单击，此时会弹出"圆角矩形"对话框，如图3-66所示。在该对话框中进行相应设置，单击"确定"按钮可创建精确的圆角矩形对象，如图3-67所示。

图3-66　"圆角矩形"对话框

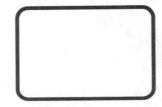

图3-67　圆角矩形

- 宽度：在文本框中输入相应的数值，可以定义绘制矩形网格对象的宽度。
- 高度：在文本框中输入相应的数值，可以定义绘制矩形网格对象的高度。
- 圆角半径：在文本框中输入的半径数值越大，得到的圆角矩形弧度越大；反之输入的半径数值越小，得到的圆角矩形弧度越小；输入的数值为0时，得到的是矩形。

🔍 **提 示**

　　拖动鼠标的同时按"向左"和"向右"键，可以设置是否绘制圆角矩形。按住Shift键拖动鼠标，可以绘制正方形。按住Alt键拖动鼠标，可以绘制由鼠标落点为中心点向四周延伸的圆角矩形。按住Shift和Alt键拖动鼠标，可以绘制由鼠标落点为中心的圆角正方形。

▶ 3.4.3　椭圆工具

　　"椭圆工具"用来绘制椭圆形和圆形。单击工具箱中的"椭圆工具"按钮 ⬭ 或使用快捷键L，在椭圆形对象一个虚拟角点上单击，将鼠标直接拖动到另一个虚拟角点上释放鼠标即可。还可以在要绘制椭圆对象的一个角点位置单击，此时会弹出"椭圆"对话框，在该对话框中进行相应设置，单击"确定"按钮可创建精确的椭圆形对象，如图3-68和图3-69所示。

　　在使用"椭圆工具"的同时，按住Shift键拖动鼠标，可以绘制正圆形。按住Alt键拖动鼠标，可以绘制由鼠标落点为中心点向四周延伸的椭圆。同时按住Shift和Alt键拖动鼠标，可以绘制鼠标落点为中心向四周延伸的正圆形。

图3-68 "椭圆"对话框

图3-69 椭圆

3.4.4 多边形工具

使用"多边形工具"可以绘制三角形、矩形以及多边形。绘制多边形是按照半径的方式进行绘制，并且可以随时调整相应的边数绘制出任意边数的多边形。单击工具箱中的"多边形工具"按钮⬡，在绘制的多边形中心位置单击，将鼠标直接拖动到外侧定义尺寸后释放鼠标即可。

或者在要绘制多边形对象的中心位置单击，此时会弹出"多边形"对话框，在该对话框中进行相应设置，如图3-70所示。设置边数为3时绘制出的即为三角形，单击"确定"按钮即可创建精确的多边形对象，如图3-71所示。

图3-70 "多边形"对话框

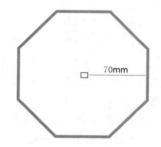

图3-71 多边形

- 半径：在文本框中输入相应的数值，可以定义绘制多边形半径的尺寸。
- 边数：在文本框中输入相应的数值，可以设置绘制多边形的边数。边数越多，生成的多边形越接近圆形。

🔍 提 示

绘制一个多边形时，鼠标拖动的同时按住"~"键进行绘制，会看到迅速出现多个依次增大的多边形。

3.4.5 星形工具

使用"星形工具"绘制星形是按照半径的方式进行绘制，并且可以随时调整相应的角数。单击工具箱中的"星形工具"按钮☆，在绘制的星形中心位置单击，将鼠标直接拖动到外侧定义尺寸后释放鼠标即可。或者在要绘制星形对象的一个中心位置单击，此时会弹出"星形"对话框，如图3-72所示。在该对话框中进行相应设置，单击"确定"按钮可创建精确的星形对象，如图3-73所示。

图3-72 "星形"对话框

图3-73 星形

- 半径1：指定从星形中心到星形最内侧点（凹处）的距离。
- 半径2：指定从星形中心到星形最外侧点（顶端）的距离。
- 角点数：可以定义所绘制星形图形的角点数。

> 🔍 **提示**
>
> 　在绘制过程中拖动鼠标调整星形大小时，按"向上"箭头键或"向下"箭头键向星形添加和从中删除点；按住Shift键可控制旋转角度为45°的倍数；按住Ctrl键可保持星形的内部半径；按住空格键可随鼠标移动直线位置。

▶ 3.4.6　光晕工具

　　使用"光晕工具"可以通过在图像中添加矢量对象来模拟发光的光斑效果。制作的过程非常简单，单击工具箱中的"光晕"按钮，在要创建光晕的大光圈部分的中心位置单击，拖动的长度就是放射光的半径，然后松开鼠标，再次单击鼠标，以确定闪光的长度和方向。

　　或者在要绘制光晕对象的一个角点位置单击，此时会弹出"光晕工具选项"对话框，如图3-74所示。在该对话框中进行相应设置，单击"确定"按钮可创建精确的光晕对象，如图3-75所示。

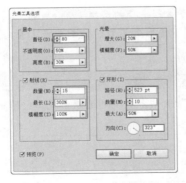

图3-74 "光晕工具选项"对话框

图3-75 光晕效果

- "居中"选项组参数设置
    - 直径：在文本框中输入相应的数值，可以定义发光中心圆的半径。
    - 不透明度：用来设置中心圆不透明度的程度。
    - 亮度：设置中心圆的亮度。
- "光晕"选项组参数设置

■ 增大：表示光晕散发的程度。

■ 模糊度：可以单独定义光晕对象边缘的模糊程度。

● "射线"选项组参数设置

■ 数量：可以定义射线的数量。

■ 最长：可以定义光晕效果中最长的一个射线的长度。

■ 模糊度：可以控制射线的模糊效果。

● "环形"选项组参数设置

■ 路径：设置光环的轨迹长度。

■ 数量：设置二次单击时产生的光环。

■ 最大：设置多个光环中最大的光环大小。

■ 方向：可以定义出现小光圈路径的角度。

3.5 画笔工具

▶ 3.5.1 使用画笔工具

在Illustrator CS6中，"画笔工具" 是一个自由的绘画工具，可以创建带有特殊风格描边的路径。Illustrator中的画笔类型包括"书法"、"散布"、"艺术"、"图案"、"毛刷"几种。

使用工具箱中的"画笔工具" 时，首先需要在控制栏中对画笔描边的颜色与粗细进行设置；双击"描边"按钮，可以在弹出的描边窗口中设置具体参数；继续在"变量宽度配置文件"中选择一种合适的变量，在"画笔定义"中选择一种合适的画笔，如图3-76所示。

双击工具箱中的"画笔工具"按钮，弹出"画笔工具选项"对话框，在该对话框中可以对画笔的容差、选项等参数进行设置，如图3-77所示。

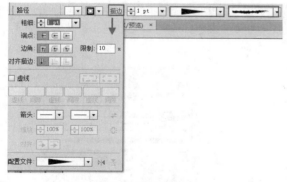

图3-76　描边选项

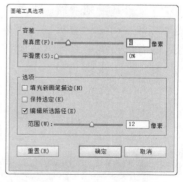

图3-77　"画笔工具选项"对话框

● 保真度：控制向路径中添加新锚点的鼠标移动距离。

● 平滑度：控制使用工具时Illustrator应用的平滑量。百分比数值越高，路径越平滑。

● 填充新画笔描边：将填色应用于路径，该选项在绘制封闭路径时最有用。

● 保持选定：确定在绘制路径之后是否保持路径的选中状态。

● 编辑所选路径：确定是否可以使用"画笔工具"更改现有路径。

● 范围：用于设置使用"画笔工具"来编辑路径的光标与路径间距离的范围。此选项仅在勾选了"编辑所选路径"复选框时可用。

● 重置：通过单击"重置"按钮，将对话框中的参数调整到软件的默认状态。

▶ 3.5.2 认识"画笔"面板

在"画笔"面板中可以对画笔进行新建、删除、管理等操作。执行"窗口"|"画笔"命令，打开"画笔"面板，如图3-78所示。

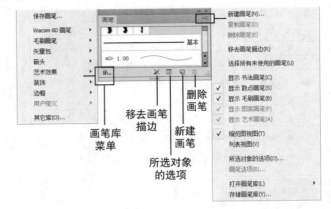

- 画笔库菜单 ：单击即可显示出画笔库菜单。
- 移去画笔描边 ：去除画笔描边样式。
- 所选对象选项 ：单击该按钮，可以自定义艺术画笔或图案画笔的描边实例，然后设置描边选项。对于艺术画笔，可

图3-78 "画笔"面板

以设置描边宽度、翻转、着色和重叠选项。对于图案画笔，可以设置缩放选项以及翻转、描摹和重叠选项。

- 新建画笔 ：单击该按钮弹出"新建画笔"窗口，设置合适的画笔类型，即可将当前所选对象定义为新画笔。
- 删除画笔 ：删除当前所选的画笔预设。

▶ 3.5.3 认识画笔库

"画笔库"是Illustrator预设画笔的合集。执行"窗口"|"画笔库"命令，然后从子菜单中可以选择打开某一种画笔库，如图3-79所示。如果想要将某个画笔库中的画笔复制到"画笔"面板中，可以直接将画笔拖动到"画笔"面板中，如图3-80所示。如果想要快速地将多个画笔从画笔库面板复制到"画笔"面板中，可以在画笔库面板中按住Ctrl键加选所有需要复制的画笔，然后从画笔库的面板菜单中选择"添加到画笔"命令即可。

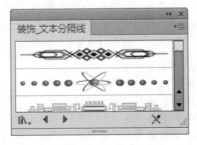

图3-79 画笔库

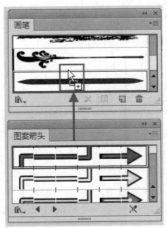

图3-80 拖动画笔

在画笔库面板菜单中选择"保持"命令后，可以在启动Illustrator时自动打开画笔库，如图3-81所示。

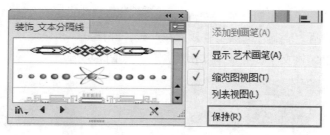

图3-81　画笔库菜单

实例：使用画笔工具绘制意境水墨画

源　文　件：	源文件\第3章\使用画笔工具绘制意境水墨画
视频文件：	视频\第3章\使用画笔工具绘制意境水墨画.avi

本实例使用画笔工具绘制水墨画，实例效果如图3-82所示。

本实例的具体操作步骤如下。

01 启动Adobe Illustrator CS6，执行"文件"|"新建"命令，新建一个空白文档。

02 执行"文件"|"置入"命令，打开"置入"对话框，选择需要置入的素材文件"1.jpg"，单击"确定"按钮完成操作，调整置入素材的比例和位置，如图3-83所示。

图3-82　完成效果

图3-83　置入背景

03 使用"椭圆工具"绘制一个直径为155mm的正圆形。无填色，描边颜色为黑色，描边粗细为3xp。

04 执行"窗口"|"画笔"命令，弹出"画笔"面板，单击"画笔库"菜单按钮，执行"艺术效果"|"艺术效果-水彩"命令，弹出"艺术效果-水彩"面板，单击选择"水彩描边5"，如图3-84所示。此时圆形上出现水墨效果的画笔描边，如图3-85所示。

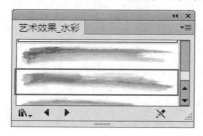

图3-84　选择画笔

图3-85　描边效果

05 再次绘制一个一样大小的正圆。使用"颓废画笔矢量包3"对其进行描边。操作步骤同上，如图3-86所示。再将两个绘制好的圆重叠放置在一起，并摆放在相应位置，如图3-87所示。

06 最后在画面中添加装饰文字，完成本实例的制作，如图3-88所示。

图3-86　描边效果

图3-87　画笔工具选项

图3-88　完成效果

3.6 铅笔工具组

在Illustrator的铅笔工具组中包含"铅笔工具"、"平滑工具"和"路径橡皮擦工具"三个工具。使用铅笔工具组中的工具可以快速地绘制、修改和擦除线条效果。

▶ 3.6.1 铅笔工具

"铅笔工具"可用于随意地绘制开放路径和闭合路径。利用该工具可以快速地完成较为复杂的绘画工作，如图3-89所示。双击工具箱中的"铅笔工具"按钮 ，弹出"铅笔工具选项"对话框，在该对话框中进行"铅笔工具"的保真度、平滑度等参数的设置，如图3-90所示。

图3-89　铅笔工具绘制的作品

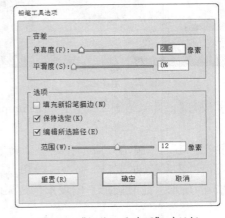
图3-90　"铅笔工具选项"对话框

- 保真度：控制向路径中添加新锚点的鼠标移动距离。
- 平滑度：控制使用"铅笔工具"时Illustrator应用的平滑量。百分比数值越高，路径越平滑。
- 填充新铅笔描边：将填色应用于路径，该选项在绘制封闭路径时最有用。
- 保持选定：确定在绘制路径之后是否保持路径的选中状态。
- 编辑所选路径：确定是否可以使用"铅笔工具"更改现有路径。
- 范围：用于设置使用"铅笔工具"来编辑路径的光标与路径间距离的范围。此选项仅在勾选了"编辑所选路径"复选框时可用。

● 重置：通过单击"重置"按钮，将对话框中的参数调整到软件的默认状态。

1. 使用铅笔工具绘图

单击工具箱中的"铅笔工具"按钮 ，或使用快捷键N，将鼠标移动到画面中，此时鼠标指针变为 形状。在画面中拖动鼠标即可自由绘制路径，如图3-91所示。使用"铅笔工具"在画面中单击并拖动光标的过程中按下Alt键，此时光标变为 形状，表示此时绘制的路径即使不是闭合路径，在完成之后也会自动以起点和终点进行首尾相接，形成闭合图形，如图3-92所示。

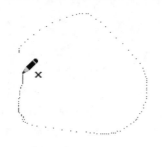
图3-91 描边效果

图3-92 绘制自动闭合路径

2. 改变路径形状

如果在"铅笔工具选项"对话框中勾选了"编辑所选路径"复选框时，即可使用"铅笔工具"直接更改路径形状。单击工具箱中的"铅笔工具"按钮 ，选择要更改的路径，将"铅笔工具"定位在要重新绘制的路径上或附近。当鼠标指针由 变为 形状时，即表示光标与路径非常接近，单击并拖动鼠标进行绘制即可改变路径的形状。

3. 连接两条路径

使用"铅笔工具"还可以快速地连接两条不相连的路径。首先选择两条路径，接着单击工具箱中的"铅笔工具"，将指针定位到其中一条路径的某一端，然后向另一条路径拖动。开始拖移后按住Ctrl键，"铅笔工具"会显示为 形状，拖动到另一条路径的端点上即可将两条路径连接为一条路径，如图3-93所示。

图3-93 连接路径

3.6.2 平滑工具

使用"平滑工具" 可以快速地平滑所选路径，并且尽可能地保持路径原来的形状，如图3-94所示。

该工具的使用方法比较简单，只需要在工具箱中单击"平滑工具"按钮 ，在所选的路径对象不平滑的位置上按照希望的形态拖动鼠标即可。双击工具箱中的"平滑工具"按钮 ，弹出"平滑工具选项"对话框，在该对话框中进行相应的设置，然后单击"确定"按钮，如图3-95所示。

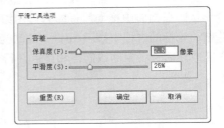

图3-94　使用平滑工具的作品　　　　　　　　　图3-95　平滑工具选项

- 保真度：用于控制向路径添加新描点前移动鼠标的最远距离。
- 平滑度：用于控制使用"平滑工具"时应用的平滑量，取值范围是0%～100%之间。
- 重置：通过单击"重置"按钮，将该对话框中的参数调整到软件的默认状态。

🔍 提　示

　　在使用"平滑工具"平滑路径时，要使得平滑后的结果与原路径保持最大的相似度，可以使保真度的数值尽可能小，平滑度的数值可以为0。

实例：绘制平滑路径

源　文　件：	源文件\第3章\绘制平滑路径
视频文件：	视频\第3章\绘制平滑路径.avi

本实例将使用平滑画笔工具制作平滑路径，实例效果如图3-96所示。

本实例的具体操作步骤如下。

01 启动Adobe Illustrator CS6，执行"文件"|"新建"命令，新建一个空白文档。执行"文件"|"置入"命令，置入背景素材文件"1.jpg"。

02 执行"文件"|"打开"命令，打开素材文件"2.ai"，将里面的艺术字素材复制到新建文档中，摆放在背景中间位置，如图3-97所示。

图3-96　效果图　　　　　　　　　　　图3-97　导入文字素材

03 接下来使用"铅笔工具"勾勒文字轮廓，增加文字的厚重感，如图3-98所示。

04 配合"平滑画笔工具"，对此路径进行平滑处理，效果如图3-99所示。

图3-98 勾勒文字轮廓　　　　　　　　　　图3-99 平滑处理文字路径

05 对该路径进行颜色填充，设置填充颜色为橙色，描边为白色，如图3-100所示。

06 执行"文件"|"打开"命令，打开素材文件"3.ai"，将里面的装饰素材复制到新建文档中，完成本实例的制作，如图3-101所示。

图3-100 文字轮廓　　　　　　　　　　图3-101 效果图

▶ 3.6.3 路径橡皮擦工具

使用"路径橡皮擦工具"可以擦除对象中的路径或锚点，从而快速地删除路径中任意的部分。选中要修改的对象，单击工具箱中的"路径橡皮擦工具"按钮 ，沿着要擦除的路径线段长度拖动鼠标，即可擦除部分路径，被擦出的闭合路径会变为开放路径，如图3-102所示。

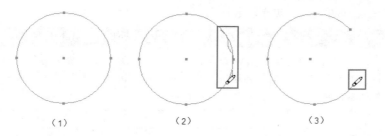

（1）　　　　　　　　（2）　　　　　　　　（3）

图3-102 操作效果

🔍 提 示

　　"橡皮擦工具"不能用于"文本对象"或者"网格对象"的擦除。

3.7 斑点画笔工具

"斑点画笔工具"可以绘制出带有填充效果的路径。单击并拖动鼠标,即可按照鼠标指针移动的轨迹在画板中创建出有填充、无描边的路径,如图3-103所示。使用"斑点画笔工具"绘制路径时,新路径将与所遇到的最匹配路径合并。如果新路径在同一组或同一图层中遇到多个匹配的路径,则所有交叉路径都会合并在一起,如图3-104所示。

双击工具箱中的"斑点画笔工具"按钮,弹出"斑点画笔工具选项"对话框,在该对话框中进行相应的设置,然后单击"确定"按钮,如图3-105所示。

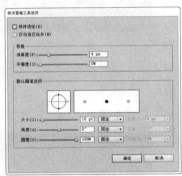

图3-103　绘制路径　　　　　图3-104　合并的路径　　　　　图3-105　斑点画笔工具选项

- 保持选定:指定绘制合并路径时,所有路径都将被选中,并且在绘制过程中保持被选中状态。该选项在查看包含在合并路径中的全部路径时非常有用。选择该选项后,"仅与选区合并"复选框将被停用。
- 仅与选区合并:如果选择了图稿,"斑点画笔"只可与选定的图稿合并。如果没有选择图稿,则"斑点画笔"可以与任何匹配的图稿合并。
- 保真度:控制必须将鼠标或光笔移动多大距离,Illustrator才会向路径添加新锚点。值越大,路径越平滑,复杂程度越小。
- 平滑度:控制使用工具时Illustrator应用的平滑量。平滑度范围从0%～100%;百分比越高,路径越平滑。
- 大小:决定画笔的大小。
- 角度:决定画笔旋转的角度。设置时拖移预览区中的箭头,或在"角度"文本框中输入一个值。
- 圆度:决定画笔的圆度。将预览中的黑点朝向或背离中心方向拖移,或者在"圆度"文本框中输入一个值。该值越大,圆度就越大。

> 🔍 **提示**
>
> "斑点画笔工具"可以用来合并由其他工具创建的路径。首先需要确保路径的排列顺序必须相邻,图稿的填充颜色需要相同,并且没有描边。然后将"斑点画笔工具"设置为具有相同的填充颜色,并绘制与所有想要合并在一起的路径交叉的新路径。

3.8 橡皮擦工具组

橡皮擦工具组中包含三种工具,即"橡皮擦工具"、"剪刀工具"和"美工刀工具"。从名称上很容易看出这些工具主要用于擦除、切断路径。

3.8.1　橡皮擦工具

　　"橡皮擦工具" 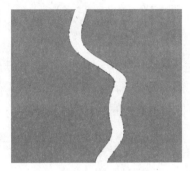可以快速地擦除已经绘制单个路径或是成组的图形。在使用"橡皮擦工具"时，单击工具箱中的"橡皮擦工具"按钮或使用快捷键Shift+E，在要擦除的位置上按住鼠标左键进行拖动，即可擦除光标移动范围以内的所有路径，如图3-106所示。双击工具箱中的"橡皮擦工具"按钮 ，弹出"橡皮擦工具选项"对话框，在该对话框中进行相应的设置，然后单击"确定"按钮，如图3-107所示。

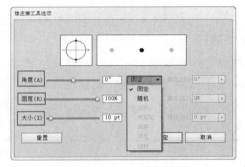

图3-106　橡皮擦工具擦除效果　　　　图3-107　"橡皮擦工具选项"对话框

- 角度：调整该选项中的参数，确定此工具旋转的角度。拖移预览区中的箭头，或在"角度"文本框中输入一个值。
- 圆度：调整该选项中的参数，确定此工具的圆度。将预览中的黑点或向背离中心的方向拖移，或者在"圆度"文本框中输入一个值。该值越大，圆度就越大。
- 大小：调整该选项中的参数，确定此工具的直径。可以使用"大小"滑块，或在"大小"文本框中输入一个值进行调整。

每个选项右侧弹出的下拉列表中选项可以控制此工具的形状变化，可选择以下选项之一。

- 固定：选中该选项，可以使用固定的角度、圆度或直径。
- 随机：选中该选项，可以使用角度、圆度或直线随机变化。在"变量"文本框中输入一个值，来指定画笔特征的变化范围。
- 压力：选中该选项，可以根据绘画光笔的压力使角度、圆度或直径发生变化。
- 光笔轮：选中该选项，可以根据光笔轮的操作使直径发生变化。
- 倾斜：选中该选项，可以根据绘画光笔的倾斜角度、圆度或直径发生变化。
- 方位：选中该选项，可以根据绘画光笔的压力使角度、圆度和直径发生变化。
- 旋转：选中该选项，可以根据绘画光笔的压力使角度、圆度和直径发生变化。此选项对于控制书法画笔的角度非常有用，仅当具有可以检测这种旋转类型的图形输入板时，才能使用此选项。

🔍 提　示

　　使用"橡皮擦工具"时按住Shift键可以沿水平、垂直或者斜45°角进行擦除。按住Alt键可以以矩形的方式进行擦除。同时按住Shift键与Alt键可以以正方形的方式进行擦除。

3.8.2　剪刀工具

　　"剪刀工具"将一条路径分割为两条或多条路径，并且每个部分都具有独立的填充和描边属性。使用"剪刀工具" 可以针对路径、图形框架或空文本框架进行操作，如图3-108和图3-109所示。

图3-108　原图

图3-109　使用剪刀工具进行分割

1. 剪切路径

单击工具箱中的"剪刀工具"按钮✂，然后将要进行剪切的路径选中，在要进行剪切的位置上单击，当前锚点分割为两个重叠但是断开的锚点，如图3-110所示。在使用选取工具移动时可以将拆分成的两条路径从之前的同一路径中移动到其他位置，如图3-111所示。

图3-110　剪切路径　　　　　　　　　　　　　图3-111　拆分路径

2. 剪切闭合路径

在闭合路径上进行操作可以将形状快速切分为多个部分，而且分割处为直线。单击工具箱中的"剪刀工具"按钮✂，使用"剪刀工具"在形状的其中一个锚点上单击，即可将当前锚点分割为两个重叠但是断开的锚点，此时形状变为开放路径。继续在另外一个锚点处单击，该锚点也被分割为两个重叠但是断开的锚点。而右上角的部分变为了独立的路径，可以进行移动调整等编辑操作，如图3-112所示。

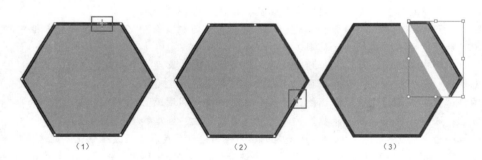

（1）　　　　　　　　　　（2）　　　　　　　　　　（3）

图3-112　剪切闭合路径

▶ 3.8.3　刻刀工具

使用"刻刀工具"✐可以将一个对象以任意的分割线划分为各个构成部分的表面。单击工具箱中的"刻刀工具"按钮✐，将要进行剪切的路径选中。使用鼠标沿着要进行裁切的路径进行拖动，被选中的路径被分割为两个部分，与之重合的其他路径没有被分割，如图3-113所示。在没有选择任何对象时，直接使用"刻刀工具"✐在对象上进行拖动，即可将光标移动范围以内的所有对象进行分割，如图3-114所示。

图3-113　选择对象分割效果

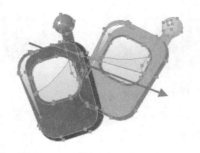

图3-114　未选择对象分割效果

🔍 提示

　　使用"美工刀工具"的同时按住Alt键可以以直线分割对象，同时按住Shift键与Alt键可以以水平直线、垂直直线或斜45°的直线分割对象。

实例：制作分割彩色块效果字母

源 文 件：	源文件\第3章\制作分割彩色块效果字母
视频文件：	视频\第3章\制作分割彩色块效果字母.avi

　　本实例将使用橡皮擦、剪刀、美工刀工具进行制作，实例效果如图3-115所示。

　　本实例的具体操作步骤如下。

01 启动Adobe Illustrator CS6，新建一个空白文档。

02 置入素材文件"1.jpg"，调整置入素材的比例和位置，作为背景，如图3-116所示。

图3-115　效果图

图3-116　素材文件

03 绘制色彩分割块效果，以字母"A"为例。先制作"A"上方的梯形部分，使用"矩形工具"绘制一个高7mm、宽27mm的矩形，填充橙色系渐变，效果如图3-117所示。

🔍 提　示

　　渐变填充见本书第5章填充与描边中的5.3渐变填充。

04 选中该矩形，单击工具箱中的"剪刀工具"按钮，使用该工具在形状的其中一个锚点上单击，继续在另外一个锚点上单击，大致位置如图3-118所示。将剪裁后多余的部分删除，删除后如图3-119所示。

图3-117 橙色渐变矩形

图3-118 剪裁位置

图3-119 剪裁后的图形

05 再对该四边形的另一面进行剪裁，操作步骤同上。完成字母"A"上半部分的制作，如图3-120所示。

06 继续使用"矩形工具"绘制一个高为7mm、宽为38mm的矩形，对其进行渐变填充，设置如图3-121所示。再将此矩形复制两次，并进行编辑，摆放到如图3-122所示的位置。字母"A"的下半部就绘制完成了。

图3-120 字母"A"的上半部分

图3-121 绘制矩形

图3-122 摆放位置

07 将之前绘制好的字母"A"的上半部分摆放到合适位置，完成字母"A"的制作，如图3-123所示。采用同样的方法制作字母"B"、"C"。完成绘制后摆放到合适位置，完成本实例的制作，如图3-124所示。

图3-123 "A"的效果

图3-124 作品效果

3.9 透视图工具

"透视图工具"包含两个工具："透视网格工具"和"透视选区工具"，用于在绘制透视效果时，使对象以当前设置的透视规则进行变形。

▶ 3.9.1 透视网格工具

"透视网格工具"是在文档中定义或编辑一点透视、两点透视和三点透视的实用工具。

1. 认识透视网格

单击工具箱中的"透视网格工具"按钮 ▦，可以在画布中显示出透视网格，使用快捷键 Ctrl+Shift+I也可以显示或隐藏可见的网格。通过调整透视网格即可改变当前的透视规则，如图3-125所示。

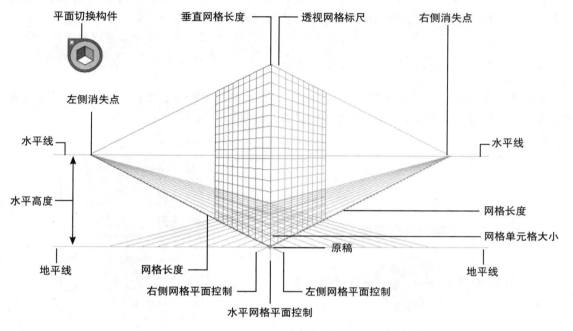

图3-125　透视网格的名称

- 单击并拖动底部的"水平网格平面控制"手柄，可改变平面部分的透视效果。
- 单击并向右拖动"左侧消失点"控制柄，可以调整左侧网格的透视状态。
- 单击并向下拖动"网格单元格大小"控制柄可以使网格更加密集。
- 单击并向上拖动"网格单元格大小"控制柄可以使网格更加宽松。
- 单击并向右拖动底部的"左侧网格平面控制"手柄，调整透视网格透视块面的区域。

2. 使用透视网格预设

执行"视图"|"透视网格"命令，在子菜单中可以对网格进行一系列操作，如图3-126所示。

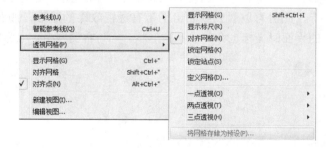

图3-126　透视网格

- 隐藏网格：使用此选项可以隐藏透视网格，也可以使用快捷键 Shift+Ctrl+I。
- 显示标尺：此选项表示仅显示沿真实高度线的标尺刻度。网格线单位决定了标尺刻度。要在"透视网格"中查看标尺，可执行"视图"|"透视网格"|"显示标尺"命令。
- 对齐网格：此选项允许在透视中加入对象并在透视中移动、缩放和绘制对象时对齐网格线。
- 锁定网格：此选项可以限制网格移动和使用"透视网格工具"进行其他网格编辑。仅可以更改可见性和平面位置。

- 锁定站点：选中该选项时，移动一个消失点将带动其他消失点同步移动。如果未选中，则独立移动，站点也会移动。

3. 平面切换构件

在使用"透视网格工具"时将会出现"平面切换构件"，在"平面切换构件"上的某个平面上单击即可将所选平面设置为活动的网格平面。在透视网格中，"活动平面"是指在绘制对象的平面。使用快捷键"1"可以选中左侧网格平面；使用快捷键"2"可以选中水平网格平面；使用快捷键"3"可以选中右侧网格平面；使用快捷键"4"可以选中无活动的网格平面，如图3-127所示。

双击工具箱中的"透视网格工具"按钮，在弹出的"透视网格选项"对话框中可以设置是否显示平面构件，或者设置平面构建所处的位置，如图3-128所示。

图3-127　平面切换构件　　　　　　　　图3-128　"透视网格选项"对话框

- 显示现用平面构件：如果要取消选中此复选框，则构件将不会与"透视网格"一起显示出来。
- 构件位置：可以选择在文档窗口的左上方、右上方、左下方或右下方显示构件。

4. 在透视网格中创建对象

在透视网格开启的状态下，可以轻松绘制出带有透视效果的图形。例如想要在画面中绘制矩形，将光标移动到右侧网格平面上，此时光标变为，如图3-129所示。单击并向右下方拖动光标，此时可以看到绘制出了带有透视效果的矩形，如图3-130所示。在平面切换构件中选择不同的平面时光标也会呈现不同形状，为右侧网格；为左侧网格；为平面网格。

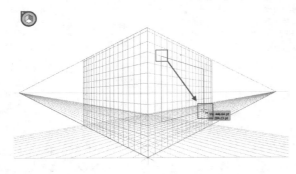

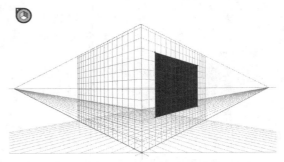

图3-129　将光标移动到右侧网格平面　　　　图3-130　绘制带有透视效果的矩形

3.9.2　透视选区工具

"透视选区工具" 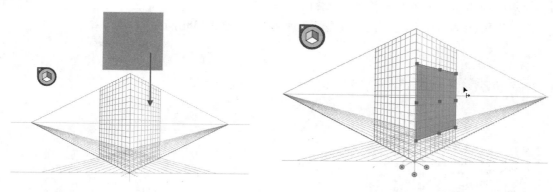 可以在透视网格中加入对象、文本和符号，以及在透视空间中移动、缩放和复制对象。向透视中加入现有对象或图稿时，所选对象的外观和大小将发生更改。在移动、缩放、复制和将对象置入透视时，透视选区工具将使对象与活动面板网格对齐，如图3-131和图3-132所示。

图3-131　移动对齐　　　　　　　　　　　图3-132　效果

使用"透视选区工具"在透视平面中移动和复制对象时：

指针显示为 ▶┤表示为左侧网格平面，也可以使用快捷键"1"选中左侧网格平面，如图3-133所示。

指针显示为 ▶╤表示为水平网格平面，也可以使用快捷键"2"选中水平网格平面，如图3-134所示。

指针显示为 ▶├表示为右侧网格平面，也可以使用快捷键"3"选中右侧网格平面，如图3-135所示。

图3-133　左侧网格平面　　　　图3-134　水平网格平面　　　　图3-135　右侧网格平面

🔍 **提示**

如果在使用"透视网格工具"时按住Ctrl键可以临时切换为"透视选区工具"，按下快捷键Shift+V则可以切换到"透视选区工具"。

3.9.3　释放透视对象

执行"对象"|"透视"|"通过透视释放"命令可以释放带透视视图的对象。所选对象将从相关的透视平面中释放，并可作为正常图稿使用，如图3-136所示。

图3-136　释放透视对象

实例：制作透视感街景

源 文 件：	源文件\第3章\制作透视感街景
视频文件：	视频\第3章\制作透视感街景.avi

本实例中主要使用透视网格工具制作透视感街景，实例效果如图3-137所示。

本实例的具体操作步骤如下。

01 启动Adobe Illustrator CS6，新建一个空白文档。

02 单击"透视网格工具"，在画布中显示透视网格，如图3-138所示。

图3-137　完成效果

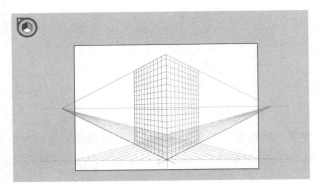

图3-138　透视网格

03 以效果图右侧的楼房透视为例，将"平面选区构件"设置成"右侧网格平面"。打开素材文件"1.ai"，将里面的素材文件复制到新建文档中，如图3-139所示。

04 使用"透视选区工具"选中该素材，并拖动到透视网格中，可以看到素材发生了透视变形，在网格中进行缩放，调整其大小和位置。右面楼房的透视制作完成，如图3-140所示。

图3-139　素材

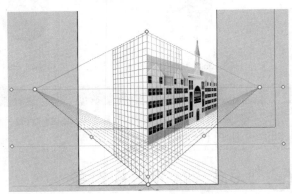

图3-140　在网格中调整大小

05 再次打开素材文件"2.ai"，将里面的素材文件复制到新建文档中。采用同样的方法制作左面楼房透视效果，如图3-141所示。

06 最后导入背景素材文件"3.ai"，将素材文件摆放到相应位置，完成本实例的制作，最终效果如图3-142所示。

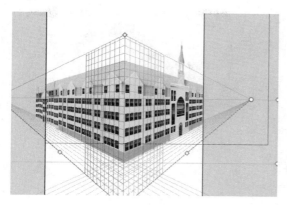
图3-141 透视效果

图3-142 完成效果

3.10 实时描摹

置入位图素材后，在控制栏上单击"实时描摹"按钮，就可以将置入Illustrator中的位图转换为矢量图形。经过扩展后即可对矢量图路径进行路径、锚点的调整等操作。

▶ 3.10.1 快速描摹图稿

将位图文件置入到Illustrator中，然后单击控制栏中的"图像描摹"按钮，或执行"对象"|"图像描摹"|"建立"命令描摹图稿，如图3-143所示。描摹完成的图稿可以控制细节级别和填色描摹的方式，如图3-144和图3-145所示。

图3-143 "图像描摹"命令   图3-144 图像描摹前   图3-145 图像描摹后

▶ 3.10.2 扩展描摹对象

对描摹后的对象进行扩展，即可对其进行进一步的编辑，单击控制栏中的"扩展"按钮，或执行"对象"|"实时描摹"|"扩展"命令，将描摹转换为路径，此时画面中出现很多的锚点，通过直接选择工具可以对选中的锚点或路径进行编辑。执行"对象"|"实时描摹"|"扩展为查看结果"命令，可以在保留当前显示选项的同时将描摹转换为路径，如图3-146和图3-147所示。

图3-146　扩展前

图3-147　扩展后

3.10.3　释放描摹对象

　　执行"对象"|"图像描摹"|"释放"命令可以释放描摹效果，并保留原始置入的图像，如图3-148所示。

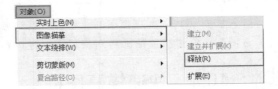

图3-148　释放图像描摹命令

实例：使用实时描摹快速制作矢量效果

源 文 件：	源文件\第3章\使用实时描摹快速制作矢量效果
视频文件：	视频\第3章\使用实时描摹快速制作矢量效果.avi

　　本实例使用图像描摹快速制作矢量对象，实例效果如图3-149所示。

　　本实例的具体操作步骤如下。

01 启动Adobe Illustrator CS6，新建一个空白文档，置入素材文件"1.jpg"，在选项栏中单击"嵌入"按钮，如图3-150所示。

图3-149　效果图

图3-150　置入素材

02 选中该图像，在控制栏的"图像描摹"下拉菜单中选择"黑白徽标"，对图像进行描摹，此时照片变为黑白矢量画效果，如图3-151所示。

03 在相应位置输入文字，完成本实例的操作，如图3-152所示。

图3-151　描摹效果

图3-152　完成效果

3.11　拓展练习——使用多种形状工具制作彩色海报

源　文　件：	源文件\第3章\使用多种形状工具制作彩色海报
视频文件：	视频\第3章\使用多种形状工具制作彩色海报.avi

　　本实例主要通过使用多种形状工具制作颜色丰富的海报效果，效果如图3-153所示。

　　本实例的具体操作步骤如下。

01　启动Adobe Illustrator CS6，执行"文件"|"新建"命令，新建一个空白文档。

02　执行"文件"|"置入"命令，打开"置入"对话框，选择需要置入的素材文件"1.jpg"，单击"确定"按钮完成操作，调整置入的素材的比例和位置。

03　单击工具箱中的"星形工具"，在画面中单击，并在弹出的对话框中设置"半径1"为60mm、"半径2"为30mm、"角点数"为5，单击"确定"按钮后出现一个正五角星，调整至合适的大小和位置，如图3-154所示。颜色填充为R140、G195、B30，如图3-155所示。

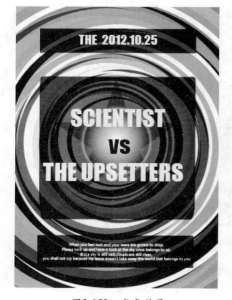

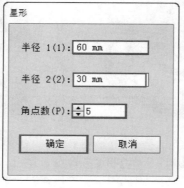

图3-153　完成效果

图3-154　"星形"对话框

图3-155　五角星放置的位置

04 接着使用"光晕工具"绘制光晕效果。在画面中单击，并在弹出的对话框中进行参数的设置，如图3-156所示。参数设置完成后单击"确定"按钮，将设置完成的光晕摆放到星形上，效果如图3-157所示。

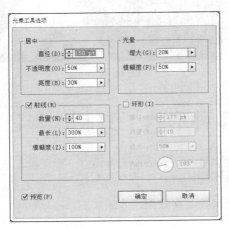

图3-156　设置参数　　　　　　　　　　　　图3-157　摆放效果

05 使用"圆角矩形工具"在画面中单击，在弹出的"圆角矩形"对话框中设置宽度为115mm、高度为105mm、圆角半径为4的圆角矩形，颜色填充为R90、G85、B85，将其放在如图3-158所示的位置。

06 继续使用"矩形工具"绘制一个宽度为115mm、高度为20mm的矩形，再将这个矩形进行复制，颜色填充为R90、G85、B85，将其放在如图3-159所示的位置。

图3-158　绘制圆角矩形　　　　　　　　　　图3-159　摆放效果

07 选中三个矩形，执行"窗口"|"透明度"命令，弹出"透明度"面板，在"透明度"下拉菜单中选择"正片叠底"，如图3-160所示。正片叠底效果如图3-161所示。

08 最后在画面中合适的位置输入文字，完成本实例的制作，如图3-162所示。

图3-160　透明度设置　　　　图3-161　正片叠底效果　　　　图3-162　输入文字

3.12　本章小结

通过对本章的学习，需要熟练掌握使用内置的图形绘制工具绘制多种基本图形的方法，并且通过钢笔工具使用方法的学习，掌握绘制图形的方法。熟练掌握擦除以及分割路径工具的使用也是本章内容的重点。

- 如果想要绘制波浪曲线时，首先在画布中单击鼠标即可出现一个锚点，松开鼠标后移动光标至另外的位置单击并拖动即可创建一个平滑点。再次将光标放置在下一个位置，然后单击并拖动光标创建第2个平滑点，并控制好曲线的走向。采用同样的方法继续绘制出其他的平滑点。绘制完成后可以使用"直接选择工具"选择锚点，并调节好其方向线，使其生成平滑的曲线。
- 添加锚点，选择需要进行编辑的路径，单击工具箱中的"添加锚点工具"按钮，或使用快捷键"+"快速切换至"添加锚点工具"，将指针置于路径段上，然后单击即可添加锚点。
- 使锚点转换成平滑曲线锚点，单击工具箱中的"转换锚点工具"按钮或使用快捷键Shift+C，将鼠标指针放置在锚点上，单击并向外拖动鼠标，可以看出锚点上拖动出方向线，锚点将转换成平滑曲线锚点。
- 在Illustrator中包括5种线型绘图工具：直线段工具、弧线工具、螺旋线工具、矩形网格工具和极坐标网格工具。单击工具箱中直线工具组按钮右下角的三角号，可以看到这5种线形工具按钮，单击工具右侧的三角号按钮，可以使隐藏工具以浮动窗口的模式显示。单击按钮可以调整浮动窗口的方向。

3.13　课后习题

1. 单选题

（1）螺旋线工具的用途是（　　）。
- A．用于绘制各个凹入或凸起曲线段
- B．用于绘制顺时针和逆时针螺旋线
- C．用于绘制直线和曲线来创建对象
- D．用于绘制圆形图像网格

（2）路径是由（　　）组成。

    A．一个或多个直线或曲线线段

    B．锚点

    C．方向线

    D．锚点和方向线

（3）如图3-163所示，平滑点最多的是（　　）图。

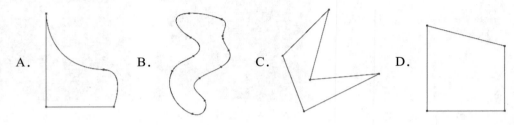

图3-163　可选择项

（4）平滑工具的取值范围是（　　）。

    A．0%~100%之间

    B．0~180°之间

    C．0.5~20像素之间

    D．0~255之间

（5）使用"椭圆工具"单击原点位置，通过拖动鼠标向箭头方向拉出一个椭圆，得到正圆形结果，下列描述正确的是（　　）。

    A．在绘制椭圆时，必须按住键盘上的Alt键

    B．在绘制椭圆时，必须按住键盘上的Shift键

    C．在绘制椭圆时，必须按住键盘上的Shift＋Alt键

    D．可以直接拉出正圆形

2. 多选题

（1）下列（　　）是用来创建或编辑路径的工具。

    A．钢笔工具

    B．添加锚点工具

    C．铅笔工具

    D．删除锚点工具

（2）Illustrator中有不同的画笔类型有（　　）。

    A．书法

    B．散布

    C．艺术

    D．图案

    E．毛刷

（3）（　　）可以应用画笔描边。

    A．渐变工具

    B．钢笔工具

C．铅笔工具

D．直线段工具

（4）在使用平滑工具平滑路径时，要使得平滑后的结果与原路径保持最大的相似度，下列关于"平滑工具首选项"对话框设置说法正确的是（　　）。

A．保真度的数值尽可能小

B．保真度的数值尽可能大

C．平滑度的数值不能为0

D．平滑度的数值可以为0

（5）若要将图3-164中A点的句柄形状调整为B点的效果，下列描述正确的是（　　）。

图3-164　调整效果

A．使用转换锚点工具直接拖动锚点

B．使用直接选择工具直接拖动锚点

C．按住Alt键，当直接选择工具的光标右下角出现"+"符号后，拖动锚点

D．按住Alt键，当转换锚点工具的光标右下角出现"+"符号后，拖动锚点

3．填空题

（1）用于将平滑点与角点互相转换的工具是_____。

（2）_____工具可以在透视中选择对象、文本和符号、移动对象以及在垂直方向上移动对象。

（3）路径可以具有两类锚点，它们分别是_____与_____。

（4）要将一幅图像转换为矢量图，需要执行_____操作。

4．上机操作题

使用多种绘图工具绘制可爱蜗牛，如图3-165所示。

图3-165　绘制可爱蜗牛

第4章
对象的基础操作

在前面的章节中学会了创建矢量对象，本章将学习如何对矢量对象进行诸如选择、移动、剪切、粘贴、变换、管理等操作。

学习要点

- 选择对象
- 移动对象
- 剪切、复制与粘贴
- 变换对象
- 清除对象

- 对象的排列、对齐与分布
- 对象的编组与解组
- 锁定与解锁
- 隐藏与显示
- 使用图层管理对象

4.1 选择对象

在Illustrator中，想要对某个对象进行操作，首先需要选中该对象，选择工具是Illustrator中最为常用的工具之一，选择工具不仅可以选择图形，还可以选择位图、成组对象等。在Illustrator中包含多个用于选择的工具：选择工具 、直接选择工具 、编组选择工具 、魔棒工具 和套索工具 。只要选择了对象或者对象的一部分，即可对其进行编辑。图4-1所示为被选中的矢量图形。

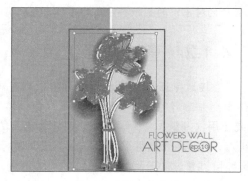

图4-1　选择矢量图形

🔘 4.1.1 选择工具

1. 选择一个对象

"选择工具" 可用来选择整个对象。单击工具箱中的"选择工具"按钮 或使用快捷键V，在要进行选择的对象上单击，即可将相应的对象选中。图4-2为原图，图4-3为选中状态。

图4-2　原图

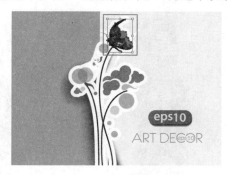

图4-3　选择对象

2. 选择多个对象

使用鼠标进行拖动，将要选取的对象进行框选，释放鼠标后相应的对象即可同时被选中。图4-4为框选时的状态，图4-5为框选后选中的状态。

图4-4　原图

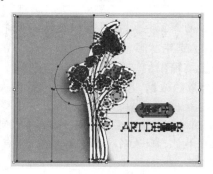

图4-5　框选对象

🔍 提 示

选中一个对象后，按住Shift键并单击其他的对象，也可以快速选择多个对象。如果想要将多个被选中的对象中的某一些对象的选择状态取消时，可按住Alt键，在要取消的对象上单击即可。

▶ 4.1.2　直接选择工具

"直接选择工具" ▶ 在路径编排中有着非常重要的作用，用户可以通过选择锚点、方向点、路径线段并进行移动，来改变直线或曲线路径的形状。单击工具箱中的"直接选择工具"按钮 ▶ 或使用快捷键A，将鼠标移动到包含锚点的路径上，单击左键即可选中锚点，拖动鼠标可以移动锚点，按Delete键可以删除锚点，或将鼠标移动到路径线段上，在路径上单击鼠标左键并移动光标即可调整这部分线段。

▶ 4.1.3　编组选择工具

"编组选择工具" ▶ 可以在不解除编组的情况下，选择组内的对象或组内的组。使用"编组选择工具" ▶ 单击要选择的组内对象，选择的是组内的一个对象，如图4-6所示。再次单击，选择的是对象所在的组，如图4-7所示。第三次单击则添加第二个组，如图4-8所示。

图4-6　选择组内的一个对象　　　图4-7　选择对象所在组　　　图4-8　添加第二个组

▶ 4.1.4　魔棒工具

通过"魔棒工具" 🪄 可以快速地将整个文档中属性相近的对象同时选中。图4-9为原始状态，图4-10为选中状态。

双击工具箱中的"魔棒工具"按钮 🪄，即可在弹出的"魔棒"面板中定义使用"魔棒工具"选择对象的依据，如图4-11所示。

- 若要根据对象的填充颜色选择对象，勾选"填充颜色"复选框，然后输入"容差"值，对于RGB模式，该值应介于0～255像素之间，对于CMYK模式，该值应介于0～100像素之间。容差值越低，所选的对象与单击的对象就越相似；容差值越高，所选的对象所具有的属性范围就越广。
- 若要根据对象的描边颜色选择对象，勾选"描边颜色"复选框，然后输入"容差"值，对于

RGB模式，该值应介于0～255像素之间；对于CMYK模式，该值应介于0～100像素之间。

- 若要根据对象的描边粗细选择对象，勾选"描边粗细"复选框，然后输入"容差"值，该值应介于0～1000pt。
- 若要根据对象的透明度或混合模式选择对象，勾选"透明度"复选框，然后输入"容差"值，该值应介于0～100%。
- 若要根据对象的混合模式选择对象，勾选"混合模式"复选框。

图4-9　原图　　　　　　　　　图4-10　使用魔棒工具选择　　　　　图4-11　"魔棒"面板

4.1.5　套索工具

使用"套索工具"或使用快捷键Q，在要进行选取的锚点区域上拖动鼠标，使用"套索工具"将要选中的对象同时框住，如图4-12所示。释放鼠标按键即可完成锚点的选区，如图4-13所示。

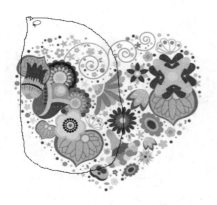

图4-12　框住对象　　　　　　　　　　　图4-13　锚点选区

> 🔍 **提　示**
>
> 使用"套索工具"按住Shift键拖动的同时，可以再继续选中其他锚点。如果在路径线段周围拖动，可以选中路径线段。按住Shift键的同时拖动，可以继续选中其他的路径线段。

4.1.6　使用选择菜单

在Adobe Illustrator软件中除了提供了大量的选择工具外，还提供了一些用于辅助选择的命

令。通过工具和命令的配合，可以更好更快地对相应的对象进行选取。如图4-14所示为选择菜单。如图4-15所示为原图。

> [01] 执行"选择"|"全部"命令或使用快捷键Ctrl+A，这样可以将当前激活文档中所有的对象全部选中，并不需要考虑文档中的面板，如图4-16所示。

图4-14　选择菜单

图4-15　原图

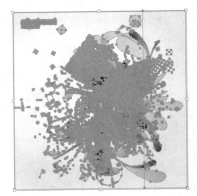

图4-16　全选对象

> [02] 若要取消选择所有的对象，可以执行"选择"|"取消选择"命令或使用快捷键Shift+Ctrl+A，也可以在画面中没有对象的空白区域单击或拖动鼠标，即可取消选择所有对象。

> [03] 若要重复上次使用的选择命令，可执行"选择"|"重新选择"命令或使用快捷键Ctrl+6，即可恢复选择上次所选的对象。

> [04] 反向功能非常适合于选择所有未选中的所有路径，使用该功能可以快速选择隐藏的路径、参考线和其他难于选择的未锁定对象，如图4-17和图4-18所示。

图4-17　选择对象

图4-18　反选对象

> [05] 当多个对象被堆叠在一起时，通过使用"选择工具"进行单击选择，只能选中最上面的对象。要选择所选对象上方或下方距离最近的对象，可以执行"选择"|"上方的下一个对象"或"选择"|"下方的下一个对象"命令，如图4-19所示。

> [06] 若要选择具有相同属性的所有对象，可选择一个具有所需属性的对象，然后执行"选择"|"相同"命令，之后再从列表（混合模式、填色和描边、填充颜色、不透明度、描边颜色、描边粗细、样式、符号实例和链接块系列）中选择一种属性，如图4-20所示。

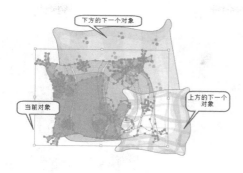

图4-19　示意图

图4-20　"相同"命令

07 要选择文件中具有某一特定类型的所有对象时，首先需要取消所有对象的选择，执行"选择"｜"对象"命令，然后选取一种对象类型（画笔描边、剪切蒙版、游离点或文本对象等），即可选择文件中所有该类型的对象，如图4-21所示。

08 使用该选项保存特定的对象。首先选择一个或多个对象，执行"选择"｜"存储所选对象"命令，弹出"存储所选对象"对话框，在"名称"文本框中键入相应名称，并单击"确定"按钮，如图4-22所示。

图4-21　"对象"命令

图4-22　"存储所选对象"对话框

09 执行"选择"｜"编辑所选对象"命令，在弹出的"编辑所选对象"对话框中选择要进行编辑的选择状态选项，即可编辑已保存的对象。

实例：快速选择对象

源　文　件：	源文件\第4章\快速选择对象
视频文件：	视频\第4章\快速选择对象.avi

　　本实例是通过各种选择工具快速选择对象。所要选择的对象如图4-23所示。

　　本实例的具体操作步骤如下。

01 打开素材文件"1.ai"，单击工具箱中的"选择工具" ，单击要编辑的对象即可选中该对象，按住Shift键可以加选多个对象，如图4-24和图4-25所示。

02 也可以在需要选择对象所在范围内按住鼠标左键进行拖动，以框选对

图4-23　选择对象

象，如图4-26所示。快速选择多个对象，如图4-27所示。

图4-24　按住Shift键加选　　　　　　　　　图4-25　完成加选

图4-26　将对象框选　　　　　　　　　图4-27　选中对象

03 使用"套索工具"快速选择对象。单击"套索工具"，在需要选择对象所在范围内按住鼠标
左键进行拖动，快速选择对象，如图4-28和图4-29所示。

图4-28　使用"套索工具"选择　　　　　　　　　图4-29　选中对象

4.2　移动对象

　　Illustrator的移动功能集成到了"选择工具"中，也就是说使用"选择工具"选中对象后即
可进行移动，另外也可以通过命令进行精确的移动。如图4-30和图4-31所示可以看到水杯被移
动了。

图4-30　原图

图4-31　移动水杯

4.2.1　使用选择工具移动

单击工具箱中的"选择工具"按钮或使用快捷键V。选中单个或多个对象，如图4-32所示。直接拖动到要移动的位置上即可，如图4-33所示。

图4-32　选中对象

图4-33　移动对象

> 🔍 提　示
>
> 在移动对象的同时按住Shift键，以45°角的倍数移动对象。

4.2.2　使用键盘上的方向键

选中图形后，使用键盘上的上下左右箭头键可用来进行图形的精确移动。在移动的同时按住Alt键，可以对相应的对象进行复制。

4.2.3　使用"移动"命令精确移动

执行"对象"|"变换"|"移动"命令或使用快捷键Ctrl+Shift+M，弹出"移动"对话框，通过"移动"对话框可对图形进行精确的移动，如图4-34所示。在该对话框中可以进行水平方向和垂直方向上移动数值的设置，也可以进行距离和角度的设置。

- 水平：在文本框中输入相应的数值，定义对象在画板上水平的定位位置。
- 垂直：在文本框中输入相应的数值，定义对象在画板上垂直的定位位置。
- 距离：在文本框中输入相应的数值，定义对象移动的角度。
- 选项：当对象中填充了图案时，可以通过勾选"对象"和"图案"复选框，定义对象移动的部分。
- 通过勾选"预览"复选框，可以在进行最终的移动操作前查看相应的效果。
- 单击"复制"按钮，对移动的对象进行复制。

图4-34 "移动"对话框

实例：将对象调整到合适位置

源 文 件：	源文件\第4章\将对象调整到合适位置
视频文件：	视频\第4章\将对象调整到合适位置.avi

使用"选择工具"将对象选中并移动到合适的位置，效果如图4-35所示。

本实例的具体操作步骤如下。

01 新建一个空白文档，置入素材文件"1.jpg"，在画布中调整大小，作为背景，如图4-36所示。

图4-35 效果图

图4-36 置入背景

02 打开素材文件"2.ai"，将里面的小树素材复制到新建文档中，如图4-37所示。

03 使用"选择工具"选择其中某一个素材，按住鼠标左键进行拖动，移动到相应的位置，如图4-38所示。

图4-37 导入素材

图4-38 移动对象图

04 继续将其他小树拖动到相对应的位置，如图4-39所示。最终效果如图4-40所示。

图4-39　小树摆放位置　　　　　　　　　　图4-40　最终效果

4.3　剪切、复制与粘贴

4.3.1　剪切对象

在Illustrator中剪切和粘贴对象可以在同一文件或者不同文件中进行。选择一个对象，如图4-41所示。执行"编辑"|"剪切"命令或按下快捷键Ctrl+X，将所选对象剪切到剪切板中，被剪切的对象从画面中消失，如图4-42所示。到其他位置使用粘贴命令调用剪切板中的该对象，如图4-43所示。

图4-41　选择对象　　　　　　图4-42　剪切对象　　　　　　图4-43　粘贴对象

4.3.2　复制对象

"复制"命令通常与"粘贴"命令共同使用，能够方便快捷地制作出多个相同的对象。首先需要选择一个对象，执行"编辑"|"复制"命令或使用快捷键Ctrl+C，将对象进行复制。也可以使用"选择工具"选中某一对象后，按住Alt键，光标变为双箭头时进行移动即可复制到相应位置，如图4-44和图4-45所示。

图4-44　选择对象　　　　　　　　　图4-45　复制对象

▶ 4.3.3 粘贴对象

剪切与复制命令都需要伴随粘贴命令使用。在 Illustrator中有多种粘贴方式，可以将复制或剪切的对象粘贴在前面或后面，也可以进行原地粘贴，还可以在所有画板上粘贴该对象，如图4-46所示。

粘贴(P)	Ctrl+V
贴在前面(F)	Ctrl+F
贴在后面(B)	Ctrl+B
就地粘贴(S)	Shift+Ctrl+V
在所有画板上粘贴(S)	Alt+Shift+Ctrl+V

图4-46 粘贴命令

- 粘贴：将图像复制或剪切到剪切板以后，执行"编辑"|"粘贴"命令或使用快捷键Ctrl+V，可以将剪切板中的图像粘贴到当前文档中。
- 贴在前面：执行"编辑"|"贴在前面"命令或使用快捷键Ctrl+F。对象将粘贴到文档中原始对象所在的位置，并将其置于当前层上对象堆叠的顶层。但是，如果在选择此功能前就选择了一个对象，则剪贴板中的内容将堆放到该对象的最前面，如图4-47和图4-48所示。
- 贴在后面：执行"编辑"|"贴在后面"命令或使用快捷键Ctrl+B，内容将粘贴到对象堆叠的底层或紧跟在选定对象之后，如图4-49和图4-50所示。

图4-47 选择对象　　　图4-48 效果　　　图4-49 选择对象　　　图4-50 效果

- 就地粘贴：执行"编辑"|"就地粘贴"命令或使用快捷键Ctrl+Shift+V，可以将图稿粘贴到现有的画板中。
- 在所有画板上粘贴："在所有画板上粘贴"命令会将所选的图稿粘贴到所有画板上。在剪切或复制图稿后，执行"编辑"|"在所有画板上粘贴"命令或使用快捷键Alt+Ctrl+Shift+V。

➡ 实例：使用复制与粘贴命令制作漫天花雨

源 文 件：	源文件\第4章\使用复制与粘贴命令制作漫天花雨
视频文件：	视频\第4章\使用复制与粘贴命令制作漫天花雨.avi

本实例使用复制与粘贴命令复制花瓣，以制作漫天花雨，效果如图4-51所示。
本实例的具体操作步骤如下。

01 启动Adobe Illustrator CS6，新建一个空白文档，置入素材文件"1.jpg"，调整置入素材的比例和位置，作为背景。打开素材文件"2.ai"，将里面的花瓣素材复制到新建文档中，如图4-52所示。

02 选中某个花瓣素材，使用快捷键Ctrl+C将对象进行复制。继续使用快捷键Ctrl+V将其进行粘贴。或者使用"选择工具"选中某一对象后，按住Alt键，光标变为双箭头时进行移动即可复制到相应位置，如图4-53所示。将复制后的对象进行大小、位置的调整。

03 继续将花瓣进行多次复制，操作步骤同上。复制时注意调整花瓣的动态、大小、走向，做到自然美观，完成本实例的操作，效果如图4-54所示。

图4-51　效果图

图4-52　设置背景

图4-53　复制花瓣

图4-54　复制并调整花瓣

4.4　变换对象

　　在Illustrator中可以对图形进行多种变换，例如移动、旋转、镜像、缩放、倾斜，如图4-55所示。

图4-55　多种变换对象

▶ 4.4.1　旋转对象

　　旋转对象功能可使对象围绕指定的点旋转。指定的点就是对象的中心点。使用工具箱中的

"旋转工具"  旋转对象时，需要先确定对象旋转的中心。如果选取了多个对象，则这些对象将围绕同一个参考点旋转，默认情况下，这个参考点为选区的中心点或定界框的中心点，如图4-56所示。

图4-56　定界框的中心

1. 使用旋转工具

01 将要进行旋转的对象选中，单击工具箱中的"旋转工具"按钮  或使用快捷键R，可以看到对象中出现绿色中心点标志，在中心点以外的位置单击并拖动光标即可以当前中心点进行旋转。图4-57为选中状态，图4-58为完成状态。

图4-57　选择中心点

图4-58　旋转效果

02 按住Shift键，可以锁定旋转的角度为45°的倍值，如图4-59所示。

03 将鼠标指针放置到中心点以外的区域，单击鼠标左键即可改变中心点的位置，拖动鼠标旋转对象得到的效果也不相同，如图4-60所示。

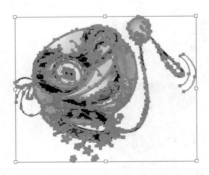

图4-59　按住Shift键旋转

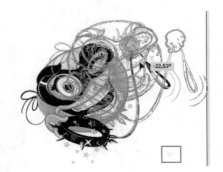

图4-60　改变中心位置

2. 精确旋转对象

如需要进行精确数值的旋转，首先选中对象，双击工具箱中的"旋转工具"按钮 ，弹出"旋转"对话框。也可以执行"对象"|"变换"|"旋转"命令弹出对话框，在窗口中可以对旋转角度以及选项进行设置，如图4-61所示。

- 角度：在文本框中输入相应的数值，以确定旋转角度。输入负角度可顺时针旋转对象，输入正角度可逆时针旋转对象。
- 选项：如果对象包含图案填充，选择"图案"以旋转图案。如果只想旋转图案，而不想旋转对象，取消选择"对象"。
- 复制：单击"复制"按钮将旋转对象的副本。

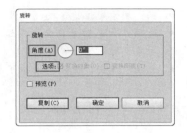

图4-61　"旋转"对话框

🔍 提 示

　　若想以圆形图案的形式围绕一个参考点置入对象的多个副本，将参考点从对象的中心移开，并单击"复制"按钮，然后重复执行"对象"|"变换"|"再次变换"命令。

▶ 4.4.2　镜像对象

　　镜像对象，即以指定的不可见轴为轴来翻转对象。使用"自由变换工具"、"镜像工具"或"镜像"命令，都可以将对象进行镜像，如图4-62所示。

1. 使用镜像工具

　　将要进行镜像的对象选中，单击工具箱中的"镜像工具"按钮 🔄 或使用快捷键O，直接在对象的外侧拖动鼠标，确定镜像的角度后，释放鼠标即可完成镜像处理。在拖动的同时按住Shift键，可以锁定镜像的角度为45°的倍值；按住Alt键，可以复制镜像的对象。如果想要取消还原操作，可以执行"编辑"|"重做"命令，或使用快捷键Shift+Ctrl+Z。

2. 精确镜像对象

　　双击工具箱中的"镜像工具"按钮 🔳，在弹出的"镜像"对话框中可以进行镜像轴以及角度的设置，如图4-63所示。

图4-62　多种镜像效果　　　　　　　　　图4-63　"镜像"对话框

- 轴：用于定位镜像的轴，可以设置为水平或垂直，也可以选中角度选项自定义轴的角度。
- 选项：如果对象包含图案填充，选择"图案"以旋转图案。如果只想旋转图案，而不想旋转对象，取消选择"对象"。
- 复制：单击"复制"按钮可复制镜像对象。

▶ 4.4.3 倾斜对象

"倾斜工具" 可将对象沿水平或垂直轴向倾斜，也可以相对于特定轴的特定角度来倾斜或偏移对象。选中要进行倾斜的对象，单击工具箱中的"倾斜工具"按钮 ，直接拖动鼠标，即可对对象进行斜切处理。若拖动的同时按住Shift键，即可锁定斜切的角度为45°的倍值，如图4-64和图4-65所示。

图4-64　选择倾斜对象

图4-65　倾斜效果

1. 精确倾斜对象

将要进行倾斜的对象选中，双击工具箱中的"倾斜工具"按钮 ，在弹出的"倾斜"对话框中进行倾斜角度、倾斜轴的设置，如图4-66所示。

图4-66　"倾斜"对话框

- 倾斜角度：倾斜角是沿顺时针方向应用于对象的相对于倾斜轴一条垂线的倾斜量，可以输入一个介于-359和359之间的倾斜角度值。
- 轴：选择要沿哪条轴倾斜对象。如果选择某个有角度的轴，可以输入一个介于-359和359之间的角度值。
- 选项：如果对象包含图案填充，选择"图案"以移动图案。如果只想移动图案，而不想移动对象的话，取消选择"对象"。
- 复制：单击"复制"按钮可复制倾斜对象。

2. 使用"变换"面板倾斜对象

选中要进行斜切的对象，在"变换"面板的"倾斜"文本框中输入数值也可更改对象的倾斜角度。要更改参考点，需要在输入值之前单击参考点定位器 上的白色方框，如图4-67和图4-68所示。

> 🔍 提 示
>
> 仅当通过更改"变换"面板中的值来变换对象时，该面板中的参考点定位器才会指定该对象的参考点。要从不同参考点进行倾斜，需要使用"倾斜工具"按住Alt键并在画布中单击作为参考点的位置。

图4-67 "变换"面板

图4-68 变换效果

▶ 4.4.4 使用整形工具

使用"整形工具" <img> 可以在保持路径整体细节完整无缺的同时，调整所选择的锚点。使用"直接选择工具"选中要进行改变形状的对象，单击工具箱中的"整形工具"按钮<img>，将鼠标定位在路径上并单击，如图4-69所示。此时该位置被添加了一个周围带有方框的锚点，在按住鼠标左键的状态下移动光标位置，即可改变路径形状，如图4-70所示。

图4-69 整形对象

图4-70 整形效果

按住Shift键单击更多的锚点或路径线段作为焦点，可以突出显示不限数量的锚点或路径线段，拖动突出显示的锚点以调整路径。

▶ 4.4.5 缩放对象

1. 使用比例缩放工具

使用"比例缩放工具"可对图形进行任意的缩放。选中要进行比例缩放的对象，单击工具箱中的"比例缩放工具"按钮<img>或使用快捷键S，直接拖动鼠标即可对对象进行比例缩放处理。缩放的同时按住Shift键，可以保持对对象原始的横纵比例，如图4-71和图4-72所示。

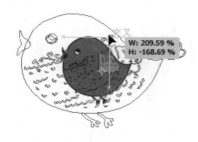

图4-71 比例缩放

图4-72 比例缩放效果

2. 精确缩放对象比例

选中需要进行比例缩放的对象。双击工具箱中的"比例缩放工具"按钮 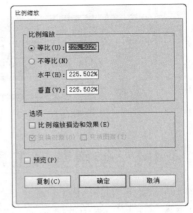，弹出"比例缩放"对话框。执行"对象"|"变换"|"缩放"命令也可以弹出该对话框，在其中可以针对缩放方式以及比例进行设置，如图4-73所示。

- 等比：若要在对象缩放时保持对象比例，在"比例缩放"文本框中输入百分比。
- 不等比：若要分别缩放高度和宽度，在"水平"和"垂直"文本框中输入百分比。缩放因子相对于参考点，可以为负数，也可以为正数。
- 比例缩放描边和效果：勾选该复选框，即可随对象一起对描边路径以及任何与大小相关的效果进行缩放。

图4-73 "比例缩放"对话框

> **提 示**
>
> 在默认情况下，描边和效果不能随对象一起缩放。执行"编辑"|"首选项"|"常规"命令，然后选择"缩放描边和效果"，此后在缩放任何对象时，描边和效果都会发生相应的改变。如果只需要对单个对象进行描边效果随对象缩放的设置，就需要使用"变换"面板或缩放命令来缩放对象。

- 选项：如果对象包含图案填充，选择"图案"以缩放图案。如果只将图案进行缩放，而不就对象进行缩放，取消选择"对象"。
- 复制：单击"复制"按钮可以复制缩放对象。

▶ 4.4.6 自由变换

"自由变换工具"可以进行例如移动、旋转、镜像、缩放、扭曲等大部分对象的变形操作。选中对象，单击工具箱中的"自由变换工具"按钮 或使用快捷键E，对象周围将出现一个定界框，将鼠标指针放置到定界框内侧时，鼠标指针变成 ▶ 状态，直接拖动鼠标即可移动对象。将鼠标指针放置到定界框的角点上，鼠标指针变成 状态，拖动鼠标可以对对象进行缩放操作，如图4-74所示。按住Shift键，可以等比列缩放对象，按住Alt键，将以图形的中心进行缩放，效果如图4-75所示。

图4-74 缩放对象

图4-75 缩放效果

将鼠标指针放置到定界框的外侧，鼠标指针变成 状态，拖动鼠标可以对对象进行旋转操作。按住Shift键，可以约束对象旋转的效果为45°的倍值，如图4-76所示。

　　将鼠标指针放置到定界框的中心的控制点上，拖动到反向的位置上可以实现镜像的操作，如图4-77所示。

图4-76　旋转对象

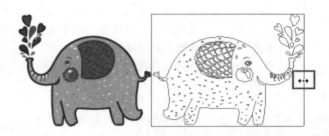

图4-77　使对象实现镜像效果

> 🔍 **提 示**
>
> 　　将鼠标指针放置到定界框的角点上，按住Ctrl键，可以实现对象的畸变处理。按住Ctrl+Alt键，可以实现对象倾斜处理。按住Ctrl+Shift+Alt键，可以使图形产生透视效果。

▶ 4.4.7　再次变换

　　执行"对象"|"变换"|"再次变换"命令或使用快捷键Ctrl+D时，可以进行重复的变换操作，软件会默认所有的变换设置，直到选择不同的对象或执行不同的任务为止。还可以对对象进行变形复制操作，按照一个相同的变形操作复制一系列的对象。

▶ 4.4.8　分别变换

　　使用"分别变换"命令可以对所选的对象以各自中心点分别进行变换，如图4-78所示为选中多个卡通人物，直接进行旋转操作则整体进行旋转，而使用了"分别变换"命令后每个卡通人物进行了分别旋转。

　选中多个对象　　　　　　　　　　直接变换　　　　　　　　　　分别变换

图4-78　变换对象

　　选中要进行变换的多个对象，执行"对象"|"变换"|"分别变换"命令或使用快捷键Ctrl+Shift+Alt+D，在弹出的"分别变换"对话框中，可以对变换的数值进行设置，如图4-79所示。

- 在"缩放"选项组中，分别调整"水平"和"垂直"文本框中的参数，定义进行缩放的比例。
- 在"移动"选项组中，分别调整"水平"和"垂直"文本框中的参数，定义进行移动的距离。

- 在"角度"文本框中输入相应的数值,定义旋转的角度。也可以拖动右侧的控制柄进行旋转调整。
- 当勾选"对称X"和"对称Y"复选框时,可以对对象进行镜像处理。
- 要更改参考点,可单击参考点定位器<img>上的定位点。
- 勾选"随机"复选框时,将对调整的参数进行随机的变换,而且每一个对象随机的数值并不相同。
- 勾选"预览"选项时,在进行最终的分别变换操作前查看相应的效果。
- 单击"复制"按钮以复制变换的对象。

图4-79 "分别变换"对话框

🔍 提 示

　　缩放多个对象时,无法输入特定的宽度。在Illustrator中只能以百分比度量缩放对象。

▶ 4.4.9　使用"变换"面板

　　执行"窗口"|"变换"命令或使用快捷键Shift+F8,打开"变换"面板,在该面板中可以查看和修改选定对象的位置、大小和方向等信息。单击"变换"面板中的"菜单"面板按钮▼☰,在弹出的面板菜单中可以进行更多的操作,如图4-80所示。

- 控制点<img>:对定位点进行控制,在"变换"面板的左侧单击控制器上的按钮,可以定义定位点在对象上的位置。

图4-80　变换面板及菜单

- X/Y:这两个选项显示页面上对象的位置,从左下角开始测量。
- 宽/高:这两个选项可以输入对象的精确尺寸。
- 旋转<img>:可以使用该选项旋转一个对象,负值为顺时针旋转,正值为逆时针旋转。
- 倾斜<img>:可以输入一个值使对象沿一条水平或垂直轴倾斜。
- 使新建对象与像素网格对齐:选择该项可以将各个对象按像素对齐到像素网格。否则,除X和Y值以外,面板中的所有值都是指对象的定界框,而X和Y值指的是选定的参考点。
- 水平翻转:选中该选项,选择对象将在水平方向上进行翻转操作,并保持对象的尺寸。
- 垂直翻转:选中该选项,选择对象将在垂直方向上进行翻转操作,并保持对象的尺寸。
- 缩放描边和效果:选中该选项,对对象进行缩放操作时,将进行描边和效果的缩放。
- 仅变换对象:选中该选项,将只对图形进行变换处理,而不对效果、图案等属性进行变换。
- 仅变换图案:选中该选项,将只对图形中的图案填充进行处理,而不对图形等属性进行变换。
- 变换两者:选中该选项,将对图形中的图案填充和图形一起进行变换处理。

4.5　清除对象

　　执行"编辑"|"清除"命令或按Delete键即可删除选中的对象,如图4-81和图4-82所示。如果将图层进行删除,那么图层上的内容也会被删除。如果删除了一个包含子图层、组、路径和剪

切组的图层，那么所有这些内容都会随图层一起被删除。

图4-81　选择多余对象　　　　　　　　　　　　图4-82　删除多余对象

4.6　对象的排列、对齐与分布

在Illustrator中可以通过"对齐"面板对多个对象进行对齐处理，还可以在对象之间进行间距的分布，如图4-83和图4-84所示。

图4-83　未对齐的对象　　　　　　　　　　　图4-84　对齐的对象

▶ 4.6.1　排列对象

使用"排列"命令可以随时更改图稿中对象的堆叠顺序，从而影响画面的显示效果。

🔍 提　示

在正常绘图模式下创建新图层时，新图层将放置在现用图层的正上方，且任何新对象都在现用图层的上方绘制出来。但是，在使用背面绘图模式下创建新图层时，新图层将放置在现用图层的正下方，且任何新对象都在选定对象的下方绘制出来。

执行"对象"|"排列"命令，在子菜单中包含多个可以用于调整对象排列顺序的命令，如图4-85所示。选中对象，单击右键，执行快捷菜单中的"排列"命令，也会出现相同的子菜单，如图4-86所示。排列命令使用起来非常简单，例如使用"对象"|"排列"|"前移一层"命令，可以将某一对象向前移动一个对象。"置于顶层"命令可将所选图形放到同一图层上所有图形的最上面。

图4-85 在菜单栏中执行命令   图4-86 单击右键执行命令

▶ 4.6.2 对齐对象

在Illustrator中，至少选中两个对象才能使用对齐命令。使用"对齐"面板和控制栏中的对齐选项都可以沿指定的轴对齐或分布所选对象。

1. 使用"对齐"面板对齐对象

首先需要将要进行对齐的对象选中，执行"窗口"|"对齐"命令或使用快捷键Shift+F7，打开"对齐"面板，在其中的"对齐对象"组下可以看到对齐控制按钮，如图4-87所示。

- 水平左对齐■：单击该按钮时，选中的对象将以最左侧的对象为基准，将所有对象的左边界调整到一条基线上，如图4-88和图4-89所示。

图4-87 "对齐"面板   图4-88 对齐对象   图4-89 水平左对齐的效果

- 水平垂直居中对齐■：单击该按钮时，选中的对象将以中心的对象为基准，将所有对象的垂直中心线调整到一条基线上，如图4-90和图4-91所示。

图4-90 对齐对象   图4-91 水平垂直居中对其效果

- 水平右对齐■：单击该按钮时，选中的对象将以最右侧的对象为基准，将所有对象的右边界调整到一条基线上，如图4-92和图4-93所示。

图4-92　对齐对象　　　　　　　　图4-93　水平右对齐效果

● 垂直顶部对齐▣：单击该按钮时，选中的对象将以顶部的对象为基准，将所有对象的上边界调
整到一条基线上，如图4-94和图4-95所示。

图4-94　对齐对象　　　　　　　　图4-95　垂直顶部对齐效果

● 垂直水平居中对齐▣：单击该按钮时，选中的对象将以水平的对象为基准，将所有对象的水平
中心线调整到一条基线上，如图4-96和图4-97所示。

图4-96　对齐对象　　　　　　　　图4-97　垂直水平居中对齐效果

● 垂直底部对齐▣：单击该按钮时，选中的对象将以底部的对象为基准，将所有对象的下边界调
整到一条基线上，如图4-98和图4-99所示。

图4-98　对齐对象　　　　　　　　图4-99　垂直底部对齐对象

2. 调整对齐依据

在Illustrator中可以对对齐依据进行设置，这里提供了三种对齐依据，即"对齐所选对象"、"对齐关键对象"和"对齐画板"，设置不同的对齐依据得到的对齐或分布效果也各不相同，如图4-100所示。

- 对齐所选对象▦▾：使用该选项可以相对于所有选定对象的定界框对齐或分布，如图4-101和图4-102所示。

图4-100 所选对象菜单   图4-101 原对象   图4-102 对齐所选对象效果

- 对齐关键对象▦▾：该选项可以相对于一个锚点对齐或分布。在对齐之前首先需要使用"选择工具"单击要用作关键对象的对象，关键对象周围出现一个轮廓。单击与所需的对齐或分布类型对应的按钮即可，如图4-103和图4-104所示。

- 对齐画板▦▾：选择要对齐或分布的对象，在对齐依据中选择该选项，然后单击与所需的对齐或分布类型对应的按钮，即可将所选对象按照当前的画板进行对齐或分布，如图4-105和图4-106所示。

图4-103 原对象   图4-104 对齐关键对象效果   图4-105 原对象   图4-106 对齐画板效果

🔍 **提 示**

默认情况下Illustrator CS6会根据对象路径计算对象的对齐和分布情况。当处理具有不同描边粗细的对象时，可以改为使用描边边缘来计算对象的对齐和分布情况。若要执行此操作，从"对齐"面板菜单中选择"使用预览边界"命令。

▶ 4.6.3 分布对象

1. 使用"对齐"面板分布对象

在"分布对象"选项区域中可以看到相应的分布控制按钮。至少选中3个对象才能使用等距分布命令，如图4-107所示。

- 垂直顶部分布图：单击该按钮时，将平均每一个对象顶部基线之间的距离，调整对象的位置，如图4-108和4-109所示。

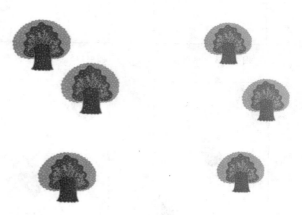

图4-107 "分布对象"选项　　　　　图4-108 原对象　　　　　图4-109 垂直顶部分布

- 垂直居中分布图：单击该按钮时，将平均每一个对象水平中心基线之间的距离，调整对象的位置，如图4-110和图4-111所示。
- 垂直底部分布图：单击该按钮时，将平均每一个对象底部基线之间的距离，调整对象的位置，如图4-112和图4-113所示。

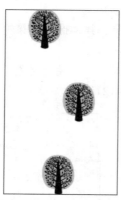

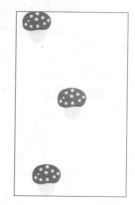

图4-110 原对象　　　图4-111 垂直居中分布　　　图4-112 原对象　　　图4-113 垂直居中分布

- 水平左分布圖：单击该按钮时，将平均每一个对象左侧基线之间的距离，调整对象的位置，如图4-114和图4-115所示。
- 水平居中分布图：单击该按钮时，将平均每一个对象垂直中心基线之间的距离，调整对象的位置，如图4-116和图4-117所示。
- 水平右分布图：单击该按钮时，将平均每一个对象右侧基线之间的距离，调整对象的位置，如图4-118和图4-119所示。

图4-114 原对象

图4-115 水平左分布

图4-116 原对象

图4-117 水平居中分布

图4-118 原对象

图4-119 水平右分布

2. 按照特定间距分布对象

在Illustrator中能够以特定的间距数值来分布对象，具体操作步骤如下。

01 首先需要选中要进行分布的对象，如图4-120所示。

02 使用"选择工具"，单击要在其周围分布其他对象的"关键对象"。此时"关键对象"上出现轮廓效果，并且将在原位置保持不动，如图4-121所示。

图4-120 选择分布对象

单击此处
图4-121 选择关键对象

03 此时对齐依据为"对齐关键对象"，输入要在对象之间显示的间距量，如图4-122所示。

04 在"分布间距"选项区域中，分别单击"垂直分布间距"按钮 和"水平分布间距"按钮 ，
如图4-123所示。可以看到关键对象没有移动，而另外两个对象则以当前设置的间距数值，分
别在水平方向和垂直方向均匀分布，如图4-124所示。

图4-122　设置参数　　　　　图4-123　选择分布类型　　　　　图4-124　分布效果

> 🔍 **提 示**
>
> 　　如果未显示"分布间距"选项，只要在面板菜单中选择"显示选项"命令即可。

➦ 实例：将对象均匀排列在画面中

源 文 件：	源文件\第4章\将对象均匀排列在画面中
视频文件：	视频\第4章\将对象均匀排列在画面中.avi

　　使用对象的排列、对齐与分布功能将对象均匀排列在画面中，效果如图4-125所示。
　　本实例的具体操作步骤如下。

01 新建一个空白文档，置入素材文件"1.jpg"，调整置入素材的比例和位置，作为背景，如
图4-126所示。

图4-125　效果图　　　　　　　　　　图4-126　设置背景

02 打开素材文件"2.ai"，将里面的素材粘贴到新建文档中，如图4-127所示。

03 使用"选择工具"将6个卡通人物移动到背景素材相应的位置上，将两端的卡通人物放置在合适位置，如图4-128所示。

图4-127　导入素材

图4-128　摆放素材

04 执行"窗口"|"对齐"命令或使用快捷键Shift+F7，打开"对齐"面板，选中全部的卡通人物，在"对齐"面板中单击"垂直居中对齐"按钮，并单击"水平居中分布"按钮，如图4-129所示。完成本实例操作，效果如图4-130所示。

图4-129　"对齐"面板

图4-130　对齐对象

4.7　对象的编组与解组

在需要对多个对象同时执行相同的操作时，可以将这些对象组合成一个"组"，编组后的对象仍然保持其原始属性，并且可以随时解散组合。

▶ 4.7.1　将对象编组

选中要进行编组的对象，执行"对象"|"编组"命令或使用快捷键Ctrl+G，即可将对象进行编组，单击右键也可以执行"编组"命令。编组后，使用"选择工具"进行选择时，将只能选中该组，只有使用"编组选择工具"才能选择组中的某个对象，如图4-131和图4-132所示。

图4-131　选择多个对象

图4-132　编组

提 示

组还可以是嵌套结构，也就是说，组可以被编组到其他对象或组之中，形成更大的组。组在"图层"面板中显示为"<编组>"项目。可以使用"图层"面板在组中移入或移出项目。

4.7.2　取消编组

选中该组并执行"对象"|"取消编组"命令，即可将编组对象解组，如图4-133所示。或单击右键，在弹出的快捷菜单中执行"取消编组"命令，或使用快捷键Shift+Ctrl+G，组中的对象即可解组为独立对象，也可以单击鼠标右键，在菜单中取消编组，如图4-134所示。

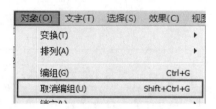

图4-133　编辑命令

图4-134　单击右键取消编组

4.8　锁定与解锁

在Illustrator中，可以通过"锁定"功能将暂时不需要编辑的对象固定在一个特定的位置，使其不能进行移动、变换等编辑。使用解锁功能恢复对象的可编辑性。

4.8.1　锁定对象

想要锁定某个对象时，首先选择要锁定的对象，然后执行"对象"|"锁定"|"所选对象"命令，如图4-135所示。或使用快捷键Ctrl+2即可将所选对象锁定。锁定之后的对象无法被选中也无法被编辑。

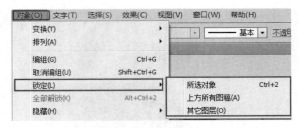

提示

如果文件中包含重叠对象，选中处于底层的对象，执行"对象"|"锁定"|"上方所有图稿"命令，即可锁定与所选对象所在区域有重叠部分且位于同一图层中的所有对象。

图4-135　锁定命令

4.8.2　解锁对象

若想要解除锁定对象时，执行"对象"|"全部解锁"命令或使用快捷键Ctrl+Alt+2，即可解锁文档中所有锁定的对象。若要解锁单个对象，则需要在"图层"面板中单击要解锁的对象对应的锁定图标，如图4-136所示。

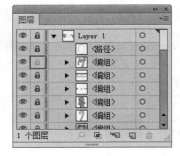

图4-136　单个对象解锁

4.9　隐藏与显示

在Illustrator中可以将对象进行隐藏，以便于操作。隐藏的对象是不可见、不可选择的，而且也是无法被打印出来。但隐藏仍然存在于文档中，文档关闭和重新打开时，隐藏对象会重新出现。

4.9.1　隐藏对象

1. 隐藏的对象

选择要隐藏的对象，执行"对象"|"隐藏"|"所选对象"命令，或使用快捷键Ctrl+3即可将所选对象隐藏，如图4-137和4-138所示。

图4-137　选择隐藏对象

图4-138　隐藏效果

2. 隐藏某一对象上方的所有对象

若要隐藏某一对象上方的所有对象，可以选择该对象，然后执行"对象"|"隐藏"|"上方所有图稿"命令即可，如图4-139和4-140所示。

图4-139　选择对象

图4-140　隐藏上方的所有对象

3. 隐藏除所选对象以外的所有其他图层

若要隐藏除所选对象或组所在图层以外的所有其他图层，可执行"对象"|"隐藏"|"其他图层"命令，如图4-141和图4-142所示。

图4-141　选择的对象

图4-142　隐藏所选对象外的其他图层效果

▶ 4.9.2　显示对象

执行"对象"|"显示全部"命令可以显示所有对象，也可以使用快捷键Ctrl+Alt+3，之前被隐藏的所有对象都将显示出来，并且之前选中的对象仍保持选中状态，如图4-143所示。

> 🔍 **提 示**
>
> 使用"显示全部"命令时，无法只显示少数几个隐藏对象。若要只显示某个特定对象可以通过"图层"面板进行控制。

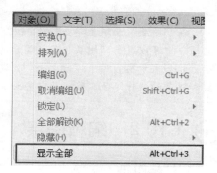

图4-143　显示对象命令

4.10 使用图层管理对象

4.10.1 认识"图层"面板

执行"窗口"|"图层"命令，可以打开"图层"面板。在"图层"面板中显示着当前文档中的图层，默认情况下每个新建的文档都包含一个图层，而每个创建的对象都在该图层之下列出，并且用户可以根据需要创建新的图层。在编辑比较复杂的文件时，使用图层进行对象的分类管理是非常方便的，同时对已有的图层进行编辑也并不复杂，如图4-144所示。

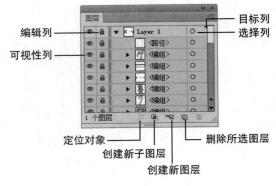

图4-144 "图层"面板

- 可视性列：在这里显示当前图层的显示/隐藏状态以及图层的类型。例如：◉为项目是可见的；为项目是隐藏的；表示当前图层为模板图层；◎表示当前图层为轮廓图层。

- 编辑列：指示项目是锁定的还是非锁定的。🔒为锁定状态，不可编辑；为非锁定状态，可以进行编辑。

- 目标列：当按钮显示为◎或◎时，表示项目已被选择，◎则表示项目未被应用。单击该按钮可以快速定位当前对象。

- 选择列：指示是否已选定项目。当选定项目时，会显示一个颜色框。如果一个项目（如图层或组）中包含一些已选定的对象以及其他一些未选定的对象，则会在父项目旁显示一个较小的选择颜色框。如果父项目中的所有对象均已被选中，则选择颜色框的大小将与选定对象旁的标记大小相同。

- 定位对象：快速在某一图层中定位对象的具体位置。

- 建立/释放剪切蒙版：用于创建图层中的剪切蒙版，图层中位于最顶部的图层将作为蒙版轮廓。

- 创建新子图层：在当前集合图层下创建新的子图层。

- 创建新图层：单击该按钮即可创建新图层，按住Alt键单击该按钮即可弹出"图层选项"对话框。

- 删除所选图层：单击即可删除所选图层。

> 🔍 提 示
>
> 在"图层"面板上单击 ▾≡ 按钮，在面板菜单中选择"面板选项"命令，在弹出的"图层面板选项"中可以进行"图层"面板显示的更改。选择"仅显示图层"选项可隐藏"图层"面板中的路径、组和元素集。对于"行大小"，选择一个选项，以指定行高度。对于"缩览图"，选择图层、组和对象的一种组合，确定其中哪些项要以缩览图预览形式显示。

4.10.2 编辑图层

1.选择图层

在"图层"面板中单击某一图层名称即可选择该图层。要选择多个连续的图层，首先需要单击第一个图层，然后按住Shift键单击最后一个图层即可，如图4-145所示。要选择多个不连续的图层，需要按住Ctrl键，并在"图层"面板中单击加选其他图层，如图4-146所示。

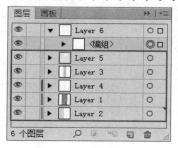

图4-145　选择连续的图层

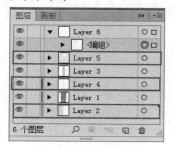

图4-146　选择不连续的多个图层

2. 选择图层中的对象

若要选择图层中的某个对象，除了使用"选择工具"进行选择，也可以展开该图层，单击要选中的对象即可，如图4-147所示。若要将一个图层中的所有对象同时选中，在"图层"面板中单击相应图层选项右侧的"圆圈"标记，可以将该图层中的所有对象同时选中，如图4-148所示。

图4-147　选中图层

图4-148　选中对象

3. 创建图层

单击"图层"面板中的"创建新图层"按钮，即可在选定图层上方创建新图层，如图4-149所示。若要在选定的图层内创建新子图层，可以在"图层"面板菜单中选择"新建图层"命令或"新建子图层"命令，随后会弹出"图层选项"，在这里可以对新建图层的参数进行详细设置，如图4-150所示。

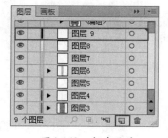

图4-149　新建图层

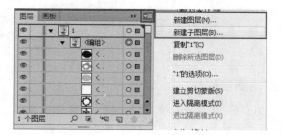

图4-150　创建子图层

4. 复制图层

在"图层"面板中选择要复制的图层，将该项拖动到面板底部的"新建图层"按钮上即可，

如图4-151所示。也可以从"图层"面板菜单中选择"复制图层"命令，如图4-152所示。

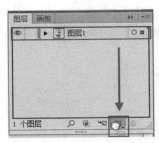

图4-151 拖动创建复制图层

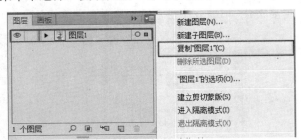

图4-152 使用命令复制图层

5. 删除图层

在"图层"面板中选择要删除的项目，然后单击"图层"面板底部的"删除"按钮，即可删除所选图层，如图4-153所示。也可以直接将需要删除的图层名称拖动到面板中的"删除"按钮上，或者执行"图层"面板菜单中的"删除图层"命令。

> 🔍 **提 示**
>
> 在Illustrator中删除图层的同时，该图层所包含的所有图稿以及子图层、组、路径和剪切组的图层都会被删除。

6. 调整图层顺序

位于"图层"面板顶部的图稿在顺序中位于前面，而位于"图层"面板底部的图稿在顺序中位于后面。同一图层中的对象也是按结构进行排序的。拖动项目名称，在黑色的插入标记出现在期望位置时，释放鼠标按钮。黑色插入标记出现在面板中其他两个项目之间。在图层或组之上释放的项目将被移动至项目中所有其他对象上方，如图4-154和图4-155所示。

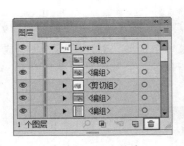

图4-153 删除图层

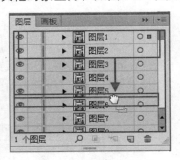

图4-154 将图层进行拖动

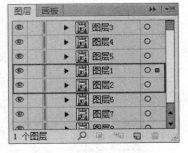

图4-155 更改图层顺序

7. 编辑图层属性

在"图层"面板中，选中要进行调整的图层，然后单击菜单选择"图层的属性"命令，在弹出的"新建图层"对话框中可对"名称""颜色"等基本属性进行修改，如图4-156所示。

- 名称：指定项目在"图层"面板中显示的名称。
- 颜色：指定图层的颜色设置。可以从菜单中选择颜色，或双击颜色色板以选择颜色。
- 模板：使图层成为模板图层。

- 锁定：禁止对项目进行更改。
- 显示：显示画板图层中包含的所有图稿。
- 打印：使图层中所含的图稿可供打印。
- 预览：以颜色而不是按轮廓来显示图层中包含的图稿。
- 变暗图像至：将图层中所包含的链接图像和位图图像的强度降低到指定的百分比。

图4-156 "图层选项"对话框

4.10.3 显示与隐藏图层

在"图层"面板中，单击要隐藏的项目旁边的眼睛图标，使其变为 即可隐藏该图层。再次单击 ，使其变为 即可重新显示项目。如果隐藏了图层或组，则图层或组中的所有项目都会被隐藏，如图4-157所示。

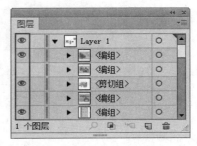

图4-157 显示与隐藏图层

若要隐藏除某一图层以外的所有其他图层，执行"对象"|"隐藏"|"其他图层"命令，也可以按住Alt键单击要显示的图层对应的眼睛图标，即可将其他图层快速隐藏。若要显示所有图层和子图层，可从"图层"面板菜单中选择"显示所有图层"命令。此命令只会显示被隐藏的图层，不会显示被隐藏的对象。

4.10.4 使用剪切蒙版

剪切蒙版是一个可以用其形状遮盖其他图稿的对象，因此使用剪切蒙版，只能看到蒙版形状内的区域。从效果上来说，就是将图稿裁剪为蒙版的形状，如图4-158所示。

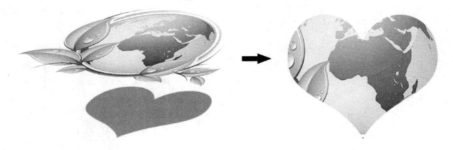

图4-158 制作剪切蒙版

提 示

只有矢量对象可以作为剪切路径，但是位图和矢量对象都可以被蒙版。如果使用图层或组来创建剪切蒙版，则图层或组中的第一个对象将会遮盖图层或组的子集的所有内容。创建剪切蒙版之后，对象的属性均会被去除，变成一个不带填色也不带描边的对象。

1. 创建剪切蒙版

首先需要创建用于蒙版的剪贴路径对象，可以是基本图形、绘制的复杂图形或者文字等矢量图形，这里使用了文字对象。将剪贴路径对象移动到想要遮盖的对象的上方，需要遮盖的对象可以是矢量对象或位图对象，这里选择了一组卡通矢量对象，如图4-159所示。选择剪贴路径以及想要遮盖的对象，执行"对象"|"剪切蒙版"|"建立"命令，或单击右键，执行菜单栏中的"建立剪切蒙版"命令，可以看到文字部分的颜色信息消失，位图只显示出文字内部的卡通矢量对象区域，如图4-160所示。

图4-159　创建剪切蒙版

图4-160　蒙版效果

> 🔍 **提 示**
>
> 要从两个或多个对象重叠的区域创建剪切路径，需要先将这些对象进行编组。

另外，也可以通过"图层"面板创建剪切蒙版。首先需要将要作为蒙版的路径置于图层的最顶层，选择该图层后单击"图层"面板底部的"建立蒙版"按钮▣即可。

2. 编辑剪切蒙版

在已有的剪切组合中，可以对剪切路径和被遮盖的对象进行编辑，选中剪切蒙版直接进行编辑则是针对剪切路径进行的操作。如果想要对被遮盖的内容进行编辑，则需要在"图层"面板中选择并定位剪切路径，或选择剪切组合并执行"对象"|"剪切蒙版"|"编辑蒙版"命令，或者选择剪切蒙版并在控制栏中单击"编辑内容"按钮◈，即对蒙版内容进行编辑，如图4-161和图4-162所示。

图4-161　剪切蒙版

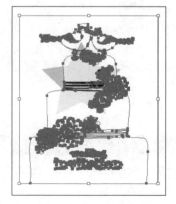

图4-162　编辑剪切蒙版

3. 释放剪切蒙版

释放剪切蒙版可以将剪切路径和被覆盖的对象还原原来的效果。在剪切蒙版组上单击右键，选择快捷菜单中的"释放剪切蒙版"命令即可释放剪切蒙版，如图4-163所示。或者执行"对象"|"剪切蒙版"|"释放"命令，在"图层"面板中单击包含剪切蒙版的组或图层，单击面板底部的"建立/释放剪切蒙版"按钮，也可完成剪切蒙版的释放，如图4-164所示。

图4-163　单击右键释放剪切蒙版

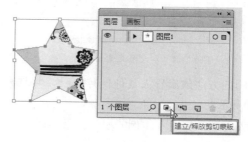

图4-164　在图层中释放剪切蒙版

实例：使用剪切蒙版制作拼贴版式

源　文　件：	源文件\第4章\使用剪切蒙版制作拼贴版式
视频文件：	视频\第4章\使用剪切蒙版制作拼贴版式.avi

本实例使用剪切蒙版制作拼贴版式，效果如图4-165所示。

本实例的具体操作步骤如下。

01 新建一个A4大小的空白文档，如图4-166所示。

02 使用绘图工具在画布中绘制，分割将要使用的版面，如图4-167所示。

03 为了便于讲解，先对其他部分进行隐藏。置入素材文件"1.jpg"，调整图片的大小，摆放在如图4-167中形状①的位置，并置于底层，如图4-168所示。

图4-165　效果图

04 选中图片和上方的四边形，执行"对象"|"剪切蒙版"|"建立"命令，建立剪切蒙版，使多余的部分隐藏，如图4-169所示。

图4-166　创建文档

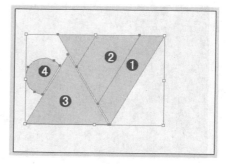

图4-167　分割版面

图4-168　导入图片素材

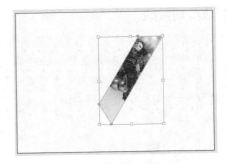

图4-169　制作剪切蒙版

05 采用相同的方法依次导入其他照片素材，并将素材图片在相应的位置制作剪切蒙版，效果如图4-170所示。

06 最后输入文字，完成本实例的操作，最终效果如图4-171所示。

图4-170　制作剪切蒙版

图4-171　输入文字

4.11　拓展练习——使用变换制作重复的艺术

源 文 件：	源文件\第4章\使用变换制作重复的艺术
视频文件：	视频\第4章\使用变换制作重复的艺术.avi

本实例通过复制、粘贴、编组、变换、再次变换的使用制作重复的艺术效果，效果如图4-172所示。

本实例的具体操作步骤如下。

01 执行"文件"|"打开"命令，打开素材文件"1.ai"，如图4-173所示。

图4-172　效果图

图4-173　导入素材

02 制作花朵，分析花瓣的结构。每个花瓣都是由四个部分组成，只要画出一个，并进行多次的复制、粘贴即可。

03 首先使用工具箱中的"钢笔工具"绘制一个花瓣形状，设置填充颜色为粉色，如图4-174所示。选择该图形，执行"编辑"|"复制"命令，再执行"编辑"|"贴在前面"命令，按住Shift键对其进行缩放，将其设置为无填色，描边为蓝色，如图4-175所示。

04 再次复制两个形状，并分别设置合适的填充色以及描边属性，如图4-176所示。然后选择绘制好的花瓣，执行"对象"|"编组"命令，此时一片花瓣制作完成。

图4-174　绘制花瓣　　　　图4-175　复制花瓣　　　　图4-176　花瓣绘制效果

05 选择该花瓣，单击鼠标右键，执行快捷菜单中的"变换"|"对称"命令，在弹出的"镜像"对话框中设置"轴"为"垂直"、角度为"90度"，单击"复制"按钮，再将其移动到相应位置。再次将两个花瓣进行编组，效果如图4-177所示。

06 下面选中两片花瓣，并进行编组。再将编组后的对象选中，单击鼠标右键，执行快捷菜单中的"变换"|"旋转"命令，在弹出的对话框中设置旋转角度为"35度"，设置完成后单击"复制"按钮，效果如图4-178所示。

07 选中复制的对象，执行"对象"|"变换"|"再次变换"命令，或使用快捷键Ctrl+D对其再次变换。变换三次后，即可出现完整的花朵，如图4-179所示。

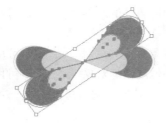

图4-177　复制花瓣　　　　图4-178　旋转复制　　　　图4-179　重复变换

08 其他花朵的制作方法同上，如图4-180所示。将花朵摆放在背景素材合适的位置上，最终效果如图4-181所示。

图4-180　制作其他花朵　　　　图4-181　最终效果

4.12　本章小结

通过对本章的学习，需要熟练掌握常用的对象操作方法，例如：选择、移动、剪切、复制、粘贴。对象的"变换"也是本章的重点之一，掌握多种常用变换方法对于图形的绘制是非常有利的。掌握多种对象的管理方法也是非常必要的，例如对象的排列、对齐、分布、成组、锁定、显隐等。通过对图层知识的学习需要重点掌握剪切蒙版的使用方法。

- 选择工具是Illustrator中最为常用的工具之一，选择工具不仅可以选择图形，还可以选择位图、成组对象等。在Illustrator中包含多个用于选择的工具："选择工具" �, "直接选择工具" ▶、"编组选择工具" ▶、"魔棒工具" ▶、"套索工具" ◉。
- 执行"编辑"|"复制"命令或使用快捷键Ctrl+C，将对象进行复制。执行"编辑"|"粘贴"命令，将对象进行粘贴。执行"编辑"|"剪切"命令或使用快捷键Ctrl+X，将对象剪切到剪切板中。
- 旋转对象功能可使对象围绕指定的点旋转。指定的点就是对象的中心点。使用工具箱中的"旋转工具" ◉旋转对象时，需要先确定对象旋转的中心。如果选取了多个对象，则这些对象将围绕同一个参考点旋转，默认情况下，这个参考点为选区的中心点或定界框的中心点。

4.13　课后习题

1. 单选题

(1) ▨工具的用途是（　　）。

　　A. 可用来选择整个对象　　　　　　　B. 可用来选择对象内的点

　　C. 可用来选择具有相似属性的对象　　D. 可用来选择对象内的点或路径段

(2) ▨工具的用途是（　　）。

　　A. 可用来选择整个对象　　　　　　　B. 可用来选择对象内的点

　　C. 可用来选择具有相似属性的对象　　D. 可用来选择对象内的点或路径段

(3) 当使用"直接选择工具"选择了编组对象中的一个对象时，想要选择整个编组对象，以下说法正确的是（　　）。

　　A. 按住Alt键，将"直接选择工具"切换成"编组选择工具"再进行选择

　　B. 按住Ctrl（Windows）/Command（Mac OS X）键，将"直接选择工具"切换成"编组选择工具"再进行选择

　　C. 按住Shift键，将"直接选择工具"切换成"编组选择工具"再进行选择

　　D. 按住Shift+Alt键，将"直接选择工具"切换成"编组选择工具"再进行选择

(4) 在"图层"面板中，项目名称的左侧出现一个三角形表示（　　）。

　　A. 项目不包含其他项目　　　　　　　B. 该图层项目可见

　　C. 项目包含其他项目　　　　　　　　D. 该图层锁定

(5) （　　）可以在保持路径整体细节完整无缺的同时，调整所选择的锚点。

　　A. 变形工具　　　　　　　　　　　　B. 皱褶工具

　　C. 自由变换工具　　　　　　　　　　D. 整形工具

2. 多选题

（1）下列关于排列对象的描述正确的是（　　）。

　　A．使用"图层"面板可以将某一对象置于所有对象之上

　　B．使用"对象"|"排列"|"置于顶层"命令，可以将某一对象置于所有对象之上

　　C．使用"对象"|"排列"|"前移一层"命令，可以将某一对象向前移动一个对象

　　D．不可以跨图层排列对象

（2）下列关于对齐与分布对象的描述正确的是（　　）。

　　A．至少选中两个对象才能使用对齐命令

　　B．至少选中3个对象才能使用对齐命令

　　C．至少选中两个对象才能使用分布命令

　　D．至少选中3个对象才能使用等距分布命令

（3）图形变换包括（　　）内容。

　　A．移动　　　　　　　　　B．旋转　　　　　　　　C．镜像

　　D．缩放　　　　　　　　　E．倾斜

（4）可通过使用（　　）来扭曲对象。

　　A．镜像工具　　　　　　　B．自由变换工具

　　C．液化工具　　　　　　　D．倾斜工具

（5）下列（　　）操作可用来进行图形的精确移动。

　　A．使用鼠标拖动页面上的图形使之移动

　　B．选中图形后，使用键盘上的上下左右箭头键进行移动

　　C．通过"信息"面板对图形进行精确的移动

　　D．通过"移动"对话框对图形进行精确的移动

3. 填空题

（1）"直接选择工具" 在路径编排中有着非常重要的作用，可以通过＿＿＿＿＿、＿＿＿＿＿、＿＿＿＿＿并移动它们，来改变直线或曲线路径的形状。

（2）在"变换"面板中，＿＿＿＿＿、＿＿＿＿＿、＿＿＿＿＿命令可以变换图案。

（3）若要在对象进行缩放时保持对象的比例，在对角拖动时按住＿＿＿＿键。

4. 判断题

（1）使用"编组选择工具"（注：工具箱中带加号的白色箭头）可选择编组对象中任何路径上的单个锚点，并且可显示锚点的方向线。（　　）

（2）"置于顶层"命令可将所选图形放到同一图层上所有图形的最上面。（　　）

（3）"置后一层"命令可将所选图形放到同一图层上所有图形的最下面。（　　）

5. 上机操作题

使用多种变换工具调整按钮形状，如图4-182所示。

图4-182　按钮形状

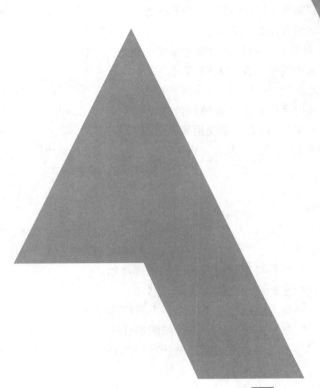

第5章
填充与描边

　　要为矢量对象赋予颜色，主要是通过填充与描边的设置，在Illustrator中提供了多种填充与描边的设置方法。

学习要点

- 认识填充与描边
- 单色填充
- 渐变填充
- 图案填充

- 使用吸管工具
- 实时上色
- 图形样式

5.1 认识填充与描边

填色是指对象中的颜色、图案或渐变，填色可以应用于开放或封闭的对象以及"实时上色"组的表面。

描边主要是针对于路径部分，填充方式可以为纯色或渐变，并且可以进行宽度的更改，也可以使用"路径"选项来创建虚线描边，并使用画笔为风格化描边上色。描边可以应用于对象、路径或实时上色组边缘的可视轮廓。

5.1.1 设置填充与描边颜色

"标准的Adobe颜色控制组件"用于对选中的对象进行描边填充的设置，也可以设置即将创建的对象的描边和填充属性，如图5-1所示。

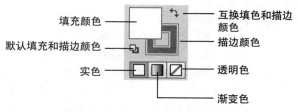

图5-1 颜色控制组件

（1）双击"填充"按钮□，可以使用拾色器来选择填充颜色。

（2）双击"描边"按钮■，可以使用拾色器来选择描边颜色。

（3）单击"互换填色和描边颜色"按钮↖，可以在填充和描边之间互换颜色。

（4）单击"默认填色和描边颜色"按钮↘，可以恢复默认颜色设置（白色填充和黑色描边）。

（5）单击"颜色按钮"□，可以将上次选择的纯色应用于具有渐变填充或者没有描边或填充的对象。

（6）单击"渐变按钮"▥，可以将当前选择的填充更改为上次选择的渐变。

（7）单击"透明按钮"☑，可以删除选定对象的填充或描边。

5.1.2 认识"拾色器"面板

双击工具箱底部的"标准的Adobe颜色控制组件"中的"填充"或"描边"按钮，即可弹出"拾色器"对话框，使用"拾色器"可以通过选择色域和色谱、定义颜色值或单击色板的方式，选择对象的填充颜色或描边颜色，如图5-2所示。

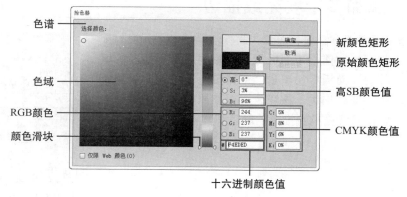

图5-2 "拾色器"对话框

使用"拾色器"选择颜色可以使用以下任意方式。

- 使用鼠标在色谱上单击或滑动，圆形标记指示色谱中颜色的位置。
- 沿颜色滑块拖动三角形或在颜色滑块中单击。
- 在任何文本框中输入数值。
- 单击"颜色色板"按钮，选择一个色板，然后单击"确定"按钮。

5.1.3 使用"描边"面板

描边选项可以应用于整个对象，也可以使用实时上色组，并为对象内的不同边缘应用不同的描边。执行"窗口"|"描边"命令或使用快捷键Ctrl+F10，打开"描边"面板，在该面板中可以对描边进行设置，如图5-3所示。

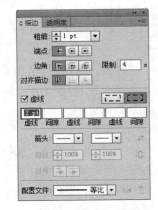

图5-3 "描边"面板

- 粗细：定义描边的粗细程度。
- 端点：是指一条开放线段两端的端点。平头端点用于创建具有方形端点的描边线；圆头端点用于创建具有半圆形端点的描边线；方头端点用于创建具有方形端点且在线段端点之外延伸出线条宽度的一半的描边线。此选项使线段的粗细沿线段各方向均匀延伸出去。
- 边角：是指直线段改变方向（拐角）的地方。斜接连接创建具有点式拐角的描边线；圆角连接用于创建具有圆角的描边线；斜角连接用于创建具有方形拐角的描边线。
- 限制：用于设置超过指定数值时扩展倍数的描边粗细。
- 对齐描边：用于定义描边和细线为中心对齐的方式。使描边居中对齐用于定义描边将在细线中心；使描边内侧对齐用于定义描边将在细线内部；使描边外侧对齐用于定义描边将在细线的外部。
- 虚线：勾选"虚线"选项，可为最多是那种虚线和间隙长度输入数值，以调整路径不同的虚线描边效果。
- 箭头：用于设置路径两端端点的样式，单击按钮可以互换箭头起始处和结束处。
- 对齐：用于设置箭头位于路径终点的位置。这些选项包括扩展箭头笔尖超过路径末端、在路径末端放置箭头笔尖。
- 配置文件：用于设置路径的变量宽度和翻转方向。

5.1.4 添加多个填充或描边

选中要添加多个填充和描边的对象，执行"窗口"|"外观"命令，打开"外观"面板，使用该面板可以为相同对象创建多种填充和描边。在"外观"面板中，单击"新建填色"按钮，添加新的填充颜色。单击"新建描边"按钮，可以在原始描边的基础上添加新的描边。设置新填充或新描边的颜色和其他属性，如图5-4所示。

图5-4 "外观"面板

5.2 单色填充

单色可以应用于填充或描边，在Illustrator中可以使用多种方法进行单一色的设置。

5.2.1 使用"颜色"面板

"颜色"面板可以将颜色应用于对象的填充和描边，还可以编辑和混合颜色。"颜色"面板可使用不同的颜色模型显示颜色值。执行"窗口"|"颜色"命令或使用快捷键F6可以打开"颜色"面板。默认情况下，"颜色"面板中只显示最常用的选项，如图5-5所示。

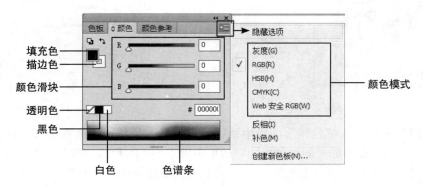

5-5 "颜色"面板

- 在"颜色"面板中通过单击"填充色"和"描边色"按钮，然后调整颜色滑块即可更改所选对象的填充色或描边色。
- 设置颜色时，首先需要在底部的"色谱条"中单击所需颜色的位置，然后通过拖动颜色滑块进行颜色的具体调整。也可以直接在右侧的文本框中输入数值得到精确的色彩。
- 在色谱条左上方包含三个快捷颜色设置按钮："透明色"、"白色"和"黑色"。若不选择任何颜色，单击"透明色"按钮☑；若要设置为白色，单击"白色"按钮☐；若要设置为黑色，单击"黑色"按钮■。
- 通过单击面板中的"菜单"按钮，在菜单中选择"灰度"、"RGB"、"HSB"、"CMYK"或"Web 安全 RGB"命令即可定义不同的颜色状态。选择的模式仅影响"颜色"面板的显示，并不更改文档的颜色模式。不同的颜色模式显示的色彩滑块也不相同。
- 通过单击面板中的"菜单"按钮，在菜单中选择"反色"或"补色"命令，可以快速找到当前选中颜色的反色和补色。

> 🔍 提 示
>
> 在Adobe Illustrator CS6中"颜色"面板功能得到了增强，使用"颜色"面板中的可扩展色谱可更快、更精准地将十六进制值复制和粘贴到其他应用程序中。

5.2.2 使用"色板"面板

"色板"面板可以对颜色、渐变和图案进行命名和存储。

01 在"色板"面板中单击"显示色板类型"按钮▦，在弹出的菜单中可以在以下类型中选择需要显示的色板类型，如图5-6所示。

[02] 选中要进行调整的色板，单击该面板中的"色板选项"按钮▣，或在色板菜单中选择"色板选项"命令，即可在"色板"面板中对色板的名称、颜色类型、颜色模式以及数值进行相应的设置，如图5-7所示。

图5-6 "色板"面板

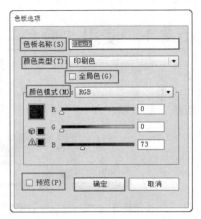

图5-7 "色板选项"对话框

[03] 选择要使用的颜色，在"色板"面板中单击"新建色板"按钮，或在菜单中选择"新建色板"命令，接着在弹出的"新建色板"对话框中设置相应的数值，即可将当前颜色定义为新的色板。选择新颜色组中所需的颜色，然后单击"新建颜色组"按钮▢，弹出"新建颜色组"对话框，输入名称，单击"确定"按钮，即可创建色板组。

[04] 在"色板"面板中不仅包含独立的色板，也包含色板组。若要选择整个组，单击颜色组图标▢即可。若要选择组中的色板，单击某个色板即可。若要编辑选定的颜色组，需要在未选定任何图稿时单击"编辑颜色组"按钮◉，如图5-8所示。

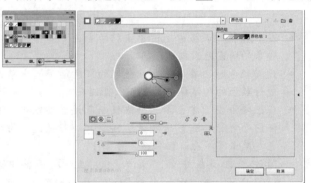

图5-8 编辑色板组

🔍 提 示

　　只有选中色板组时，该按钮才显示为"编辑颜色组"按钮◉，选中单个色板时该按钮显示为"色板选项"按钮▣。

[05] 选中需要删除的色板单击，并拖动色板到"删除"按钮🗑上再松开鼠标即可删除，或者选中色板后单击"删除"按钮🗑也可以删除该色板。

▶ 5.2.3　使用"颜色参考"面板

　　执行"窗口"|"颜色参考"命令或者直接使用快捷键Shift+F3调出"颜色参考"面板，该面板会基于工具箱中的当前颜色来调和颜色，可以使用这些颜色对图稿着色，如图5-9所示。

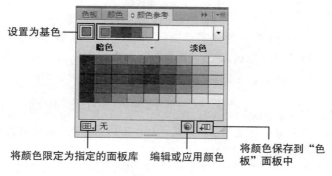

设置为基色

暗色　　　　淡色

将颜色限定为指定的面板库　　编辑或应用颜色　　将颜色保存到"色板"面板中

图5-9　"颜色参考"面板

5.2.4　使用色板库

Adobe Illustrator提供了多种内置的色板库可供用户使用。色板库是预设颜色的集合，包括油墨库和主题库。如图5-10和图5-11所示为内置色板库。

图5-10　色板库1

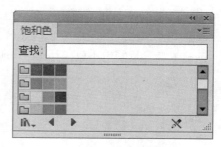

图5-11　色板库2

1. 载入色板库

执行"窗口"|"色板库"命令，在子菜单中单击某项即载入相应的色板库，或在"色板"面板中单击"色板库菜单"按钮，然后从列表中选择库即可打开相应的色板库。

2. 存储色板库文件

在"色板"面板菜单中选择"将色板库存储为"命令，弹出"将色板存储为库"对话框，对其进行相应设置，即可将色板存储为独立的色板库文件。

> 🔍 **提 示**
>
> 若要删除文档中未使用的所有色板，可以从"色板"面板菜单中选择"选择所有未使用的色板"命令，然后单击"删除色板"按钮。

3. 将色板从色板库移动到"色板"面板

打开一个色板库时，该色板库将显示在新面板中而不是"色板"面板中。如果需要将色板库中的色板添加到"色板"面板中，需要选择一个或多个需要添加的色板，在"色板库"的面板菜单中选择"添加到色板"命令，即可将所选色板添加到"色板"面板中，也可以从"色板库"面板中拖动到"色板"面板中。

4. 载入色板文件

要从另一个文档中导入所有色板，需要执行"窗口"|"色板库"|"其他库"命令，或从"色板"面板菜单中执行"打开色板库"|"其他库"命令，在弹出的窗口中选择要从中导入色板的文件，然后单击"打开"按钮，导入的色板显示在"色板库"面板中。

> 🔍 **提 示**
>
> 要从另一个文档中导入单个色板，可以将该色板应用到的对象复制并粘贴到新文档中，相应的色板即可显示在"色板"面板中。

➡️ 实例：制作缤纷的儿童插画

源 文 件：	源文件\第5章\制作缤纷的儿童插画
视频文件：	视频\第5章\制作缤纷的儿童插画.avi

通过学习本章节，本实例将使用单色填充制作缤纷儿童插画，效果如图5-12所示。

本实例的具体操作步骤如下。

01 启动Adobe Illustrator CS6，新建一个空白文档。绘制一个矩形，对其进行由蓝到绿的渐变填充，如图5-13所示。

02 使用"钢笔工具"绘制出小象，如图5-14所示。

图5-12 效果图

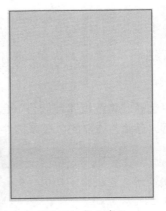

图5-13 渐变填充

图5-14 绘制小象

03 执行"窗口"|"色板"命令，打开"色板"面板。选中小象，单击"标准的Adobe颜色控制组件"的填充颜色，在"色板"面板中单击白色，如图5-15所示。采用相同的方法，单击"标准的Adobe颜色控制组件"的描边颜色，设置"描边"颜色为灰色，在控制栏中设置描边粗细为9pt，效果如图5-16所示。

04 继续使用"钢笔工具"绘制出耳朵和眼睛，完成小象的绘制，如图5-17所示。

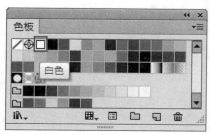

图5-15 填充白色

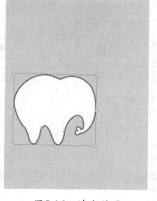

图5-16 填充效果

图5-17 小象效果

05 采用同样的方法，使用"钢笔工具"绘制多层次的地面，并依次填充为合适的颜色，如图5-18所示。

06 最后导入素材文件"1.ai"，摆放在合适位置并输入相应的文字，完成本实例的操作，如图5-19所示。

图5-18 绘制小山

图5-19 实例效果

5.3 渐变填充

▶ 5.3.1 认识"渐变"面板

执行"窗口"|"渐变"命令或使用快捷键Ctrl+F9，打开"渐变"面板，在该面板中可以对渐变类型、颜色、角度、长宽比、透明度等参数进行设置，如图5-20所示。在"渐变"面板中，"渐变填充"框显示当前的渐变色和渐变类型。单击"渐变填充"框时，选定的对象中将填入此渐变。单击"渐变填充"框右侧的按钮 ，可以弹出"渐变"菜单，此菜单列出可供选择的所有默认渐变和预存渐变。在列表的底部是"存储渐变"按钮 ，单击该按钮可将当前渐变设置存储为色板。当 在上面时，表示目前在为图形添加渐变填充。当 在上面时，表示目前在为描边添加渐变效果。

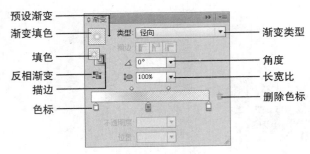

图5-20　"渐变"面板

🔍 **提　示**

在Illustrator CS6中新增为描边设置渐变的效果。该功能可以沿着长度、宽度或在描边内部将渐变应用至描边，同时可以全面控制渐变的位置和不透明度。

- 在"类型"下拉列表中，可以设置渐变类型为线性渐变或是径向渐变。当选中"线型"选项时，渐变色将按照从一端到另一端的方式进行变化。当选中"径向"选项时，渐变色将按照从中心到边缘的方式进行变化。
- 单击"反相渐变"按钮🔄可以将当前渐变颜色方向翻转。
- 调整角度数值△可以将渐变进行旋转。
- 当渐变类型为"径向渐变"时，更改径向渐变的长宽比🔄可以制作出椭圆形渐变，也可以更改该椭圆渐变的角度并使其倾斜。
- 默认的渐变色是从黑色渐变到白色，如果要使用其他渐变颜色，需要双击渐变色标（在"渐变"面板或选定的对象中），在出现的面板中指定一种新颜色。可通过单击左侧的"颜色"或"色板"图标来更改显示的面板。在面板外单击以接受所做的选择。或者将"颜色"面板或"色板"面板中的一种颜色拖到渐变色标上。
- 若要在渐变中添加中间色，可以直接将颜色从"色板"面板或"颜色"面板拖到"渐变"面板中的渐变滑块上。或者单击渐变滑块下方的任意位置，然后选择一种颜色作为所需的开始或结束颜色。
- 若要删除一种中间色，可将方块拖离渐变滑块，或者选择方块，然后单击"渐变"面板中的"删除"按钮🗑。
- 若要调整颜色在渐变中的位置，可执行下列任一操作：调整渐变色标的中点（使两种色标各占50%的点），拖动位于滑块上方的菱形图标◇，或选择图标并在"位置"框中输入介于0到100之间的值。调整渐变色标的终点，拖动渐变滑块下方最左边或最右边的渐变色标。
- 若要更改渐变颜色的不透明度，单击"渐变"面板中的色标，然后在"不透明度"文本框中指定一个值。如果渐变色标的"不透明度"值小于100%，则色标将显示一个🔲，并且颜色在渐变滑块中显示为小方格。

🔍 **提　示**

单击"色板"面板中的"新建色板"按钮，可以将新的或修改的渐变存储为色板，或者将渐变从"渐变"面板或"渐变工具"面板拖动到"色板"面板中，也可以将渐变存储为色板。

▶ 5.3.2　使用渐变工具

使用"渐变工具"也可以为对象添加或编辑渐变。在"渐变"面板中定义要使用的渐变色。

将要定义渐变色的对象选中，单击工具箱中的"渐变工具"按钮 或使用快捷键G，在要应用渐变的对象上单击即可为该对象应用设置好的渐变效果。也可以在要应用渐变的开始位置上单击，拖动到渐变的结束位置上释放鼠标，这样可以得到自定义角度和位置的渐变效果，如图5-21所示。如果要应用的是径向渐变色时，需要在应用渐变的中心位置单击，拖动到渐变的外围位置上后释放鼠标即可，如图5-22所示。

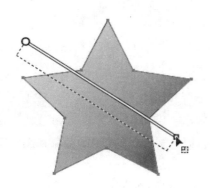 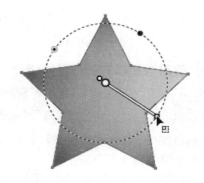

图5-21　拖动渐变　　　　　　　　　　　　　图5-22　调整渐变效果

选择渐变填充对象并使用渐变工具时，该对象中将出现与"渐变"面板中相似的"渐变条"。在渐变条上可以修改线性渐变的角度、位置和范围，或者修改径向渐变的焦点、原点和范围。在渐变条上可以添加或删除渐变色标，双击各个渐变色标可指定新的颜色和不透明度设置，或将渐变色标拖动到新位置，如图5-23所示。

将光标移到渐变条的一侧时光标变为 ，可以通过单击拖动来重新定位渐变的角度。拖动渐变滑块的圆形端可重新定位渐变的原点、而拖动箭头端则会增大或减少渐变的范围，如图5-24所示。

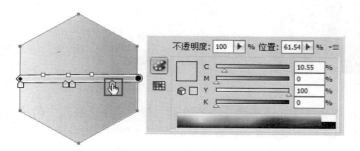 

图5-23　调整颜色　　　　　　　　　　　　　图5-24　调整渐变

▶ 5.3.3　设置渐变的类型

在Adobe Illustrator中，渐变色提供了两种类型，一种为线性渐变，一种为径向渐变。执行"窗口"|"渐变"命令或使用快捷键Ctrl+F9，打开"渐变"面板。在"类型"下拉列表中选择"线性"或"径向"选项。当选中"线性"选项时，渐变色将按照从一端到另一端的方式进行变化，如图5-25所示。当选中"径向"选项时，渐变色将按照从中心到边缘的方式进行变化，如图5-26所示。

图5-25 线性渐变

图5-26 径向渐变

实例：使用渐变填充制作唯美卡片

源 文 件：	源文件\第5章\使用渐变填充制作唯美卡片
视频文件：	视频\第5章\使用渐变填充制作唯美卡片.avi

　　本实例将使用"渐变工具"对对象进行渐变填充，以绘制出唯美卡片，效果如图5-27所示。
本实例的具体操作步骤如下。

01 新建一个空白文档。使用"矩形工具"绘制一个矩形，填充为灰色。

02 下面开始图形部分的绘制。首先使用"椭圆工具"绘制一个正圆。执行"窗口"|"渐变"
命令，打开"渐变"面板，在该面板中设置类型为"径向"，编辑一种黄色系渐变，参数
如图5-28所示。

图5-27 效果图

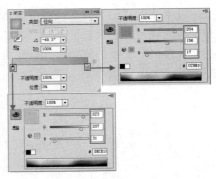

图5-28 渐变设置参数

03 选中圆形，在"渐变"面板中单击该渐变为圆形赋予渐变效果，然后单击工具箱中的"渐变
工具"，在圆形上单击并拖动光标调整渐变位置。完成渐变的操作，如图5-29所示。

04 采用同样的方法制作另外三个圆形，并赋予不同的渐变。绘制完成后摆放到相应位置上，如
图5-30所示。

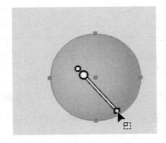

图5-29 填充渐变

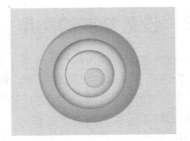

图5-30 完成另外三个圆形

05 采用同样的方法制作出另外两组不同色系的渐变圆形组合，如图5-31所示。

06 使用"钢笔工具"绘制出树干部分。双击"标准的Adobe颜色控制组件"的填充颜色，在弹出的"拾色器"窗口中设置颜色为棕色，摆放到画布的适当位置，如图5-32所示。

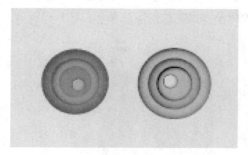

图5-31　绘制其他圆形

图5-32　绘制树枝

07 继续使用"钢笔工具"绘制彩虹部分，并填充不同的颜色，摆放在画布的适当位置，如图5-33所示。

08 最后使用"圆角矩形工具"绘制一个圆角矩形，填充为淡黄色，放置在画布的相应位置上，并在上面输入文字，完成本实例的操作，如图5-34所示。

图5-33　绘制彩虹

图5-34　最终效果

5.4　图案填充

Illustrator中提供了很多图案，单击"色板"面板底部的"色板库"菜单按钮，在色板库菜单中可以看到"图案"选项，选择需要的选项，会弹出相应的面板，如图5-35所示。在该面板中单击相应图案的缩略图，即可为选择的对象填充图案，如图5-36所示。

图5-35　色板库

图5-36　色板库面板

实例：使用图案填充为卡通女孩穿上花裙子

源 文 件：	源文件\第4章\使用图案填充为卡通女孩穿上花裙子
视频文件：	视频\第4章\使用图案填充为卡通女孩穿上花裙子.avi

本实例主要通过图案填充的使用为卡通女孩的裙子添加花纹图案效果，如图5-37所示。

本实例的具体操作步骤如下。

01 打开素材文件"1.ai"，如图5-38所示。

图5-37　效果图　　　　　　　　　图5-38　打开素材

02 使用"选择工具"单击选择裙子的外轮廓，如图5-39所示。

03 执行"窗口"|"色板"命令，打开"色板"面板，单击该面板底部的"色板库"菜单按钮，执行"图案"|"自然"|"自然-叶子"命令，打开"自然-叶子"面板，单击"雏菊颜色"图案，此时可以看到裙子上出现了花朵的图案，效果如图5-40所示。

图5-39　选择要编辑的对象　　　　　图5-40　填充图案

5.5　使用吸管工具

"吸管工具"可以吸取文件中对象的颜色和属性并复制到其他物体中，也可以用来更新对象的属性。选中要更改的图形，然后选择"吸管工具" 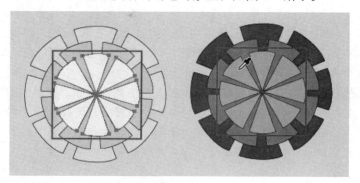，或者使用快捷键I，在需要被复制的颜色上单击鼠标左键，可以看到颜色被复制到所选对象上，如图5-41所示。

图5-41　使用"吸管工具"

5.6　实时上色

实时上色是一种创建彩色图画的直观方法，与通常的上色工具不同，当路径将绘画平面分割成几个区域时，使用普通的填充手段只能对某个对象进行填充，而实时上色工具则可以为任何区域上色。

5.6.1　实时上色组

"实时上色工具"需要针对"实时上色组"进行操作，这就需要将普通图形或实时描摹对象进行转换，建立为"实时上色组"。如果在没有选中任何对象时，就使用"实时上色工具"在对象上单击，系统会弹出提示对话框。勾选"不再显示"复选框后则不会出现该提示，如图5-42所示。

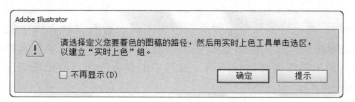

图5-42　提示对话框

（1）想要建立实时上色组，首先需要单击工具箱中的"选择工具"按钮，将要进行实时上色的对象选中，然后执行"对象"|"实时上色"|"建立"命令，或使用快捷键Ctrl+Alt+X，此时对象周围出现形状句柄，表示该对象已经成为实时上色组。也可以在选中对象的情况下，直接将"实时上色工具"移动到对象上，此时光标上出现提示"单击以建立实时上色组"，单击该对象即可。

（2）扩展实时上色组可以将实时上色组扩展为普通图形，使用"选择工具"选择实时上色组，单击控制栏中的"扩展"按钮，或执行"对象"|"实时上色"|"扩展"命令即可。

（3）如果想要释放实时上色组，可以选择实时上色组，执行"对象"|"实时上色"|"释放"命令，可以释放实时上色组，使其还原为没有填充只有0.5磅宽的黑色描边的路径。使用编组选择工具可以分别选择和修改这些路径。

▶ 5.6.2　实时上色工具

"实时上色工具"可以按照当前的上色属性填充"实时上色"组的表面和边缘。

在色板中选择一种颜色后，单击工具箱中的"实时上色工具" 🖌，移动到"实时上色组"上，会突出显示填充图像内侧周围的线条，如图5-43所示。单击即可填色，如图5-44所示。也可以拖动鼠标跨过多个表面，以便一次为多个表面上色。

如果要对边缘进行上色，首先需要双击"实时上色工具"按钮，在弹出的对话框中勾选"描边上色"复选框，如图5-45所示。将光标移动到对象的边界处，使其变为"描边上色"，单击即可进行描边上色。可以直接按住Shift键以暂时切换到"描边上色"状态下，然后单击一个对象的边缘以为其描边。而拖动鼠标跨过多条边缘，可一次为多条边缘进行描边。

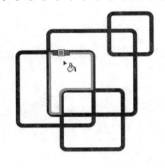
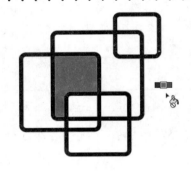

图5-43　将实时上色工具移动到对象上　　　图5-44　单击填色　　　图5-45　实时上色工具选项

▶ 5.6.3　实时上色选择工具

"实时上色选择工具"用于选择实时上色组中的各个表面和边缘。使用"选择工具"可以选择整个实时上色组。使用"直接选择工具"可以选择实时上色组内的路径。单击工具箱中的"实时上色选择工具"按钮 🖌，将该工具指针放在表面上时，将变为表面指针 ▶；将指针放在边缘上时，指针将变为边缘指针 ▶；将指针放在实时上色组外部时，指针将变为外部指针 ▷。若要选择单个表面或边缘，单击该表面或边缘即可。被选中的部分表面呈现出覆盖有半透明的斑点图案的效果，如图5-46和图5-47所示。

图5-46　单个对象实时上色　　　　　　图5-47　实时上色效果

若要选择多个表面和边缘，在要选择的项周围拖动选框，部分选择的内容将被包括在内，如图5-48和图5-49所示。

若要选择具有相同填充或描边的表面或边缘，可以单击对象并执行"选择"|"相同"命令，然后在子菜单中选择"填充颜色"、"描边颜色"或"描边粗细"命令即可，如图5-50所示。

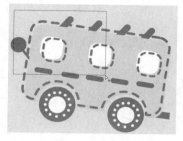

图5-48　多个对象实时上色　　　　　图5-49　实时上色效果　　　　　图5-50　"相同"命令

实例：使用实时上色制作拼图标志

源　文　件：	源文件\第5章\使用实时上色制作拼图标志
视频文件：	视频\第5章\使用实时上色制作拼图标志.avi

本实例使用实时上色制作拼图标准，效果如图5-51所示。

本实例的具体操作步骤如下。

01 在空白文档中使用"钢笔工具"绘制一个心形，无填色，描边为黑色，如图5-52所示。

02 选择该心形，单击鼠标右键，选择快捷菜单中的"变换"|"对称"命令，在弹出的对话框中选择轴为"水平"，单击"复制"按钮，将复制的图形移动到相应位置上，然后进行编组，如图5-53所示。

图5-51　效果图

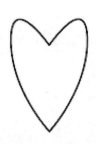

图5-52　绘制心形

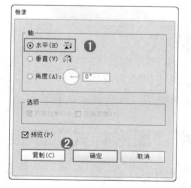

图5-53　水平复制

03 选择编组后的图形，单击鼠标右键，选择快捷菜单中的"变换"|"旋转"命令，在弹出的对话框中设置角度为45°，单击进行复制，如图5-54所示。

04 接着执行两次"对象"|"变换"|"再次变换"命令，将重复上一次的操作，得到如图5-55所示的图形，将其进行编组。

05 选中所有花瓣图形，执行"对象"|"实时上色"|"建立"命令，单击工具箱中的"实时上色工具"，然后双击工具箱底部的"标准的Adobe颜色控制组件"，弹出"拾色器"面板，选择要填充的颜色，单击"确定"按钮。

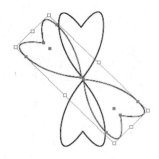

图5-54 旋转对象

图5-55 图案形状

图5-56 选择上色的位置

06 将鼠标移动到需要填色的位置，该位置会突出显示填充图像内侧周围的线条，如图5-56所示。单击鼠标左键即可填色，完成填色，如图5-57所示。

07 采用同样的方法为其他图形填充颜色，效果如图5-58所示。

08 在下方输入相应的文字，完成本实例的操作，如图5-59所示。

图5-57 使用"实时上色工具"填色

图5-58 完成填色

图5-59 实例效果

5.7 图形样式

使用图形样式可以快速更改对象的填色和描边颜色、透明度等外观属性，是一组可反复使用的外观属性。在Illustrator中还可以创建新的图形样式以便操作使用。

▶ 5.7.1 使用"图形样式"面板

执行"窗口"|"图形样式"命令或使用快捷键Shift+F5，打开"图形样式"面板，单击样式即可为所选图形赋予新样式。在"图形样式"面板中，可以更改视图或删除图形样式，断开与图形样式的链接以及替换图形样式属性。从"图形样式"面板菜单中选择"复制图

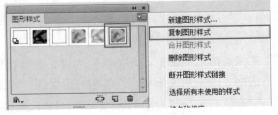

图5-60 复制图形样式

形样式"命令，或将图形样式拖动到"新建图形样式"按钮上即可复制图形样式，如图5-60所示。

如果需要删除样式，可以将图形样式拖动到"删除图形样式"按钮上，如果要删除文档中没有使用的图层样式，可以在面板菜单中选择"选择所有未使用的样式"命令，如图5-61所示。

如果需要断开样式链接，可以选择应用了图形样式的对象、组或图层，然后从"图形样式"面板菜单中选择"断开图形样式链接"命令，或单击面板底部的"断开图形样式链接"按钮，可以将样式的链接断开，如图5-62所示。

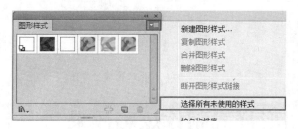
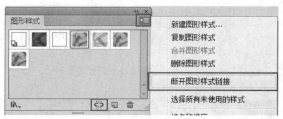

图5-61　删除图形样式　　　　　　　　图5-62　断开图形样式连接

5.7.2　使用样式库

单击"图层样式库菜单"按钮，在弹出的菜单中选择不同的选项，调出不同的样式库面板。图形样式库是一组预设的图形样式集合。当打开一个图形样式库时，会出现在一个新的面板（而非"图形样式"面板）中，如图5-63和图5-64所示。

图5-63　选择对象　　　　　　　　　　图5-64　样式效果

5.7.3　创建图形样式

在Illustrator中可以创建新的可以调用的图形样式，选中要进行外观编辑的对象，在"图形样式"面板中单击"新建图形样式"按钮，在弹出的"图形样式选项"对话框中键入名称，然后单击"确定"按钮，如图5-65所示。

如果需要基于现有图形样式来创建图形样式。需要

图5-65　"图形样式选项"对话框

按住Ctrl键单击以选择要合并的所有图形样式，然后从面板菜单中选择"合并图形样式"命令，如图5-66所示。新建的图形样式将包含所选图形样式的全部属性，并将被添加到面板中图形样式列表的末尾，如图5-67所示。

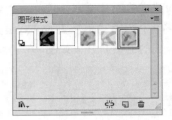

图5-66 合并图形样式命令　　　　　　　图5-67 使用快捷键合并样式

5.8 拓展练习——使用图形样式制作炫彩效果

源 文 件：	源文件\第5章\使用图形样式制作炫彩效果
视频文件：	视频\第5章\使用图形样式制作炫彩效果.avi

通过学习图形样式，制作丰富的画面效果，效果如图5-68所示。

本实例的具体操作步骤如下。

01 新建一个空白文档，将素材文件"1.jpg"置入到文件中，调整其大小，作为背景图片，如图5-69所示。

02 使用快捷键T切换到"文字工具"，在页面中输入文字"VITALITY FASHION"并调整大小，填充浅粉色，描边为深粉色，如图5-70所示。

图5-68 效果图

图5-69 渐变效果

图5-70 编辑文字

03 选择文字对象，使用快捷键Ctrl+C将其复制，使用快捷键Ctrl+B将复制的对象粘贴在后面。继续执行"效果"|"路径"|"位移路径"命令，在弹出的对话框中设置参数，"位移"为2.5、"连接"为圆角，参数设置完成后单击"确定"按钮，路径位移完成。选择该对象，为该对象填充白色，描边为深粉色，如图5-71所示。

04 选择位移后的对象，对其进行复制并"贴在后面"。将复制的对象以同样的方式"位移路径"，设置"位移"为4、"连接"为圆角，此时文字呈现出层叠效果，如图5-72所示。

图5-71 位移路径1

图5-72 位移路径2

05 选择该对象，执行"窗口"|"图形样式"命令，调出"图形样式"面板，在该面板中单击"图形样式库"菜单，并在"图形样式库"菜单中选择Vonster图案样式，在弹出的"Vonster图案样式"面板中选择"羽毛3"，将"羽毛3"图形样式拖动到所选对象的位置，为所选对象添加样式，效果如图5-73所示。

06 置入素材文件"2.png"，使用"钢笔工具"沿着人物轮廓绘制图形，绘制完成后，使用快捷键Ctrl+[将绘制的图形置于素材的下方，并将其与素材群组，如图5-74所示。

图5-73 为图形添加样式

图5-74 编辑素材

07 将其他人物素材置入到新建文件中，以同样的方式进行编辑，调整大小并摆放到合适位置，如图5-75所示。

08 打开素材文件"6.ai"，将素材中的矢量花纹复制到新建文件中，调整大小并摆放到相应位置，完成本实例的操作，如图5-76所示。

图5-75 摆放人物素材

图5-76 摆放矢量素材

5.9 本章小结

"填充"与"描边"是矢量绘图的灵魂之一，本章介绍了多种填充方式的设置方法，例如单色填充、渐变填充和图案填充。同时也介绍了对于描边设置的多种方法，例如描边颜色、描边类型、描边粗细等。熟练掌握本章的内容对于绘制图形而言至关重要。

- "颜色"面板可以将颜色应用于对象的填充和描边，还可以编辑和混合颜色。"颜色"面板可使用不同颜色模型显示颜色值。执行"窗口"|"颜色"命令或使用快捷键F6，可以打开"颜色"面板。默认情况下，"颜色"面板中只显示最常用的选项。
- 执行"窗口"|"渐变"命令或使用快捷键Ctrl+F9，打开"渐变"面板，在该面板中可以对渐变类型、颜色、角度、长宽比、透明度等参数进行设置。
- 使用"渐变工具"也可以为对象添加或编辑渐变。在"渐变"面板中定义要使用的渐变色。将要定义渐变色的对象选中，单击工具箱中的"渐变工具"按钮▣或使用快捷键G，在要应用渐变的对象上单击即可为该对象应用设置好的渐变效果，也可以在要应用渐变的开始位置上单击，拖动到渐变的结束位置上释放鼠标，这样可以得到自定义角度和位置的渐变效果。
- "实时上色工具"可以按当前的上色属性填充"实时上色组"的表面和边缘。在色板中选择一种颜色后，单击工具箱中的"实时上色工具"▣并移动到"实时上色组"上，会突出显示填充图像内侧周围的线条，单击即可填色。

5.10 课后习题

1. 单选题

(1) （　　）用于按当前的上色属性绘制"实时上色"组的表面和边缘。
  A. 实时上色选择工具   B. 实时上色工具
  C. 斑点画笔工具   D. 网格工具

(2) 将图形填充成渐变效果，下列描述中错误的是（　　）。
  A. 选中形状，使用渐变工具从左上至右下拉出渐变
  B. 选中形状，单击"渐变"面板中的渐变条，可将图形填充成渐变，再使用渐变工具从左上至右下拉出渐变方向
  C. 选中形状，单击"色板"面板中已经设定的渐变，再使用"渐变工具"从左上至右下拉出渐变方向
  D. 选中形状，单击工具箱中的"渐变"按钮，在形状上单击，再使用"渐变工具"从左上至右下拉出渐变方向

2. 多选题

(1) Illustrator中提供了（　　）和（　　）这两种上色方法。
  A. 填充   B. 为对象上色
  C. 描边   D. 实时上色

(2) 关于填色描述正确的是（　　）。
  A. 是指对象中的颜色、图案或渐变
  B. 填色不可以应用于开放的对象

C．填色可以应用于封闭的对象

D．填色可以应用于"实时上色"组的表面

（3）"实时上色组"中可以上色的部分为（　　）。

A．边缘　　　　　　　　　　　　B．描边

C．填充　　　　　　　　　　　　D．表面

（4）使用"选择工具"将一个图形选中，此时在"色板"面板中颜色色板呈选中状态；双击该颜色色板，弹出"色板选项"对话框，在对话框中改变颜色的数值后，单击"确定"按钮，下列哪些情况会发生？（　　）

A．所有应用该颜色色板的图形都将改变颜色

B．只有被选中的图形会改变颜色

C．取消"色板选项"对话框中对"全局色"复选框的勾选，被选中的图形将改变颜色，而其他不发生任何变化

D．取消"色板选项"对话框中对"全局色"复选框的勾选，所有应用该颜色色板的图形都将改变颜色

（5）下列关于图形样式的描述正确的是（　　）。

A．图形样式与外观属性是两个完全不同的概念

B．施加了图形样式，便无法更改

C．可以从对象的外观属性创建图形样式并随时调用

D．可以从当前图形样式面板中的图形样式创建图形样式库随时调用

3．填空题

（1）描边主要是针对于路径部分，可以进行_____、_____的更改，也可以使用"路径"选项来创建虚线描边，并使用画笔为风格化描边上色。

（2）"吸管工具"可以吸取文件中对象的_____和_____并复制到其他对象中。

4．判断题

（1）在Adobe Illustrator CS6中可以为描边添加渐变效果。（　　）

（2）在Adobe Illustrator CS6中可以创建新的图形样式。（　　）

5．上机操作题

使用多种填充方式制作卡通蘑菇，如图5-77所示。

图5-77　绘制效果

第6章
对象变形与高级编辑

在Adobe Illustrator中包括多种对图形进行操作编辑的工具，例如使用"液化变形工具"可以使对象产生丰富的变形效果，使用"网格工具"可以为对象添加丰富的颜色效果，使用"路径查找器"可以快速地制作出复杂图形等。

学习要点

- 使用液化工具
- 使用网格工具
- 使用混合工具
- 使用形状生成器工具
- 路径的高级编辑
- 使用封套进行扭曲变形
- 使用路径查找器

6.1　使用液化工具

"液化变形工具"能够使对象产生更为丰富的变形效果。液化变形工具组中包含8种变形工具："宽度工具" 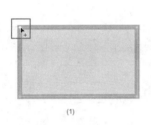、"变形工具" 、"旋转扭曲工具" 、"缩拢工具" 、"膨胀工具" 、"扇贝工具" 、"晶格化工具" 和"皱褶工具" 。

6.1.1　宽度工具

使用"宽度工具" 可以调整描边的形态，加粗描边或使描边变为其他形状，并且在创建可变宽度笔触后可将宽度变量保存为可应用到其他笔触的配置文件。

选中需要调整的对象，使用"宽度工具"将鼠标移动到需要编辑的位置时，路径上将出现带句柄的圆，单击并拖动调整到理想效果即可，如图6-1所示。

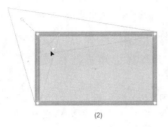
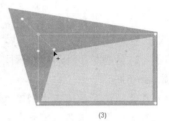

(1)　　　　　(2)　　　　　(3)

图6-1　使用宽度工具进行调整

使用"宽度工具"直接在对象上单击并拖动可以直接更改两侧的宽度点数，如果只想更改某一侧的宽度点数可以按住Alt键并拖动鼠标，如图6-2所示。

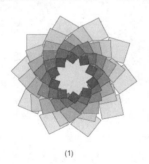
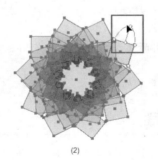
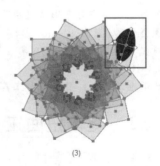

(1)　　　　　(2)　　　　　(3)

图6-2　使用宽度工具

如果需要对宽度点数进行设置，需要使用"宽度工具"双击该路径，即可弹出"宽度点数编辑"对话框，在该对话框中设置相应参数，如图6-3所示。

图6-3　"宽度点数编辑"对话框

6.1.2 变形工具

"变形工具" 能够使对象的形状按照鼠标拖拉的方向产生变形。单击工具箱中的"变形工具"按钮 或使用快捷键Shift+R，然后在要调整的图形上直接单击并拖动鼠标，鼠标指针所经过的图形部分将发生变形变化，如图6-4所示。

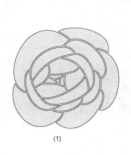
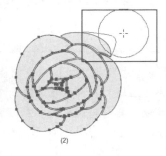
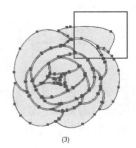

(1)　　　　　　　　　(2)　　　　　　　　　(3)

图6-4　使用变形工具

双击工具箱中的"变形工具"按钮 ，会弹出"变形工具选项"对话框，可以按照不同的状态对工具进行相应的设置，如图6-5所示。

- 宽度：设置该选项中的参数，可以调整鼠标笔触的宽度。
- 高度：设置该选项中的参数，可以调整鼠标笔触的高度。
- 角度：指变形工具画笔的角度。
- 强度：指变性工具画笔按压的力度。
- 使用压感笔：当勾选该复选框时，将不能使用强度值，而是使用来自写字板或书写笔的输入值。
- 细节：表示即时变形工具应用的精确程度，数值越高则表现得越细致。
- 简化：设置即时变形工具应用的简单程度，设置范围是0.2~100。
- 显示画笔大小：显示变形工具画笔的尺寸。

图6-5　变形工具选项

6.1.3 旋转扭曲工具

"旋转扭曲工具" 可以在对象中创建旋转扭曲，使对象的形状卷曲形成漩涡状。首先选中需要进行编辑的图形，使用工具箱中的"旋转扭曲工具"在要进行旋转扭曲的图形上单击并按住鼠标左键，相应的图形即发生旋转扭曲的变化，如图6-6所示。

(1)　　　　　　　　　(2)　　　　　　　　　(3)

图6-6　旋转工具的使用

提 示

选中图像后将只对选中的图形进行编辑，不进行选择操作时，将对鼠标影响区域的所有对象进行编辑。

双击工具箱中的"旋转扭曲工具"按钮 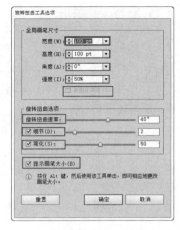 ，在弹出的"旋转扭曲工具选项"对话框中，可以按照不同的状态对工具进行设置，如图6-7所示。

图6-7 旋转扭曲工具选项

6.1.4 缩拢工具

"缩拢工具" ✦ 可通过向十字线方向移动控制点的方式收缩对象，使对象的形状产生收缩的效果。单击工具箱中的"缩拢工具"按钮✦，然后在要进行收缩的图形上单击并按住鼠标左键，图形即发生收缩的变化，按住的时间越长，收缩的程度越大，如图6-8所示。

(1)

(2)

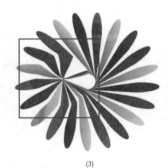
(3)

图6-8 缩拢工具的使用

双击工具箱中的"缩拢工具"按钮✦，弹出"收缩工具选项"对话框，可以按照不同的状态对工具进行相应的设置，如图6-9所示。

图6-9 收缩工具选项

6.1.5 膨胀工具

与"缩拢工具"相反,"膨胀工具" ⬡ 可以通过向远离十字线方向移动控制点的方式扩展对象,使对象的形式产生膨胀的效果。单击工具箱中的"膨胀工具"按钮 ⬡,然后在要进行膨胀的图形上单击并按住鼠标左键,相应的图形即发生膨胀的变化,按住的时间越长,膨胀的程度越大,如图6-10所示。

(1)　　　　　　　　　(2)　　　　　　　　　(3)

图6-10　使用膨胀工具

双击工具箱中的"膨胀工具"按钮 ⬡,弹出"膨胀工具选项"对话框,在其中可以按照不同的状态对工具进行相应的设置。膨胀工具的属性设置与缩拢工具相同,这里不再重复讲解,如图6-11所示。

图6-11　膨胀工具选项

6.1.6 扇贝工具

"扇贝工具" ⬚ 可以向对象的轮廓添加随机弯曲的细节,使对象产生类似贝壳般起伏的效果。单击工具箱中的"扇贝工具"按钮 ⬚,然后在需要编辑的对象上单击并按住鼠标左键,相应的图形即发生扇贝效果的变化,按住的时间越长,扇贝效果的程度越大,如图6-12所示。

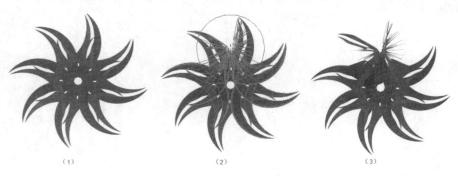

（1）　　　　　　　　　（2）　　　　　　　　　（3）

图6-12　使用扇贝工具

双击工具箱中的"扇贝工具"按钮，弹出"扇贝工具选项"对话框，可以按照不同的状态对工具进行相应的设置，如图6-13所示。

- 复杂性：调整该文本框中的参数，可以指定对象轮廓上特殊画笔效果之间的间距。该值与细节值有密切的关系，细节值用于指定引入对象轮廓的各点间的间距。
- 画笔影响锚点：当勾选该复选框，使用工具进行操作时，将对相应图形的内侧切线手柄进行控制。
- 画笔影响内切线手柄：当勾选该复选框，使用工具进行操作时，将相对应图形的内侧切线手柄进行控制。
- 画笔影响外切线手柄：当勾选该复选框，使用工具进行操作时，将相对应图形的外侧切线手柄进行控制。
- 显示画笔大小：当勾选该复选框，将在绘制时通过鼠标指针查看影响的范围尺寸。

图6-13　扇贝工具选项

6.1.7　晶格化工具

"晶格化工具" 可以向对象的轮廓添加随机推化的细节，使对象表面产生尖锐凸起的效果。单击工具箱中的"晶格化工具"按钮，在需要编辑的对象上单击并按住鼠标左键，相应的图形即发生晶格化效果的变化，按住的时间越长，晶格化效果的程度越大，如图6-14所示。

（1）　　　　　　　　　（2）　　　　　　　　　（3）

图6-14　晶格化工具的使用

双击工具箱中的"晶格化工具"按钮，弹出"晶格化工具选项"对话框，可以在对话框中对工具进行相应的设置，如图6-15所示。

图6-15　晶格化工具选项

6.1.8 褶皱工具

"褶皱工具" 🔄 可以向对象的轮廓添加类似于褶皱的细节,使对象表面产生褶皱效果。单击工具箱中的"褶皱工具"按钮🔄,然后在需要编辑的对象上单击并按住鼠标左键,相应的图形即发生褶皱效果的变化,按住的时间越长,褶皱效果的程度越大,如图6-16所示。

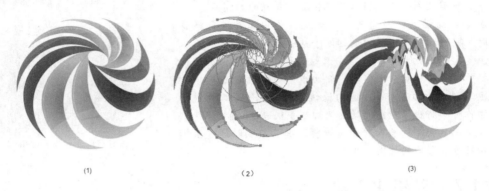

(1)　　　　　　　　　　（2）　　　　　　　　　　(3)

图6-16　褶皱工具的使用

双击工具箱中的"褶皱工具"按钮🔄,弹出"褶皱工具选项"对话框,在该对话框中可以进行相应的设置,如图6-17所示。

- 水平:通过调整该选项中的参数,可以调整水平方向上放置的控制点之间的距离。
- 垂直:通过调整该选项中的参数,可以调整垂直方向上放置的控制点之间的距离。

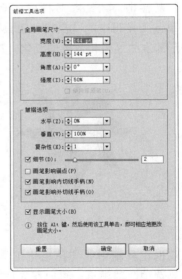

图6-17　褶皱工具选项

📌 实例:使用多种变形工具制作抽象画

源 文 件:	源文件\第6章\使用多种变形工具制作抽象画
视频文件:	视频\第6章\使用多种变形工具制作抽象画.avi

本实例通过对多种变形工具的应用,制作抽象画,效果如图6-18所示。

本实例的具体操作步骤如下。

01 新建一个空白文档,使用工具箱中的"矩形工具"、"椭圆工具"、"钢笔工具"以及"文字工具"制作出如图6-19所示的版面效果。

02 置入素材文件"1.ai",将花纹素材摆放到相应位置,如图6-20所示。

图6-18　效果图

图6-19　制作版面

图6-20　摆放素材位置

03 将素材进行变形。选择要变形的对象，如图6-21所示。双击工具箱中的"变形工具"，在弹出的对话框中设置参数，参数值如图6-22所示。参数设置完成后，单击"确定"按钮。

图6-21　选择对象

图6-22　设置参数

04 将鼠标移动至要编辑的对象上，按住鼠标左键，从右向左进行拖动，如图6-23所示。

05 释放鼠标，完成此对象的变形，如图6-24所示。

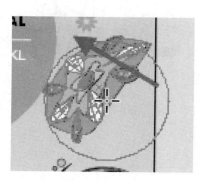

图6-23　变形对象

图6-24　变形效果

06 再次使用"选择工具"选中左下角的对象，如图6-25所示。单击工具箱中的"旋转扭曲工具"，并对所选形状进行变形，如图6-26所示。

07 采用同样的方法对其他图形进行变形，如图6-27所示。变形完成后，调整大小、位置，完成本实例的操作。

图6-25　选择对象

图6-26　旋转扭曲效果

图6-27　变形对象

6.2　使用网格工具

使用"网格工具"可以通过为对象添加网格，并对网格中的锚点进行任意的变换来更改或填充颜色，使用"网格工具"可以制作出丰富而自然的颜色过渡效果。如图6-28所示为网格效果。如图6-29所示为使用网格工具制作的作品。

图6-28　网格效果

图6-29　作品

▶ 6.2.1　创建渐变网格

在网格对象中，在两网格线相交处有一种特殊的锚点，称为网格点。网格点以菱形显示，且具有锚点的所有属性，只是增加了接受颜色的功能。可以添加和删除网格点、编辑网格点，或更改与每个网格点相关联的颜色。使用"网格工具" 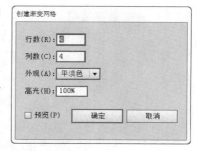进行渐变上色时，首先要对图形创建网格。

🔍 提 示

网格中也同样会出现锚点（区别在于其形状为正方形而非菱形），这些锚点与Illustrator中的任何锚点一样，可以添加、删除、编辑和移动。锚点可以放在任何网格线上，可以单击一个锚点，然后拖动其方向控制手柄，来修改该锚点。

1. 自动创建渐变网格

将要创建网格的图形选中，执行"对象"｜"创建渐变网格"命令，弹出"创建渐变网格"对话框，如图6-30所示。

- 行数：调整该文本框中的参数，定义渐变网格线的行数。
- 列数：调整该文本框中的参数，定义渐变网格线的列数。
- 外观：表示创建渐变网格后的图形高光的表现方式，包含平淡色、至中心、至边缘选项。当选中"平淡色"选项时，图像表面的颜色均匀分布（只创建了网格，颜色未发生变化），会将对象的原色均匀地覆盖在对象表面，不产生高光；当选中"至中心"选项时，在对象的中心创建高光；当选中"至边缘"选项时，图形的高光效果在边缘，这会在对象的边缘处创建高光。

图6-30 "创建渐变网格"对话框

- 高光：该文本框中的参数可设置白色高光处的强度。100%代表将最大的白色高光值应用于对象；0%则代表不将任何白色高光应用于对象。

🔍 提 示

将渐变填充对象转换为网格对象，选择该对象，执行"对象"｜"扩展"命令，然后选择"渐变网格"，然后单击"确定"按钮，所选对象将被转换为具有渐变形状的网格对象：圆形（径向）或矩形（线性）。

2. 手动创建渐变网格

在Illustrator中还可以通过手动的方式创建渐变网格，首先选中要添加渐变网格的对象，单击工具箱中的"网格工具"按钮或使用快捷键U，在图形中要创建网格的位置上单击，即可创建一组行和列的网格线。反复使用该工具在图形上进行单击，创建出要使用数量的渐变网格，如图6-31所示。

图6-31 手动创建渐变网格

6.2.2 编辑渐变网格

可以通过添加、删除和移动网格点，更改网格点和网格面片的颜色等多种方法来修改网格对象。

1. 为网格添加颜色

执行"窗口"|"颜色"命令，将"颜色"面板调出。选中网格对象，使用"网格工具"或"直接选择工具"选中要定义颜色的网点，如图6-32所示。在"颜色"面板中选中要使用的颜色，即可在已有的网格上添加颜色，如图6-33所示。

图6-32 添加渐变网格

图6-33 添加网格颜色

2. 添加网格

若要添加网格点，单击工具箱中的"网格工具"按钮☷，在网格对象上单击即可在添加新网格的同时添加颜色。

3. 删除网格点

若要删除网格点，按住Alt键使用网格工具单击该网格点即可删除。

4. 移动网格点

使用"网格工具"或"直接选择工具"拖动网格点即可进行移动。若要移动弯曲的网格线上的网格点，可以按住Shift键使用"网格工具"拖动网格点，另一条相交的网格线不会随着一起移动。

> 🔍 **提 示**
>
> 可以设置渐变网格中的透明度和不透明度以及指定单个网格节点的透明度和不透明度值。首先选择一个或多个网格节点或面片，然后通过"透明"面板、"控制板"或"外观"面板中的"不透明"滑块设置不透明度。

实例：使用网格工具制作超写实绘画

源 文 件：	源文件\第6章\使用网格工具制作超写实绘画
视频文件：	视频\第6章\使用网格工具制作超写实绘画.avi

本实例通过对网格工具的学习，使用网格工具绘制超写实抽象画，效果如图6-34所示。

本实例的具体操作步骤如下。

01 新建一个空白文档。使用"钢笔工具"绘制柠檬的轮廓，并填充与柠檬相近的黄色，如图6-35所示。

02 使用"网格工具"为柠檬添加渐变网格。网格大致位置如图6-36所示。

  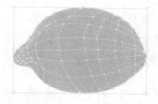

    图6-34　效果图　　　　　　　　　　图6-35　绘制柠檬　　　　　　　　图6-36　添加渐变网格

03 在进行网格填充之前，先分析柠檬的明暗关系，如图6-37所示。

04 建立柠檬整体的明暗关系。先从暗部开始填充颜色。选中柠檬，使用"网格填充工具"选择在柠檬暗部位置的锚点，双击"标准的Adobe颜色控制组件"中的"填充"按钮，在"拾色器"中选择比柠檬本身颜色稍暗的颜色，单击"确定"按钮。暗部的大致效果如图6-38所示。

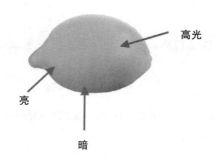 

    图6-37　柠檬的明暗关系　　　　　　　　　　图6-38　柠檬暗部

05 在调整完暗部后，继续填充亮部和高光，操作步骤同上，效果如图6-39和图6-40所示。

06 最后为柠檬添加投影，完成本实例的操作，效果如图6-41所示。

    图6-39　柠檬亮部　　　　　　　　　图6-40　高光效果　　　　　　　　图6-41　完成效果

6.3　使用混合工具

使用"混合工具"可以混合对象以创建形状，并在两个对象之间平均分布形状，也可以在两

个开放路径之间进行混合，在对象之间创建平滑的过渡；或组合颜色和对象的混合，在特定对象形状中创建颜色过渡，如图6-42所示。

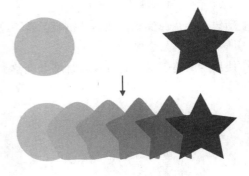

在对象之间创建了混合之后，就会将混合对象作为一个对象看待。如果移动了其中一个原始对象，或编辑了原始对象的锚点，则混合将会随之变化。此外，原始对象之间混合的新对象不会具有其自身的锚点。可以扩展混合，以将混合分割为不同的对象。

图6-42　混合效果

 ## 6.3.1　创建混合

可以使用混合工具和"建立混合"命令来创建混合，这是两个或多个选定对象之间的一系列中间对象和颜色。

> 🔍 **提　示**
>
> 无法对网格对象施加混合。

1. 使用混合工具创建混合

单击工具箱中的"混合工具"按钮或使用快捷键W，在要进行混合的对象上依次单击即可，如图6-43和图6-44所示。

2. 使用命令创建混合

将要进行混合的对象选中，执行"对象"|"混合"|"建立"命令，如图6-45所示。或使用快捷键Ctrl+Atl+B，采用执行命令的方法进行对象混合。

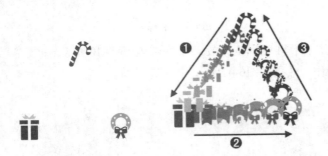

图6-43　混合对象　　　图6-44　混合对象的效果

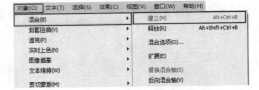

图6-45　混合效果命令

6.3.2　设置混合参数

如果需要对混合工具进行相应的设置，可以双击工具箱中的"混合工具"按钮，弹出"混合选项"对话框，然后进行相应数值的设置，如图6-46所示。在使用之前进行设置可以控制下一次混合的效果，如果已经完成混合，可以选择混合对象并进行混合参数的修改。

● 间距：在该下拉列表中选中不同的选项，可以定义对象之间的混合方式。

■ "平滑颜色"让 Illustrator 自动计算混合的步骤数。如果对象是使用不同的颜色进行的填色或描边，则计算出的步骤数将是为实现平滑颜色过渡而取的最佳步骤数。如果对象包含相同的颜色，或者包含渐变或图案，则步骤数将根据两个对象定界框边缘之间的最长距离计算得出。

■ "指定的步数"用来控制在混合开始与混合结束之间的步骤数。

图6-46　混合选项

■ "指定的距离"用来控制混合步骤之间的距离。指定的距离是指从一个对象边缘起到下一个对象相对应边缘之间的距离（例如，从一个对象的最右边到下一个对象的最右边）。

● 取向：在该选项区域中单击不同的按钮，确定混合对象的方向。

■ "对齐页面" 使混合垂直于页面的x轴。

■ "对齐路径" 使混合垂直于路径。

▶ 6.3.3　编辑混合图形

对多个对象进行混合时，对象之间会按照直线进行排列，这条直线就是混合轴。通过调整这条路径的形态，可以直接控制混合对象的排列。

1. 调整混合路径

首先将要控制路径的混合对象选中，然后通过使用钢笔工具组中的各个工具，对混合轴进行调整，即可调整对象的混合效果，如图6-47和图6-48所示。

图6-47　使用钢笔工具操作

图6-48　调整混合路径

2. 替换混合轴

要使用其他路径替换混合轴，首先需要绘制一个路径以用作新的混合轴，如图6-49所示。选择混合轴对象和混合对象，然后执行"对象"|"混合"|"替换混合轴"命令即可，如图6-50所示。

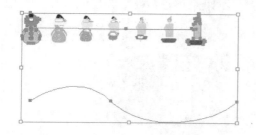

图6-49　选择替换轴

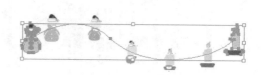

图6-50　替换轴效果

3. 反向混合轴

使用"反向混合轴"命令可以翻转混合对象的混合顺序。选中混合对象，然后执行"对象"|"混合"|"反向混合轴"命令，此时相应的混合对象的位置将发生翻转，如图6-51和图6-52所示。

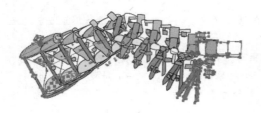
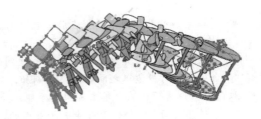

图6-51　选择对象　　　　　　　　　　　　图6-52　反向轴混合

4. 颠倒混合对象中的堆叠顺序

使用"反向堆叠"命令可以更改混合对象的堆叠顺序。混合对象之间同样拥有堆叠的关系，当混合对象之间出现叠加的现象时会非常明显。要颠倒混合对象中的堆叠顺序时，可以将相应的混合对象选中，执行"对象"|"混合"|"反向堆叠"命令，如图6-53和6-54所示。

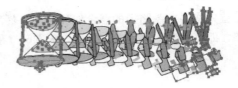

图6-53　选择对象　　　　　　　　　　　　图6-54　颠倒混合对象

📌 实例：使用混合工具制作多彩星光

源 文 件：	源文件\第6章\使用混合工具制作多彩星光
视频文件：	视频\第6章\使用混合工具制作多彩星光.avi

通过对混合工具的学习，本实例使用混合工具制作多彩形光，效果如图6-55所示。

图6-55　效果图

本实例的具体操作步骤如下。

01 新建一个空白文档，将素材文件"1.jpg"置入到文件中。调整素材的大小和位置，作为背景，如图6-56所示。

02 再使用"星形工具"绘制两个大小不同的五角星，分别赋予两种不同的颜色，如图6-57所示。

图6-56　置入背景

图6-57　绘制星形

03 选中两个五角星，执行"对象"|"混合"|"建立"命令，双击"混合工具"，在弹出的对话框中设置"间距"为"指定的步数"、数值为6，如图6-58所示，完成如图6-59所示的效果。

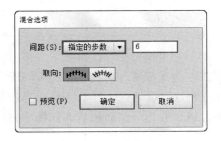

图6-58　设置混合选项

图6-59　混合效果

04 使用"直接选择工具"选择混合轴，如图6-60所示。使用钢笔工具组中的各个工具，对该路径进行普通路径的操作，改变混合对象的动态，如图6-61所示。

图6-60　选择混合轴

图6-61　更改混合对象的动态

05 将这组混合对象复制多份，分别更改大小、颜色和动态，操作步骤同上。将制作完成的对象放置在背景图案中，完成本实例的制作，如图6-62所示。

图6-62　星光的摆放

6.4　使用形状生成器工具

"形状生成器工具"是一种可以通过合并或擦除简单形状创建复杂形状的交互式工具。对简单复合路径有效，可以直观地高亮显示所选艺术对象中可合并为新形状的边缘和选区。"边缘"是指一个路径中的一部分，该部分与所选对象的其他任何路径都没有交集。选区是一个边缘闭合的有界区域。

▶ 6.4.1　创建形状

选中需要创建的形状，单击工具箱中的"形状生成器工具"按钮 ，在默认情况下，该工具处于合并模式，在此模式下，可以合并不同的路径。此模式中的光标显示为 ，如图6-63所示。接着识别要选取或合并的选区，若要从形状的剩余部分打断或选取选区，移动光标并单击所选选区。若要合并路径，沿选区拖动并释放光标，两个选区将合并为一个新形状，如图6-64和图6-65所示。

图6-63　光标模式

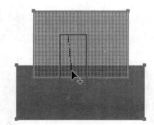

图6-64　操作方法

图6-65　完成效果

🔍 **提 示**

按住Shift键单击并拖动以显示一个矩形形状，可以轻松合并多个路径。

若要使用形状生成器工具的抹除模式，需要按住Alt键并单击想要删除的闭合选区，此时指针变为 ，如图6-66所示。在抹除模式下，可以在所选形状中删除选区，如果要删除的某个选区由多个对象共享，则分离形状的方式是将选框所选中的那些选区从各形状中删除，也可以在抹除模式中删除边缘，如图6-67所示。

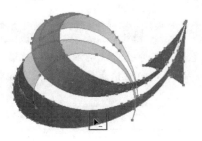

图6-66　选择删除对象　　　　　　　　　　　　　　图6-67　删除效果

 提　示

　　合并得到的新形状的艺术样式取决于以下三点：（1）将开始拖动时光标起始位置所在对象的艺术样式应用到合并形状上。（2）如果在按下鼠标时没有可用的艺术样式，则会对合并形状应用释放鼠标时可用的艺术样式。（3）如果按下和释放鼠标时都没有可用的艺术样式，则应用"图层"面板中最上层所选对象的艺术样式。

▶ 6.4.2　设置工具选项

　　双击工具箱中的"形状生成器工具"按钮 <img>，弹出"形状生成器工具选项"对话框，然后可以设置并自定义多种选项，如间隙检测、拾色来源和高亮显示以获取所需合并功能和更好的视觉反馈，如图6-68所示。

图6-68　形状生成器工具选项

- 间隙检测：使用"间隙长度"下拉列表设置间隙长度，可用值为小、中和大。如果想要提供精确间隙长度，则勾选"自定"复选框。选择间隙长度后，Illustrator将查找仅接近指定间隙长度值的间隙。确保间隙长度值与艺术对象的实际间隙长度接近（大概接近）。可以检查该间隙是否由提供不同间隙长度值检测，直到检测到艺术对象中的间隙。

- 将开放的填色路径视为闭合：如果勾选此复选框，则会为开放路径创建一段不可见的边缘以生成一个选区。单击选区内部时，会创建一个形状。

- 在合并模式中单击"描边分割路径"：勾选此复选框时，在合并模式中单击描边即可分割路径。此选项允许用户将父路径拆分为两个路径。第一个路径将从单击的边缘创建，第二个路径是父路径中除第一个路径外剩余的部分。如果勾选此复选框，则在拆分路径时鼠标将更改为 。

- 拾色来源：可以从颜色色板中选择颜色，或从现有图稿所用的颜色中选择来给对象上色。可在"拾色来源"下拉列表中选择"颜色色板"或"图稿"选项。如果选择"颜色色板"选项，则可使用"光标色板预览"选项。可以勾选"光标色板预览"复选框来预览和选择颜色。选择此选项时，会提供实时上色风格光标色板。允许使用方向键循环选择"色板"面板中的颜色。

- 填充："填充"复选框默认为选中状态。如果勾选此复选框，当光标滑过所选路径时，可以合并的路径或选区将以灰色突出显示。如果没有勾选此复选框，所选选区或路径的外观将是正常状态。

- 可编辑时突出显示描边：勾选此复选框，Illustrator将突出显示可编辑的笔触。可编辑的笔触将

以从"颜色"下拉列表中选择的颜色显示。

> **提 示**
>
> 若要更改笔触颜色，移动指针从对象边缘滑过高亮显示部分并更改笔触颜色。此选项仅在选取"在合并模式中单击描边分割路径"时才可用，可以通过指向文档上的任意位置来选择选区的填充色。

6.5 路径的高级编辑

执行"对象"|"路径"命令，在子菜单中可以看到多个用于路径高级编辑的命令工具，如图6-69所示。

图6-69　路径高级编辑命令

6.5.1　连接

使用"连接"命令可以将两条路径连接为一条。对于未封闭的路径，使用该命令会自动添加一个直线段来连接需要连接的路径。当连接两个以上路径时，首先查找并连接彼此之间端点最近的路径。此过程将重复进行，直至连接完所有路径。如果只选择连接一条路径，将转换成封闭路径。

选择需要连接的端点，然后执行"对象"|"路径"|"连接"命令，或使用快捷键Ctrl+J，端点重合。如果两个端点的距离较大，则会以直线段连接，如图6-70和图6-71所示。

图6-70　选择需要连接的端点　　　　　　图6-71　连接端点

> **提 示**
>
> 无论选择锚点连接还是整个路径，连接选项都只生成角连接。但是对于重叠锚点，如果选择平滑或角连接选项，则使用快捷键Ctrl+Shift+Alt+J。

6.5.2　平均

使用"平均"命令可以将所选择的两个或多个锚点移动到它们当前位置的中部。将**两条**

路径中要进行对齐的锚点同时选中，执行"对象"|"路径"|"平均"命令或使用快捷键Ctrl+Alt+J，在弹出的"平均"对话框中可以进行轴的选择，如图6-72所示。

🔍 提 示

平均锚点的位置是从另一种角度简化路径的一种方法，但是本操作会较大幅度地改变路径形状。

图6-72 "平均"对话框

6.5.3 轮廓化路径

使用"轮廓化路径"命令可以在一个路径上添加渐变色或其他特殊的填充方式时，就可以按照填充的方式进行颜色的定义。选中需要进行轮廓化的路径对象，执行"对象"|"路径"|"轮廓化描边"命令，此时该路径对象将转换为轮廓，即可对路径进行形态的调整以及渐变的填充，如图6-73所示。

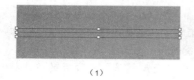
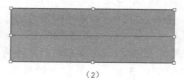
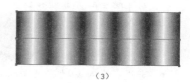

（1）   （2）   （3）

图6-73 轮廓化路径效果

6.5.4 偏移路径

"偏移路径"命令可以使路径偏移以创建出新的路径副本，可用于创建同心的图形。选中需要进行偏移的路径，如图6-74所示。执行"对象"|"路径"|"偏移路径"命令，在弹出的"偏移路径"对话框中可以设置路径偏移路径选项，如图6-75所示。完成后单击"确定"按钮进行偏移，偏移得到的路径效果如图6-76所示。

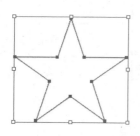

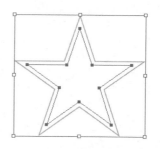

图6-74 选择路径   图6-75 设置偏移路径   图6-76 偏移路径效果

6.5.5 简化

"简化"命令可以删除多余的锚点而不改变路径形状。选中要简化的路径，执行"对象"|"路径"|"简化"命令，在弹出的"简化"对话框中设置相应的选项，单击"确定"按钮

进行简化。在对话框的预览框中可以显示简化路径的预览，并且列出原始路径与简化路径中点的数量，如图6-77所示。

图6-77 "简化"对话框

- 曲线精度：输入 0% 和 100% 之间的值设置简化路径与原始路径的接近程度。越高的百分比将创建越多点并且越接近。除曲线端点和角点外的任何现有锚点将忽略（除非为"角度阈值"输入了值）。
- 角度阈值：输入 0 和 180° 之间的值以控制角的平滑度。如果角点的角度小于角度阈值，将不更改该角点。如果"曲线精度"值低，该选项有助于保持角锐利。
- 直线：在对象的原始锚点之间创建直线。如果角点的角度大于"角度阈值"中设置的值，将删除角点。
- 显示原路径：显示简化路径背后的原路径。

6.5.6　添加锚点

使用"对象"|"路径"|"添加锚点"命令可以快速、成倍地在路径上添加锚点，如图6-78所示。

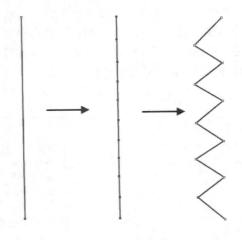

图6-78　添加锚点

6.5.7　减去锚点

执行"对象"|"路径"|"减去锚点"命令，可以在不影响路径完整性的前提下将所选锚点删除，如图6-79和图6-80所示。

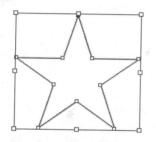

图6-79　选择删除的锚点

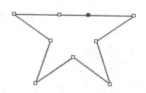

图6-80　删除锚点效果

6.5.8　分割为网格

　　"分割为网格"命令可以将一个或多个封闭路径对象转换为网格对象。选中对象，如图6-81所示。执行"对象"|"路径"|"分割为网格"命令，在弹出的"分割为网格"对话框中设置完毕后，单击"确定"按钮，如图6-82所示。即可将相应的对象转换为一个不同属性的网格，如图6-83所示。

图6-81　选择编辑对象

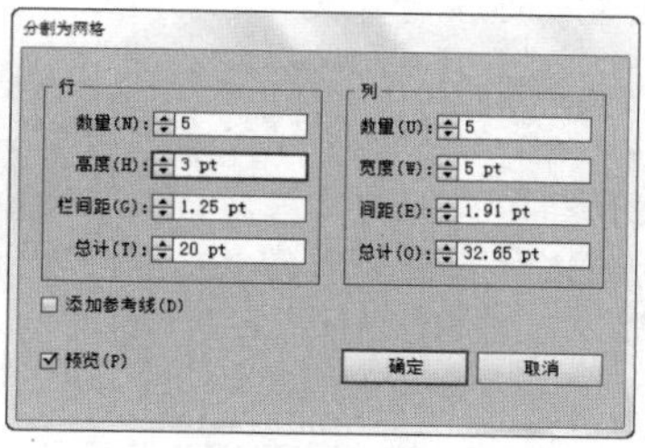

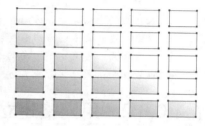

图6-82　"分割为网格"对话框

图6-83　分割为网格效果

- 数量：输入相应的数值，定义对应的行或列的数量。
- 高度：输入相应的数值，定义每一行的高度。
- 宽度：输入相应的数值，定义每一列的宽度。
- 栏间距：输入相应的数值，定义行与行之间的距离。
- 间距：输入相应的数值，定义列与列之间的距离。
- 总计：输入相应的数值，定义行与列间距和数值总和的尺寸。
- 添加参考线：勾选此复选框时，将按照相应的表格自动定义出参考线。
- 预览：勾选此复选框时，可以在执行该操作前查看到相应的效果。

6.5.9　清理

　　执行"对象"|"路径"|"清理"命令，可以对整个图形中没有使用的对象进行清理。在弹出的"清理"对话框中勾选相应的选项，单击"确定"按钮即可，如图6-84所示。

- 游离点：勾选该复选框时，将删除没有使用到的单独锚点对象。
- 未上色对象：勾选该复选框时，将删除没有认定填充和描边颜色的路径对象。
- 空文本路径：勾选该复选框时，将删除没有任何文字的文本路径对象。

图6-84　"清理"对话框

6.6 使用封套进行扭曲变形

使用封套可以对选定的除图表、参考线或链接对象以外的任何对象进行扭曲和改变形状。

▶ 6.6.1 用变形建立

将需要变形的对象选中，执行"对象"|"封套扭曲"|"用变形建立"命令，在弹出的"变形选项"对话框中，选择一种变形样式并设置选项，如图6-85所示。

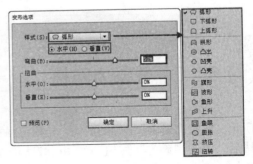

图6-85 "变形选项"对话框

- 样式：在该下拉列表中选择不同选项，可以定义不同的变形样式，包括弧形、下弧形、拱形、凸出、凹壳、凸壳、旗形、波形、鱼形、上升、鱼眼、膨胀、挤压和扭转选项。
- 水平/垂直：选择"水平"选项时，文本扭曲的方向为水平方向；选择"垂直"选项时，文本扭曲的方向为垂直方向。
- 弯曲：设置文本的弯曲程度。
- 水平扭曲：设置水平方向的透视扭曲变形的程度。
- 垂直扭曲：用来设置垂直方向的透视扭曲变形的程度。

▶ 6.6.2 用网格建立

执行"对象"|"封套扭曲"|"用网格建立"命令或使用快捷键Ctrl+Shift+W，打开"封套网格"对话框，如图6-86所示。在该对话框中设置行数和列数，单击"确定"按钮即可完成网格的设置。变形网格创建完毕后，通过使用"直接选择工具"进行调整，即可完成自定义的变形处理，如图6-87所示。

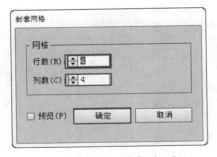

图6-86 "封套网格"对话框

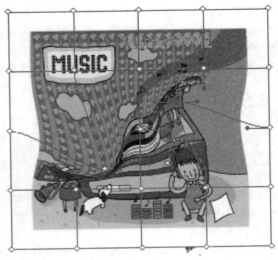

图6-87 封套网格效果

6.6.3　用顶层对象建立

"用顶层对象建立"命令可以根据上层对象的形状、大小和位置，变换底层的图形形状。"用顶层对象建立"命令需要至少两个形状，在要进行变形处理的对象上绘制一个要进行变形的形状对象。将要进行变形的对象和要变形的形状对象同时选中，执行"对象"|"封套扭曲"|"用顶层对象建立"命令或使用快捷键Ctrl+Alt+C，要进行变形的对象即可按照顶部变形的形状对象进行变化。

6.6.4　设置封套选项

对一个或多个对象进行封套变形后，除了可以使用"直接选择工具"进行调整外，还可以对整体进行设置。封套选项决定应以何种形式扭曲图像以适合封套。将要进行调整的封套对象选中，然后执行"对象"|"封套扭曲"|"封套选项"命令，在弹出的"封套选项"对话框中进行相应的设置，如图6-88所示。

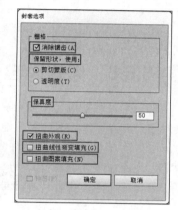

图6-88　"封套选项"对话框

- 消除锯齿：在用封套扭曲对象时，可使用此选项来平滑栅格。取消选择该复选框可降低扭曲栅格所需的时间。
- 保留形状，使用：当用非矩形封套扭曲对象时，可使用此选项指定栅格应以何种形式保留其形状。选择"剪切蒙版"以在栅格上使用剪切蒙版，或选择"透明度"以对栅格应用Alpha通道。
- 保真度：指定要使对象适合封套模型的精确程度。增加"保真度"百分比会向扭曲路径添加更多的点，而扭曲对象所花费的时间也会随之增加。
- 扭曲外观：将对象的形状与其外观属性一起扭曲（例如已应用的效果或图形样式）。
- 扭曲线性渐变填充：将对象的形状与其线性渐变一起扭曲。
- 扭曲图案填充：将对象的形状与其图案属性一起扭曲。

6.6.5　释放或扩展封套

若想要删除封套可以通过释放封套或扩展封套的方式。释放封套对象可还原对象和封套的原始形状。扩展封套对象的方式可以删除封套，但对象仍保持扭曲的形状。将要转换为普通对象的封套对象选中，然后执行"对象"|"封套扭曲"|"释放"命令即可，如图6-89和图6-90所示。

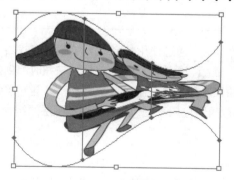

图6-89　选择对象

图6-90　释放封套效果

将要转换为普通对象的封套对象选中，然后执行"对象"|"封套扭曲"|"扩展"命令，即可将该封套对象转换为普通的对象，并且该对象不会发生任何形状的变化，如图6-91和图6-92所示。

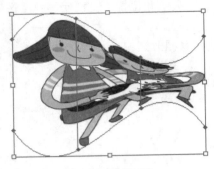

图6-91　选择对象

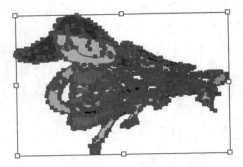

图6-92　扩展封套效果

6.6.6　编辑内容

当一个对象被执行了任意一种封套编辑后，使用工具箱中的"直接选择工具"或其他编组工具对该对象进行编辑时，将只能选中该对象的封套部分，而不能对该对象本身进行调整。

当需要对对象本体进行调整时，需要在选中该对象后，执行"对象"|"封套扭曲"|"编辑内容"命令或使用快捷键Ctrl+Shift+V，此时该对象的内部将被选中，并且可以进行相应的编辑了，编辑好的本体将自动进行封套的变形，如图6-93和图6-94所示。

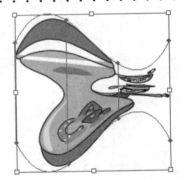

图6-93　选择编辑对象

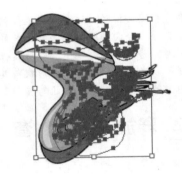

图6-94　编辑对象

6.7　使用路径查找器

使用"路径查找器"能够从重叠对象中创建新的形状。通过使用"窗口"|"路径查找器"命令或使用快捷键Shift+Ctrl+F9，可以调出"路径查找器"面板，单击"路径查找器"按钮时即创建了最终的形状组合，创建之后便不能再编辑原始对象。如果这种效果产生了多个对象，这些对象会被自动编组到一起。"路径查找器"面板中的路径查找器效果可应用于任何对象、组和图层的组合。

6.7.1　形状模式

选中要进行操作的对象，在"路径查找器"面板中单击相应的按钮，即可观察到不同的效果，如图6-95所示。

- 联集：描摹所有对象的轮廓，就像它们是单独的、已合并的对象一样。此选项产生的结果形状会采用顶层对象的上色属性交集，描摹被所有对象重叠的区域轮廓。

- 减去顶层：从最后面的对象中减去最前面的对象。应用此命令，可以通过调整堆栈顺序来删除插图中的某些区域。

图6-95 "路径查找器"面板

- 交集：描摹被所有对象重叠的区域轮廓。

- 差集：描摹对象所有未被重叠的区域，并使重叠区域透明。若有偶数个对象重叠，则重叠处会变成透明。而有奇数个对象重叠时，重叠的地方则会填充颜色。

- 分割：将一份图稿分割为作为其构成成分的填充表面（表面是未被线段分割的区域）。

- 修边：删除已填充对象被隐藏的部分。会删除所有描边，且不会合并相同颜色的对象。

- 合并：删除已填充对象被隐藏的部分。会删除所有描边，且会合并具有相同颜色的相邻或重叠的对象。

- 裁剪：将图稿分割为作为其构成成分的填充表面，然后删除图稿中所有落在最上方对象边界之外的部分，这还会删除所有描边。

- 轮廓：将对象分割为其组件线段或边缘。准备需要对叠印对象进行陷印的图稿时，此命令非常有用。

- 减去后方对象：从最前面的对象中减去后面的对象。应用此命令，可以通过调整堆栈顺序来删除插图中的某些区域。

▶ 6.7.2 设置路径查找器选项

单击"路径查找器"面板中的菜单按钮，在弹出的"路径查找器选项"对话框中可以准确地控制相应的操作，如图6-96和图6-97所示。

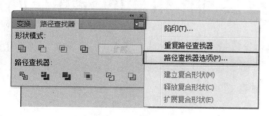

图6-96 "路径查找器"面板菜单

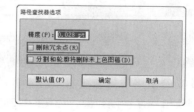

图6-97 路径查找器选项

- 精度：在该文本框中输入相应的数值，可以影响路径查找器效果计算对象路径时的精确程度。计算越精确，绘图就越准确，生成结果路径所需的时间越长。

- 删除冗余点：勾选该复选框，在单击"路径查找器"按钮时可以删除不必要的点。

- 分割和轮廓将删除未上色图稿：勾选该复选框时，再单击分割或轮廓按钮可以删除选定图稿中的所有未填充对象。

▶ 6.7.3 创建复合形状

选择要创建复合形状的对象，在"路径查找器"面板中按住Alt键单击"形状模式"按钮，此时会按照不同的方式对对象进行组合，如图6-98和图6-99所示。

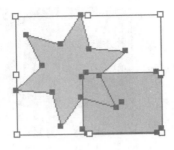

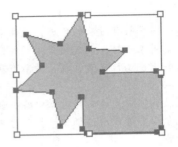

图6-98　选择对象编辑对象　　　　　　　图6-99　创建复合形状

6.7.4　扩展复合形状

　　从"路径查找器"面板菜单中选择"释放复合形状"命令，即可释放复合形状可将其拆分回单独的对象状态，如图6-100所示。

　　选中复合形状的对象，在"路径查找器"面板中单击"扩展"按钮，扩展复合形状会保持复合对象的形状，但不能再选择其中的单个组件，如图6-101所示。

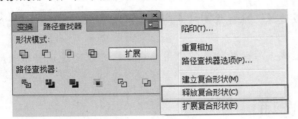

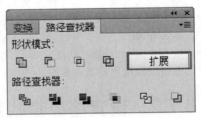

图6-100　"释放复合形状"命令　　　　　　　图6-111　"扩展"按钮

6.8　拓展练习——使用封套制作扭曲的异度空间

源 文 件：	源文件\第6章\使用封套制作扭曲的异度空间
视频文件：	视频\第6章\使用封套制作扭曲的异度空间.avi

　　本实例使用"封套扭曲"命令将对象进行封套扭曲，制作出异度空间效果，如图6-112所示。

　　本实例的具体操作步骤如下。

01 打开素材文件"1.ai"，使用"选择工具"选择素材中的背景，如图6-113所示。

02 执行"对象"|"封套扭曲"|"从网格中建立"命令，弹出"封套网格"面板，设置行数为6、列数为6，参数设置完成后，单击"确定"按钮，此时素材背景如图6-114所示。

03 使用"直接选择工具"对网格的锚点进行调整。随着调整可以看到背景部分发生形状变化，效果如图6-115所示。

图6-112　效果图

图6-113　选择素材背景

图6-114　建立封套网格

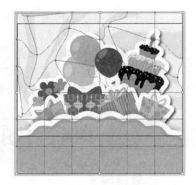

图6-115　使用封套网格编辑背景

04 继续调整前方的主体物，同样使用"选择工具"选择蛋糕，执行"对象"|"封套扭曲"|"用变形建立"命令，在弹出的"变形选项"对话框中，选择样式为"旗形"，单击"垂直"单选按钮，设置完成后单击"确定"按钮，如图6-116所示。蛋糕的变形完成，效果如图6-117所示。

05 继续使用封套工具将其他素材进行扭曲，操作步骤同上，完成本实例的操作，效果如图6-118所示。

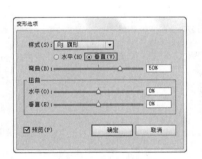

图6-116　设置参数

图6-117　对蛋糕进行封套扭曲

图6-118　扭曲效果

6.9　本章小结

　　本章介绍了多种对象变形与高级编辑的方式。通过对"液化工具组"的学习可以对对象的形态进行任意的调整。使用"网格工具"可以制作出色彩丰富而细腻的填色效果。"混合工具"的使用可以制作出有趣的混合效果。"封套工具"可以方便快捷地对图形进行变形操作。"路径查找器"也是本章的重点之一，通过"路径查找器"的使用可以通过路径计算的方式制作出形态复杂的图形。

- "液化变形工具"能够使对象产生更为丰富的变形效果。"液化变形工具组"包含8种变形工具："宽度工具"、"变形工具"、"旋转扭曲工具"、"缩拢工具"、"膨胀工具"、"扇贝工具"、"晶格化工具"、"皱褶工具"。
- 使用"网格工具"可以通过为对象添加网格，并对网格中的锚点进行任意的变换来更改或填充颜色，使用"网格工具"可以制作出自然而丰富的颜色过渡效果。
- 使用"混合工具"可以混合对象以创建形状，并在两个对象之间平均分布形状，也可以在两

个开放路径之间进行混合，在对象之间创建平滑的过渡或组合颜色和对象的混合，在特定对象形状中创建颜色过渡。

- "形状生成器工具"是一种可以通过合并或擦除简单形状创建复杂形状的交互式工具。对简单复合路径有效，可以直观地高亮显示所选艺术对象中可合并为新形状的边缘和选区。"边缘"是指一个路径中的一部分，该部分与所选对象的其他任何路径都没有交集。

6.10 课后习题

1. 单选题

（1）下列关于混合对象描述正确的是（　　）。

    A．混合后的对象是一个图形组，可以使用"对象"|"取消编组"命令将其解组

    B．无法对渐变对象施加混合

    C．无法对网格对象施加混合

    D．混合一旦建立就无法解除

（2）关于"形状生成器工具"的说法以下正确的是（　　）。

    A．一种可以通过合并或擦除简单形状创建复杂形状的交互式工具

    B．对选定对象进行扭曲和改变形状

    C．混合对象以创建形状，并在两个对象之间平均分布形状

    D．对整个图形中没有使用的对象进行清理

（3）下列可以使用封套的对象是（　　）。

    A．图表　　　　　　　　　　　　B．钢笔绘制的图形

    C．参考线　　　　　　　　　　　D．链接对象

2. 填空题

（1）"液化变形工具组"包含8种变形工具：_____、_____、_____、_____、_____、_____、_____、_____。

（2）使用"连接"命令可以将两条路径_____为一条。

3. 判断题

（1）"旋转扭曲工具"可以在对象中创建旋转扭曲，使对象的形状卷曲形成漩涡状。（　　）

（2）在网格对象中，在两网格线相交处有一种特殊的锚点，称为网格点。网格点可以添加、删除、编辑以及上色操作。（　　）

4. 上机操作题

（1）练习路径查找器的使用。

（2）练习多种液化变形工具的使用。

第7章
透明度、混合模式与蒙版

在早期Adobe Illustrator软件中，是没有透明度功能的，如果想表现透明度效果只能去考虑使用相应的颜色进行表现。但是在Adobe Illustrator CS6中，透明度效果可以轻松快捷地制作出来。

学习要点

- 不透明度
- 混合模式
- 不透明蒙版

如图7-1和图7-2就是使用透明度功能制作的作品。

图7-1　作品1　　　　　　　　　　　　　　　　　　图7-2　作品2

7.1 　不透明度

7.1.1　认识"透明度"面板

执行"窗口"|"透明度"命令或使用快捷键Ctrl+Shift+F10，打开"透明度"面板，在该面板中不仅可以调整图形的不透明度，还可以进行混合模式的调整，或者为对象添加蒙版，如图7-3所示。

图7-3　"透明度"面板

- 混合模式：设置所选对象与下层对象的颜色混合模式。
- 不透明度：通过调整数值控制对象的透明效果，数值越大对象越不透明；数值越小对象越透明。
- 对象缩览图：所选对象缩览图。
- 不透明蒙版：显示所选对象的不透明蒙版效果。
- 剪切：将对象创建为当前对象的剪切蒙版。
- 反相蒙版：将当前对象的蒙版颜色反相。
- 隔离混合：勾选该复选框后，可以防止混合模式的应用范围超出组的底部。
- 挖空组：勾选该复选框后，在透明挖空组中，元素不能透过彼此而显示。
- 不透明度和蒙版用来定义挖空形状：使用该选项可以创建与对象不透明度成比例的挖空效果。在接近100%不透明度的蒙版区域中，挖空效果较强；在具有较低不透明度的区域中，挖空效果较弱。

🔍 **提 示**

在"透明度"面板菜单中选择"显示选项"命令可以看到被隐藏的选项。

7.1.2　调整对象的透明度

选中需要编辑的对象，此时对象不透明度为100%，如图7-4所示。在"透明度"面板中可以通过调整"不透明度"参数控制对象的不透明度，如图7-5所示。当将"不透明度"设置为50%时，对象呈现出半透明效果，如图7-6所示。

图7-4　原图

图7-5　调整参数

图7-6　不透明度效果

实例：使用透明度制作投影效果

源　文　件：	源文件\第7章\使用透明度制作投影效果
视频文件：	视频\第7章\使用透明度制作投影效果.avi

本实例将通过调整对象的透明度来制作投影效果，如图7-7所示。

本实例的具体操作步骤如下。

01 新建一个空白文档，置入素材文件"1.jpg"，调整图像的大小和位置，作为背景，如图7-8所示。

图7-7　效果图

图7-8　置入背景

02 打开素材文件"2.ai"，将素材复制到新建文档中，调整其大小，并摆放到相应位置，如图7-9所示。

03 选中该素材，执行"窗口"|"透明度"命令或使用快捷键Ctrl+Shift+F10，打开"透明度"面板，设置"不透明度"为40%，如图7-10所示。投影效果制作完成，效果如图7-11所示。

04 将素材文件"3.png"置入到文件中，调整其大小和位置，完成本实例的制作，如图7-12
所示。

图7-9　调整素材

图7-10　设置不透明度

图7-11　不透明度效果

图7-12　最终效果

7.2　混合模式

使用混合模式可以将所选对象以不同的方法与底层对象进行颜色混合，在改变颜色的同时会
产生一定的透明度效果。Illustrator中提供了十几种不同的混合模式，通过这些样式的使用可以制
作出丰富的画面效果。如图7-13和图7-14就是使用混合模式制作的作品。

图7-13　作品1

图7-14　作品2

7.2.1 混合模式详解

在"透明度"面板中单击"混合模式"下拉按钮，在弹出的下拉列表中可以看到多种混合模式，如图7-15所示。

- **正常**：使用混合色对选区上色，而不与基色相互作用，这是默认模式。
- **变暗**：选择基色或混合色中较暗的一个作为结果色。比混合色亮的区域会被结果色所取代。比混合色暗的区域将保持不变。
- **正片叠底**：将基色与混合色相乘，得到的颜色总是比基色和混合色都要暗一些。将任何颜色与黑色相乘都会产生黑色。将任何颜色与白色相乘则颜色保持不变。
- **颜色加深**：加深基色以反映混合色。与白色混合后不产生变化。
- **变亮**：选择基色或混合色中较亮的一个作为结果色。比混合色暗的区域将被结果色所取代。比混合色亮的区域将保持不变。
- **滤色**：将混合色的反相颜色与基色相乘，得到的颜色总是比基色和混合色都要亮一些。用黑色滤色时颜色保持不变。用白色滤色将产生白色。

图7-15　混合模式菜单

- **颜色减淡**：加亮基色以反映混合色。与黑色混合则不发生变化。
- **叠加**：将对颜色进行相乘或滤色，具体取决于基色。图案或颜色叠加在现有的图稿上，在与混合色混合以反映原始颜色的亮度和暗度的同时，保留基色的高光和阴影。
- **柔光**：将使颜色变暗或变亮，具体取决于混合色。此效果类似于漫射聚光灯照在图稿上。
- **强光**：对颜色进行相乘或过滤，具体取决于混合色。此效果类似于耀眼的聚光灯照在图稿上。用纯黑色或纯白色上色会产生纯黑色或纯白色。
- **差值**：从基色减去混合色或从混合色减去基色，具体取决于哪一种的亮度值较大。与白色混合将反转基色值。与黑色混合则不发生变化。
- **排除**：创建一种与"差值"模式相似但对比度更低的效果。与白色混合将反转基色分量。与黑色混合则不发生变化。
- **色相**：用基色的亮度、饱和度以及混合色的色相创建结果色。
- **饱和度**：用基色的亮度、色相以及混合色的饱和度创建结果色。在无饱和度（灰度）的区域上用此模式着色不会产生变化。
- **混色**：用基色的亮度以及混合色的色相、饱和度创建结果色，这样可以保留图稿中的灰阶，对于给单色图稿上色以及给彩色图稿染色都会非常有用。
- **明度**：用基色的色相、饱和度以及混合色的亮度创建结果色。此模式创建与"颜色"模式相反的效果。

7.2.2 更改对象的混合模式

混合模式可应用于单个对象、多个对象或者组对象，选择需要调整"混合模式"的对象或组，然后按下快捷键Ctrl+Shift+F10，打开"透明度"面板，在面板左侧的"混合模式"下拉列表中选择一种混合模式，此时所选对象以下的所有对象都出现了混合效果。

还可以将混合模式与已定位的图层或组进行隔离，以使它们下方的对象不受影响。要实现这一操作，需要在"图层"面板中选择一个组或图层右侧的定位图标。在"透明度"面板菜单中选择"页面隔离混合"命令。如果未显示"页面隔离混合"命令，可以从"透明度"面板菜单中选

择"显示选项"命令。

实例：使用混合模式制作杂志大图海报

源 文 件：	源文件\第7章\使用混合模式制作杂志大图海报
视频文件：	视频\第7章\使用混合模式制作杂志大图海报.avi

本实例主要通过混合模式的使用将多个对象进行混合，以制作杂志大图海报，效果如图7-16所示。

本实例的具体操作步骤如下。

01 新建一个宽297mm、高210mm的文档。中绘制一个与画板同等大小的矩形，并赋予灰色系径向渐变，如图7-17所示。

02 置入素材文件"1.png"，将素材调整到合适的大小，如图7-18所示。

图7-16　效果图

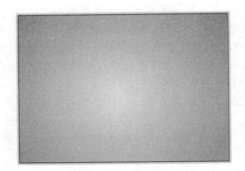

图7-17　灰色渐变

图7-18　调整素材大小

03 下面开始制作半圆部分。首先使用"椭圆工具"绘制正圆，然后使用"剪刀工具"将其剪裁为两个相同大小的半圆。使用"直接选择工具"分别选中被断开的端点，单击控制栏中的"连接所选终点"按钮，将锚点进行连接，完成半圆的绘制，如图7-19所示。

04 将两个半圆摆放到相应位置，如图7-20所示。

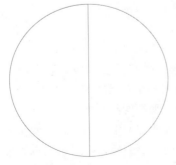

图7-19　分为两个半圆

图7-20　调整对象的位置

05 将上方的半圆填充由深蓝到浅蓝的渐变，将下方的半圆填充蓝色，如图7-21所示。

06 选择渐变填充的半圆，执行"窗口"|"透明度"命令，打开"透明度"面板，如图7-22所示。在"混合模式"下拉列表中选择"强光"选项，效果如图7-23所示。

图7-21　填充对象　　　　图7-22　"强光"混合模式　　　　图7-23　强光效果

07 选择下方蓝色的半圆，更改"不透明度"为70%，如图7-24和图7-25所示。

图7-24　设置不透明度　　　　图7-25　画面效果

08 使用"钢笔工具"绘制线段，设置为无填充色，描边为5pt、颜色为黄色，调整大小和位置，放置在相应位置，如图7-26所示。

09 输入文字，将文字摆放到合适的位置，完成本实例的操作，如图7-27所示。

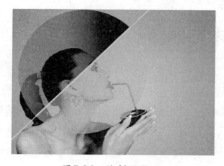

图7-26　绘制线段　　　　图7-27　文字摆放位置

7.3　不透明蒙版

在Illustrator中包含两种蒙版：剪切蒙版与不透明蒙版。不透明蒙版可以创建类似于剪切蒙版的遮罩效果，也可以创建透明和渐变透明的蒙版遮罩效果。在不透明蒙版中遵循以下原理：黑色为100%透明，白色为0%透明，灰色则为半透明效果。如图7-28和图7-29所示为透明度蒙版与图

像显示效果。

图7-28　创建不透明蒙版

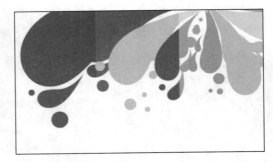

图7-29　图像显示效果

▶ 7.3.1　创建不透明蒙版

选中要添加蒙版的对象或选择组对象，执行"窗口"|"透明度"命令或使用快捷键Ctrl+Shift+F10，打开"透明度"面板，在不透明蒙版缩览图上双击即可添加不透明蒙版，或者从"透明度"菜单中选择"建立不透明蒙版"命令，如图7-30所示。

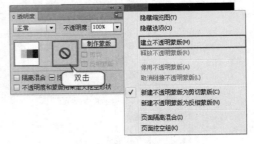

图7-30　建立不透明蒙版

- 剪切：在默认情况下，"剪切"选项是被勾选的，此时蒙版为全部不显示，通过编辑蒙版可以将图形显示出来。如果不勾选"剪切"复选框，图形将完全被显示，绘制蒙版将把相应的区域隐藏。"剪切"选项会将蒙版背景设置为黑色。因此选定"剪切"选项时，用来创建不透明蒙版的黑色对象将不可见。若要使对象可见，可以使用其他颜色，或取消"剪切"选项。
- 反相蒙版：勾选"反相蒙版"复选框时，将对当前的蒙版进行翻转，使原始显示的部分隐藏，隐藏的部分将显示出来，这会反相被蒙版图像的不透明度。

▶ 7.3.2　取消链接或重新链接不透明蒙版

如果想要对图形和蒙版进行单独编辑则可以取消链接的蒙版，打开"透明度"面板菜单，执行"取消链接不透明蒙版"命令，或者单击"透明度"面板中的链接符号 ，如图7-31所示。

单击"透明度"面板中缩览图之间的区域，或者从"透明度"面板菜单中选择"链接不透明蒙版"命令，则可以重新链接蒙版，如图7-32所示。

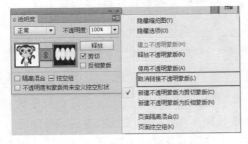

图7-31　取消链接不透明蒙版

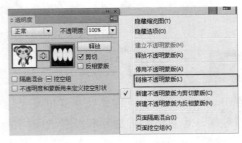

图7-32　链接不透明蒙版

▶ 7.3.3 停用与删除不透明蒙版

停用蒙版效果可以暂时取消蒙版效果，在"透明度"面板菜单中选择"停用不透明蒙版"命令。重新选择该命令可以重新将其显示出来，如图7-33所示。

如果要永久删除蒙版时，可以单击"释放"按钮，或打开"透明度"面板菜单，选择"释放不透明蒙版"命令，该蒙版将被删除，但是相应效果依然保持，如图7-34所示。

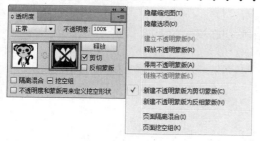

图7-33 停用不透明蒙版

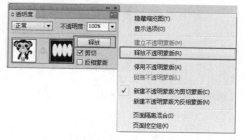

图7-34 释放不透明蒙版

7.4 拓展练习——使用不透明蒙版融合多个对象

源 文 件：	源文件\第7章\使用不透明蒙版融合多个对象
视频文件：	视频\第7章\使用不透明蒙版融合多个对象.avi

本实例需要使用不透明蒙版将多个对象融合在一起，效果如图7-35所示。

本实例的具体操作步骤如下。

01 新建一个空白文档，将人像素材"1.jpg"置入，调整其大小和位置，如图7-36所示。

图7-35 效果图

图7-36 置入素材

02 绘制一个与画板相同大小的矩形，放置在图像上方。选择该矩形，执行"对象"|"路径"|"分割为网格"命令，弹出"分割为网格"命令，设置行数为1、列数为4，如图7-37和图7-38所示。

03 将分割后的网格进行填色，从左到右填充由深到浅的灰色。填色完成后，使用快捷键Ctrl+G
将其群组，如图7-39所示。

图7-37　设置参数

图7-38　将矩形分割为网格

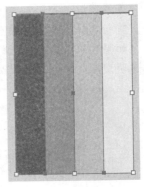

图7-39　颜色填充

04 选择页面中的两个对象，执行"窗口"|"透明度"命令，在"透明度"面板菜单中选择"建
立不透明蒙版"命令，如图7-40所示，效果如图7-41所示。

05 使用"矩形工具"绘制与画板相同大小的矩形，放置在图像的正上方，对其进行渐变填充。
填充类型为径向渐变，一端颜色为透明，另一端颜色为洋红，如图7-42所示。使用"渐变工
具"在画面中调整位置，如图7-43所示。选中渐变矩形，在"透明度"面板中设置混合模式
为"正片叠底"，效果如图7-44所示。

06 输入相应文字，完成本实例的操作，如图7-45所示。

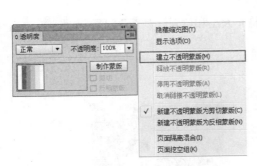

图7-40　建立不透明蒙版

图7-41　蒙版效果

图7-42　设置渐变效果

图7-43　设置混合模式

图7-44　正片叠底效果

图7-45　添加文字

7.5 本章小结

通过对"透明度"面板的学习，可以方便快捷地对图形进行不透明度以及混合模式设置，并且可以在"透明度"面板中为对象创建不透明蒙版，以控制对象局部的显示与隐藏。

- 执行"窗口"|"透明度"命令或使用快捷键Ctrl+Shift+F10，打开"透明度"面板，在该面板中不仅可以调整图形的不透明度，还可以进行混合模式的调整，或者为对象添加蒙版。
- 使用混合模式可以将所选对象以不同的方法与底层对象进行颜色混合，在改变颜色的同时会产生一定的透明度效果。Illustrator中提供了十几种不同的混合模式，通过这些样式的使用可以制作出丰富的画面效果。
- 不透明蒙版可以创建类似于剪切蒙版的遮罩效果，也可以创建透明和渐变透明的蒙版遮罩效果。在不透明蒙版中遵循以下原理：黑色为100%透明，白色为0%透明，灰色则为半透明效果。

7.6 课后习题

1. 单选题

（1）选中要进行透明度调整的对象，在"透明度"面板中调整"不透明度"的数值为50%，那么对象的（　　）部分呈现出半透明效果。

A．描边　　　　　　　　　　　　B．填充
C．效果　　　　　　　　　　　　D．整个对象

（2）如果当前的操作界面中没有显示出"透明度"面板，可以通过（　　）打开"透明度"面板。

A．执行"窗口"|"透明度"命令　　B．使用快捷键F10
C．在控制栏中修改不透明度参数　　D．使用快捷键Ctrl+F10

2. 填空题

（1）在Illustrator中可以创建_____、_____两类蒙版。

（2）如果想要将混合模式与已定位的图层或组进行隔离，以使它们下方的对象不受影响。需要在"图层"面板中选择一个组或图层右侧的定位图标，然后在"透明度"面板中选择_____即可。

3. 判断题

（1）在不透明蒙版中遵循以下原理：黑色为0%透明，白色为100%透明，灰色则为半透明效果。（　　）

（2）使用"停用不透明蒙版"命令可以永久地取消蒙版效果。（　　）

4. 上机操作题

利用透明度和混合模式制作缤纷画面效果，如图7-46所示。

图7-46　画面效果

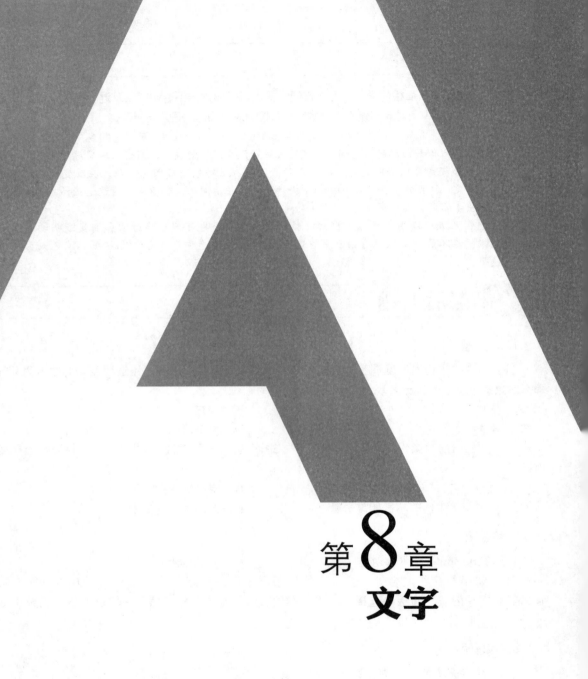

第 **8** 章
文字

Adobe Illustrator作为综合性的矢量绘图软件，其文本处理功能也是非常强大的。用户不仅可以创建文字，更可以对文字进行复杂的版式设置。

学习要点

- 创建文本
- 导入与导出文本
- 使用面板修改文字属性
- 编辑文字

如图8-1和图8-2所示为使用文字制作的作品。

图8-1　作品1

图8-2　作品2

8.1　创建文本

Illustrator中包含多种用于文本输入的工具：文字工具、区域文字工具、路径文字工具、直排文字工具、直排区域文字工具和直排路径文字工具。另外，还可以通过置入的方法在Illustrator中置入大量文字。

▶ 8.1.1　使用文字工具

1. 创建点文本

点文本适合非常少量的文字创建。单击工具箱中的"文字工具"按钮 T 或使用快捷键T，在要创建文字的位置上单击并输入文字，如图8-3和图8-4所示。

图8-3　创建点文本

图8-4　输入点文字

2. 创建段落文本

段落文本常用于大量文字的排版上。当文本触及边界时，会自动换行，以落在所定义区域的外框内。创建段落文本时，需要在要创建的位置单击鼠标左键，拖动出一个矩形文本框，如图8-5所示。然后在文本框中输入文字，如图8-6所示。

图8-5 创建文本框

图8-6 输入段落文本

实例：制作多彩文字

源 文 件：	源文件\第8章\制作多彩文字
视频文件：	视频\第8章\制作多彩文字.avi

本实例主要使用"文字工具"在画面中输入合适的文字，并通过字体属性的调整制作出彩色文字，效果如图8-7所示。

本实例的具体操作步骤如下。

01 新建一个空白文档。绘制一个矩形，填充为黑色，作为背景。

02 单击工具箱中的"文字工具"按钮，在空白区域单击鼠标左键，在控制栏中设置合适的字体和大小，设置填充颜色为黄色，如图8-8所示。在画面中单击并输入文字"OFTEN LIKE"，如图8-9所示。

03 选中该文字，使用"旋转工具"将其进行旋转，调整大小后摆放到合适的位置，如图8-10所示。

04 采用同样的方式制作其他文字，并旋转到合适的角度，如图8-11所示。

图8-7 效果图

05 打开素材文件"1.ai"，将素材摆放到适当位置，完成本实例的制作，如图8-12所示。

图8-8 设置文字属性

图8-9 输入文字

图8-10 调整文字大小

图8-11 文字摆放位置

图8-12 最终效果

8.1.2 使用区域文字工具

使用区域文字工具可以在图形内创建文本。

1. 使用区域文字工具

当文档中包含一个矢量图形时，选择工具箱中的"区域文字工具" T ，在对象路径上的任意位置单击，将路径转换为文字区域，可以看到输入的文字处于矢量图形以内，如图8-13所示。

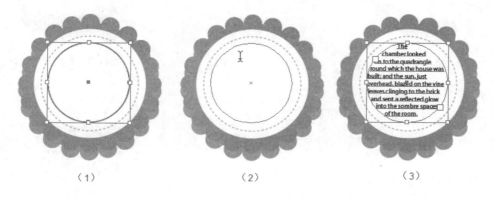

（1）　　　　　　　　（2）　　　　　　　　（3）

图8-13 区域文字制作步骤

> 💭 提 示
>
> 如果输入的文本超过区域的容许量，则靠近边框区域底部的位置会出现一个内含加号(+)的小方块。

2. 调整文本区域的大小

使用"选择工具" ▶ 或"直接选择工具" ▷ 可以调整文本区域的形状，从而使文字区域发生形变，如图8-14和图8-15所示。还可以执行"文字"|"区域文字选项"命令，在弹出的"区域文字选项"对话框中调整文本区域的大小，如图8-16所示。

图8-14 使用"选择工具"调整　　图8-15 使用"直接选择工具"调整　　图8-16 使用对话框调整

3. 更改文本区域的边距

文本和边框路径之间的边距被称为"内边距"。如果想要更改这部分边距的大小，首先选择区域文字对象，如图8-17所示。然后执行"文字"|"区域文字选项"命令，在弹出的"区域文字选项"对话框中指定"内边距"的值，然后单击"确定"按钮即可，如图8-18和图8-19所示。

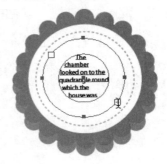

图8-17 选择文字对象　　　　图8-18 更改参数　　　　图8-19 更改"内边距"

4. 设置区域文字选项

选择文字对象，然后执行"文字"|"区域文字选项"命令，在弹出的"区域文字选项"对话框中进行更多参数的设置，如图8-20所示。

- 宽度/高度：确定对象边框的尺寸。
- 数量：指定希望对象包含的行数和列数。
- 跨距：指定单行高度和单列宽度。
- 固定：确定调整文字区域大小时行高和列宽的变化情况。勾选此复选框后，若调整区域大小，只会更改行数和栏数，而不会改变。
- 间距：指定行间距或列间距。
- 内边距：可以控制文本和边框路径之间的边距。

图8-20 区域文字选项

- 首行基线：选择"字母上缘"，字符"d"的高度降到文字对象顶部之下。选择"大写字母高度"，大写字母的顶部触及文字对象的顶部。选择"行距"，以文本的行距值作为文本首行基线和文字对象顶部之间的距离。选择"x高度"，字符"x"的高度降到文字对象顶部之下。选择"全角字框高度"，亚洲字体中全角字框的顶部触及文字对象的顶部。

- 最小值：指定文本首行基线与文字对象顶部之间的距离。
- 按行 ▦ 或按列 ▦：选择"文本排列"选项以确定行和列间的文本排列方式。

8.1.3　使用路径文字工具

路径文字是指沿路径排列的文字效果。使用"路径文字工具"可以将普通路径转换为文字路径，在文字路径上输入文字即可制作出特殊形状的路径文字效果。

1. 创建路径文字

首先需要使用"钢笔工具"或其他路径绘制工具绘制一段路径，如图8-21所示。然后使用"路径文字工具" ⏳ 在路径上单击，此时路径转换为文字路径，输入文字即可看到文字沿路径排列，如图8-22所示。

图8-21　绘制路径　　　　　　　　图8-22　创建路径文字

2. 设置路径文字选项

首先选择路径文字对象，执行"文字"|"路径文字"命令，在子菜单中可以选择不同的效果，如图8-23所示。或者执行"文字"|"路径文字"|"路径文件选项"命令，打开"路径文字选项"对话框，在"效果"下拉列表中可以选择不同的效果，在"对齐路径"下拉列表中可以指定将所有字符对齐到路径的方式，然后单击"确定"按钮，如图8-24所示。

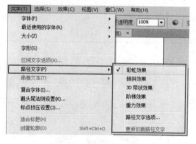

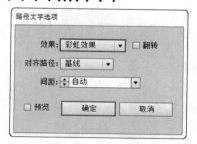

图8-23　路径文字命令　　　　　　图8-24　"路径文字选项"对话框

8.1.4　使用直排文字工具

与"文字工具"相似，"直排文字工具"也可以创建点文字和段落文字，不同的是使用"直排文字工具"创建的文字会从上至下进行排列，在换行时，下一行文字会排列在该行的左侧。使用"直排文字工具"创建点文本非常简单，单击工具箱中的"直排文字工具"按钮 ⅠＴ，在要创建的位置上单击输入文字即可，如图8-25所示。若要创建段落文本，首先需要拖动鼠标创建一个

矩形的文本框，接着在其中输入文本，如图8-26所示。

图8-25　直排点文字

图8-26　直排段落文字

8.1.5　使用直排区域文字工具

首先使用矢量工具先绘制出形状，如图8-27所示。使用"直排区域文字工具" <u>ⅠT</u> 单击该形状，将封闭路径改为文字区域，然后在文字区域中输入文字即可，如图8-28所示。

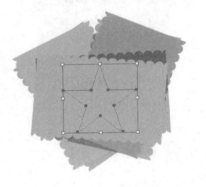

图8-27　绘制文字区域

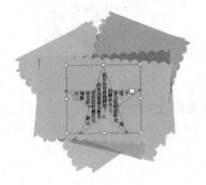

图8-28　输入文字

8.1.6　使用直排路径文字工具

与"路径文字工具"相同，"直排路径文字工具"也可以创建出沿路径排列的文字，单击工具箱中的"多边形工具"按钮 <u>◯</u>，然后在画板上绘制出一个多边形，如图8-29所示。再单击工具箱中的"直排路径文字工具"按钮 <u>↘</u>，移动指针到多边形的边缘单击并输入文字，如图8-30所示。

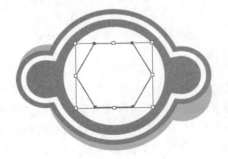

图8-29　绘制路径

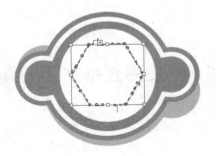

图8-30　制作路径文字

8.2 导入与导出文本

在Illustrator中，可以通过"置入"命令导入文本文件中的文字，也可将Illustrator中的文字导出指定文件类型的文档。

8.2.1 打开文本文档

执行"文件"|"打开"命令，选择要打开的文本文件，然后单击"打开"按钮，在弹出的"Microsoft Word选项"对话框中进行设置，如图8-31所示。设置完毕后单击"确定"按钮，可以在Illustrator中打开Word文档，如图8-32所示。除了.doc格式的文本文件，Illustrator还可以打开纯文本(.txt)文件。

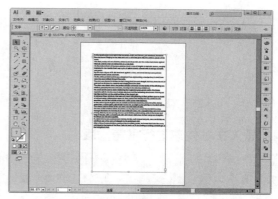

图8-31 "Microsoft Word选项"对话框   图8-32 Word文档

8.2.2 置入文本

执行"文件"|"置入"命令，选择要导入的文本文件，然后单击"置入"按钮。如果要置入的是Word文档，则单击"置入"按钮后会弹出"Microsoft Word选项"对话框，在其中可以选择要置入的文本包含哪些内容，可以勾选"移去文本格式"复选框，将其作为纯文本置入，设置完成后单击"确定"按钮，将文本导入，如图8-33所示。

如果置入的是纯文本(.txt)文件，则单击"置入"按钮后会弹出"文本导入选项"对话框，在该对话框中进行相应的设置，单击"确定"按钮将文本导入，如图8-34所示。

图8-33 "Microsoft Word选项"对话框   图8-34 "文本导入选项"对话框

▶ 8.2.3 将文本导出到文本文件

如果想要将Illustrator中的文本文字导出到文本文件中，选择要导出的文本，执行"文件"|"导出"命令，然后在"导出"对话框中选择文件位置并输入文件名，选择文本格式(TXT)作为文件格式，然后单击"保存"按钮，如图8-35所示。在弹出的"文本导出选项"对话框中选择一种平台和编码方法，并且单击"导出"按钮，如图8-36所示。

图8-35 "导出"对话框

图8-36 "文本导出选项"对话框

⬅➡ 实例：导入文本快速进行书籍排版

源 文 件：	源文件\第8章\导入文本快速进行书籍排版
视频文件：	视频\第8章\导入文本快速进行书籍排版.avi

本实例主要通过"置入"命令快速导入大量文本，并进行书籍排版，效果如图8-37所示。

本实例的具体操作步骤如下。

01 新建一个A4大小的空白文档。将素材文件夹中的"1.jpg"置入到文件中，在画板中调整其大小。

02 执行"窗口"|"文字"|"字符"命令，在弹出的"字符"面板中设置参数，如图8-38所示。单击工具箱中的"文字工具"按钮或使用快捷键T，在文档的空白处单击鼠标左键，输入文章的标题并摆放到相应位置上，如图8-39所示。

03 使用同样的方式将副标题排列在页面中，操作步骤同上。颜色填充为粉色，如图8-40所示。

图8-37 效果图

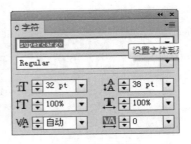

图8-38 设置参数

图8-39　文字摆放位置　　　　　　　　　　　图8-40　输入副标题

04 下面开始编辑正文部分。使用"文字工具"在页面空白处按住鼠标左键拖动出一个适当大小的文本框，如图8-41所示。

05 执行"文件"|"置入"命令，在"置入"对话框中选择素材文件"2.txt"，单击"置入"按钮后会弹出"文本导入选项"对话框，在其中单击"确定"按钮，如图8-42所示。

图8-41　绘制文本框　　　　　　　　　　　图8-42　快速导入文字

06 使用"选择工具"选择区域文字对象，然后单击所选文字对象的输出连接点⊞，指针会变成已加载文本效果🏳。将鼠标移动到右侧，在页面中进行拖动绘制出串联的文本框，如图8-43所示。

07 采用同样的方法制作出第三组文字，如图8-44所示。

图8-43　串联文本　　　　　　　　　　　图8-44　文字排版

08 选择"文字工具"，将鼠标光标放置在文字中，使用快捷键Ctrl+A将文字全选，执行"窗口"|"文字"|"字符"命令，在"字符"面板中设置字符参数，如图8-45所示。完成正文部分的编辑，如图8-46所示。

09 采用同样的方法，将副标题下方的引言部分置入到页面中进行编辑，最终效果如图8-47所示。

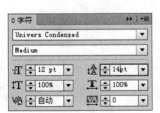

图8-45　字符参数设置

图8-46　串联文本效果

图8-47　完成效果

8.3　使用面板修改文字属性

在Illustrator中包含多个用于文字属性修改的面板，例如"字符"面板、"段落"面板、"字符样式"面板、"段落样式"面板、"制表符"面板和"OpenType"面板等。

▶ 8.3.1　使用"字符"面板

"字符"面板可用来定义页面中字符的属性。执行"窗口"|"文字"|"字符"命令或使用快捷键Ctrl+T，可以打开"字符"面板，如图8-48所示。

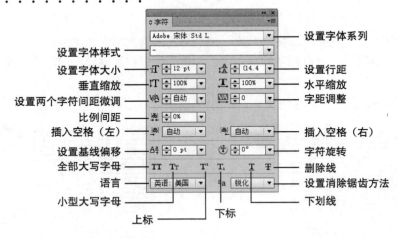

图8-48　"字符"面板

- 设置字体系列：在下拉列表中可以选择文字的字体。
- 设置字体样式：设置所选字体的字体样式。
- 设置字体大小：在下拉列表中可以选择字体大小，也可以输入自定义数字。
- 设置行距：用于设置字符行之间的间距大小。
- 水平缩放：用于设置文字的水平缩放百分比。
- 垂直缩放：用于设置文字的垂直缩放百分比。

- 设置两个字符间距微调：设置两个字符间的间距。
- 字距微调：用于设置所选字符的间距。
- 比例间距：用于设置日语字符的比例间距。
- 插入空格（左）：用于设置在字符左端插入空格。
- 插入空格（右）：用于设置在字符右端插入空格。
- 设置基线偏移：用于设置文字与文字基线之间的距离。
- 字符旋转：用于设置字符的旋转角度。
- 全部大写字母：将所选择的英文文字转换成大写字母。
- 小型大写字母：将所选择的英文文字转换为小型大写字母。
- 上标：将所选字母转换为上标。
- 下标：将所选字母转换为下标。
- 下划线：单击该按钮为所选文字添加下划线。
- 删除线：单击该按钮为所选文字添加删除线。
- 设置消除锯齿方法：可选择文字消除锯齿的方式。
- 语言：用于设置文字的语言类型。

🔍 提 示

在默认情况下，"字符"面板中只显示最常用的选项。要显示所有选项，可从面板菜单中选择"显示选项"命令。

▶ 8.3.2 使用"段落"面板

"段落"面板可以用于更改段落的对齐、缩进等选项。通过执行"窗口"|"文字"|"段落"命令或使用快捷键Ctrl+Alt+T，可以打开"段落"面板，如图8-49所示。

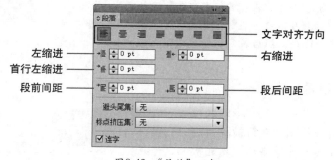

图8-49 "段落"面板

🔍 提 示

"段落"面板中通常只显示最常用的选项。要显示所有选项，可从面板菜单中选择"显示选项"命令。

1. 对齐文本

在"段落"面板中有多种对齐方式可供选择，首先将要进行对齐操作的文本框架选中。在"段落"面板或控制栏中，单击一个对齐按钮即可。如果要对文本框架中的一个段落进行对齐操作时，可以单击工具箱中的"文字工具"按钮 T，在要进行对齐的文字段落中单击，将插入符号定义在该段落。在"段落"面板或控制栏中单击一个对齐按钮，如图8-50所示。

- 左对齐▤：单击该按钮时，文字将与文本框架的左侧对齐，并在每一行中放置更多的单词。
- 居中对齐▤：单击该按钮时，文字将按照中心线的放置和文本框架对齐，将每一行的剩余空间分成两部分，分别放置到文本行的前和后，导致文本行的左右不整齐。
- 右对齐▤：单击该按钮时，文字将与文本框架的右侧对齐，并在每一行中放置更多的单词。
- 双齐末尾齐左▤：单击该按钮时，将在每行中尽量排入更多的文字，将两端和文本框架对齐，将不能排入的文字放置在最后一行中，并和文本框的左侧对齐。
- 双齐末尾居中▤：单击该按钮时，将在每行中尽量排入更多的文字，将两端和文本框架对齐，将不能排入的文字放置在最后一行中，并和文本框的中心线对齐。
- 齐末尾齐右▤：单击该按钮时，将在每行中尽量排入更多的文字，将两端和文本框架对齐，将不能排入的文字放置在最后一行中，并和文本框的右侧对齐。
- 全部强制齐行▤：单击该按钮时，文本框架中的所有文字将按照文本框架两侧进行对齐，中间通过添加字间距来填充，文字的两侧保持整齐。

图8-50　对齐方式

2. 缩进文本

缩进是指文字和段落文本边界间的间距量。缩进只影响选中的段落，因此可以很容易地为多个段落设置不同的缩进。使用"文字工具"单击要缩进的段落，然后在"段落"面板中调整适当的缩进值，如图8-51所示。

图8-51　缩进文本

- 要将整个段落缩进1派卡，在"左缩进"或"右缩进"框中键入一个值。
- 要将段落首行缩进1派卡，在"首行左缩进"框中键入一个值。
- 要创建1派卡的悬挂缩进，在"左缩进"或"右缩进"框中键入一个正值（如1p），然后在"首行左缩进"框中键入一个负值（如-1p）。

3. 避头尾法则设置

避头尾用于指定中文或日文文本的换行方式。不能位于行首或行尾的字符被称为避头尾字符。Illustrator具有严格避头尾集和宽松避头尾集；宽松避头尾集或弱避头尾集忽略长音符号和小平假名字符。

在文字段落中使用避头尾设置时，会将避头尾中涉及的符号或字符放置在行尾或行首。使用"文字工具"选中需要设置避头尾间断的文字，然后从"段落"面板菜单中选择"避头尾法则类型"命令，在子菜单中设置合适的方式即可，如图8-52所示。

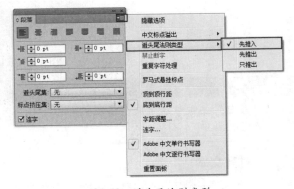

图8-52　避头尾法则类型

- 先推入：将字符向上移到前一行，以防止禁止的字符出现在一行的结尾或开头。
- 先推出：将字符向下移到下一行，以防止禁止的字符出现在一行的结尾或开头。

- 只推出：总是将字符向下移到下一行，以防止禁止的字符出现在一行的结尾或开头，不会尝试推入。

4. 标点挤压设置

"标点挤压"用于指定亚洲字符、罗马字符、标点符号、特殊字符、行首、行尾和数字之间的间距，确定其排版方式。在"段落"面板中单击"标点挤压集"按钮，执行"标点挤压设置"命令，在弹出的"标点挤压设置"对话框中单击"新建"按钮，然后输入新标点挤压集的名称，指定新集将基于的现有集，单击"确定"按钮，即可创建新的标点挤压集，如图8-53和图8-54所示。

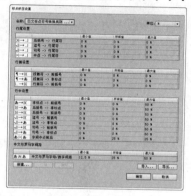

图8-53　"标点挤压设置"对话框

图8-54　"新建标点挤压"对话框

- 若要导出集，单击"导出"按钮，在弹出的"导出标点挤压设置"对话框中选择文件位置，键入文件名，然后单击"存储"按钮。Illustrator会将文件存储为MJK格式。
- 若要导入集，单击"导入"按钮，弹出"导入中外文间距组设置"对话框，选择一个MJK文件，然后单击"打开"按钮。
- 要删除某个集，可以从"标点挤压"弹出式菜单中选择该集，然后单击"删除"按钮。预定义的标点挤压集不能删除。

8.3.3　使用"字符/段落样式"面板

"字符/段落样式"面板是许多字符/段落格式属性的集合，可应用于所选的文本范围。使用字符和段落样式可节省时间，还可以确保格式的一致性。

1. 创建字符或段落样式

如果要在现有文本的基础上创建新样式，首先选择文本，然后在"字符样式"面板或"段落样式"面板中单击"创建新样式"按钮，如图8-55和图8-56所示。

若要使用自定义名称创建样式，可在"面板"菜单中选择"新建样式"命令，在弹出的对话框中输入一个名称，然后单击"确定"按钮，如图8-57所示。

图8-55　新建字符样式

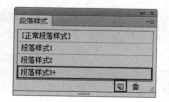

图8-56　新建段落样式

图8-57　"新建段落样式"对话框

2. 编辑字符或段落样式

在"字符样式"面板中选择需要编辑的样式，然后从"字符样式"面板菜单中选择"字符样式选项"命令，如图8-58所示。在弹出的对话框的左侧选择一类格式设置选项，并设置所需的选项。可以选择其他类别，以切换到其他格式设置选项组。设置完各选项后，单击"确定"按钮，如图8-59所示。或者从"段落样式"面板菜单中选择"段落样式选项"命令，并在弹出的对话框中进行相应的设置。

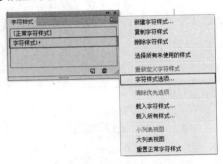

图8-58　"字符样式选项"命令

图8-59　"字符样式选项"对话框

3. 删除样式覆盖

要清除覆盖样式并将文本恢复到样式定义的外观，重新应用相同的样式，或者从面板菜单中选择"清除优先选项"命令。如果要重新定义样式并保持文本的当前外观，需要至少选择文本的一个字符，然后从面板菜单中选择"重新定义样式"命令。

8.3.4　使用"制表符"面板

制表符主要用于在不使用表格的情况下在垂直方向上按列对齐文本。执行"窗口"|"文字"|"制表符"命令，可以打开"制表符"面板，来设置段落或文字对象的制表位。在段落中插入光标，或选择要为对象中所有段落设置制表符定位点的文字对象，如图8-60所示。

图8-60　制表符

在"制表符"面板中，单击一个制表符对齐按钮，指定如何相对于制表符位置来对齐文本。

- 左对齐制表符↓：靠左对齐横排文本，右边距可因长度不同而参差不齐。
- 居中对齐制表符↓：按制表符标记居中对齐文本。
- 右对齐制表符↓：靠右对齐横排文本，左边距可因长度不同而参差不齐。
- 小数点对齐制表符↓：将文本与指定字符对齐放置。在创建数字列时，此选择尤为有用。
- X：在X框中键入一个位置，然后按Enter键。如果选定了X值，按上、下箭头键，分别增加或减少制表符的值（增量为1点）。
- 前导符：是制表符和后续文本之间的一种重复性字符模式（如一连串的点或虚线）。
- 将面板置于文本上方：单击磁铁图标，"制表符"面板将移动到选定文本对象的正上方，并且零点与左边距对齐。如有必要，可以拖动面板右下角的调整大小按钮以扩展或缩小标尺。

（1）使用"文字工具"单击要缩进的段落，然后单击"制表符"面板中的缩进标记，拖动最上方的标记，以缩进首行文本。拖动下方的标记可缩进除第一行之外的所有行，或按住Ctrl键拖动下方的标记可同时移动这两个标记并缩进整个段落。

（2）"重复制表符"命令可根据制表符与左缩进，或前一个制表符定位点间的距离创建多个制表符。首先在段落中单击以设置一个插入点。然后在"制表符"面板中，从标尺上选择一个制表位，从面板菜单中选择"重复制表符"命令，如图8-61所示。

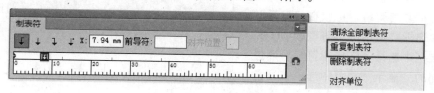

图8-61　重复制表符

8.3.5　使用"OpenType"面板

OpenType字体使用一个适用于Windows和Macintosh计算机的字体文件，因此，可以将文件从一个平台移到另一个平台，而不用担心字体替换或其他导致文本重新排列的问题。它们可能包含一些当前PostScript和TrueType字体不具备的功能，如花饰字和自由连字。

执行"窗口"｜"文字"｜"OpenType"命令，打开"OpenType"面板，来指定如何应用OpenType字体中的替代字符，如图8-62所示。

- 数字：从弹出式菜单中选择一个选项，"默认数字"为当前字体使用默认样式。"定宽，全高"使用宽度相同的全高数字。"变宽，全高"使用宽度不同的全高数字。"变宽，变高"使用宽度和高度均不同的数字。"定宽，变高"使用高度不同而固定等宽的数字。

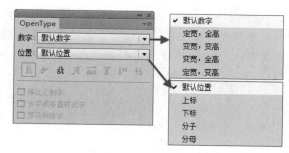

图8-62　"OpenType"面板

- 位置：在弹出式菜单中选择某一种方法，如"默认位置"、"上标"、"下标"、"分子"或"分母"。
- OpenType的特殊特征：标准连字 fi 、上下文替代字 𝒐 、自由连字 st 、花饰字 𝒜 、文体替代字 ad 、标题替代字 T 、序数字 1st 、分数字 ½ 。
- 等比公制字：使用等比公制字字体复合字符。
- 水平或垂直样式字：切换日文平假名字体，平假名字体有不同的水平和垂直字形，如气音、双子音和语音索引等。
- 罗马斜体字：将半角字母与数字更改为斜体。

8.4　编辑文字

8.4.1　字形

字形是由具有相同整体外观的字体构成的集合，它们是专为一起使用而设计的。执行"窗

口"|"文字"|"字形"命令,打开"字形"面板,在这里可以查看字体中的字形,双击即可在文档中插入特定的字形。

在左下角的"字体"下拉列表中可以选择安装系统的所有字体选项,并在上面的表格中显示出当前字体的所有字符和符号。在"字体"下拉列表右侧的"字形"下拉列表中,可以选择该字体的变形字体,如斜体、粗体、粗斜体等。通过单击"放大"和"缩小"按钮,调整表格中字符的显示尺寸。因为每一个字体中的字符和符号都非常繁多,可以在"显示"下拉列表中选择要使用的字符型选项。如果当前在文档中选择了任何字符,可通过从面板顶部的"显示"菜单中选择"当前所选字体的替代字"来显示替代字符。通过滑动右侧的滑块,寻找要使用的字符和符号,双击即可将该字符或符号输入到插入符的位置上,如图8-63所示。

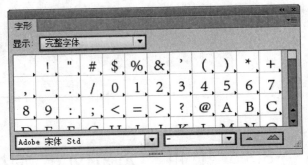

图8-63 "字形"面板

▶ 8.4.2 串接对象之间的文本

输入的区域文字或路径文字超出区域或路径的容纳量时,可以通过文本串接,将未显示完全的文字显示在其他区域,并且两个区域内的文字仍处于相互关联的状态。

1. 串接文本

使用"选择工具"选择需要串联的文字区域,执行"文字"|"串接文本"|"创建"命令,将其串联,如图8-64和图8-65所示。

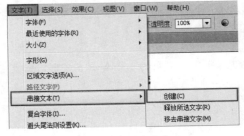

图8-64 串联文本命令

图8-65 改变串联文本框形状

当创建区域文字时,若输入的文本信息超出区域的容纳量,在文字区域右下角会出现红色的小方框⊞,表示多余的文字被隐藏。单击⊞指针会变成已加载文本效果,并在其他位置单击鼠标,就可将未显示完全的文字显示在其他区域。此时两个区域内的文字仍处于相互关联的状态,如图8-66和图8-67所示。

图8-66　选择输出连接点　　　　　　　　图8-67　串联文本

2. 删除或中断串接

　　若要中断对象间的串接，可以选择链接的文字对象，双击串接任一端的连接点即可断开文字串接，断开后文本将排列到第一个对象中，如图8-68和图8-69所示。

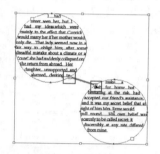

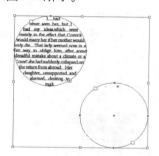

图8-68　选择连接点　　　　　　　　　　图8-69　中断串联

　　要从文本串接中释放对象，需要执行"文字"|"串接文本"|"释放所选文字"命令，文本即可排列到下一个对象中，如图8-70和图8-71所示。

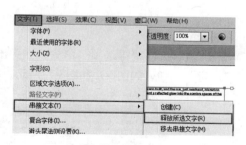

图8-70　释放命令　　　　　　　　　　　图8-71　释放串联

8.4.3　创建文本绕排

　　通过文本绕排可以将区域文本绕排在任何对象的周围，其中包括文字对象、导入的图像以及在Illustrator中绘制的对象。如果绕排对象是嵌入的位图图像，Illustrator则会在不透明或半透明的像素周围绕排文本，而忽略完全透明的像素。

1. 创建绕排文本

使用"区域文字工具"[T]制作出一段区域文本，在顶部绘制图形。接着将矢量图形移动到文字中，调整至合适大小，并将其放置在文字的上层。再单击工具箱中的"选择工具"，将文字和图像全部选取。执行"对象"|"文本绕排"|"建立"命令，弹出对话框，单击"确定"按钮，如图8-72和图8-73所示。

图8-72　放置图案位置　　　　　　　　　　图8-73　对话框

使用"选择工具"选中图形并拖动鼠标，可以任意将图形放置于文本的任何位置，随着图形位置的变化，文本排列方式也发生变化，如图8-74和图8-75所示。

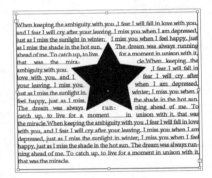

图8-74　移动图案位置1　　　　　　　　　　图8-75　移动图案位置2

2. 设置绕排选项

选择绕排对象，然后执行"对象"|"文本绕排"|"文本绕排选项"命令，在弹出的"文本绕排选项"对话框中，设置相应的数值，单击"确定"按钮，如图8-76和图8-77所示。

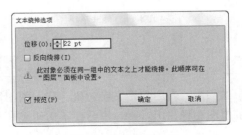

图8-76　文本绕排选项　　　　　　　　　　图8-77　文本绕排效果

- 位移：指定文本和绕排对象之间的间距大小，可以输入正值或负值。
- 反向绕排：围绕对象反向绕排文本。

8.4.4 复合字体

复合字体是一种可以将日文字体和西文字体中的字符混合起来用作一种字体的特殊字体。执行"文字"|"复合字体"命令，弹出"复合字体"对话框，在其中可以对复合字体的属性进行设置，单击"新建"按钮可以创建新的符合字体，如图8-78所示。

- 大小：字符相对于日文汉字字符的大小。即使使用相同等级的字体大小，不同字体的大小仍可能不同。
- 基线：基线相对于日文汉字字符基线的位置。
- 垂直缩放/水平缩放：指字符的缩放程度。可以缩放假名字符、半角假名字符、日文汉字字符、半角罗马字符和数字。
- 从中心缩放：缩放假名字符。选中此选项时，字符会从中心进行缩放。取消选择此选项时，字符会从罗马基线缩放。

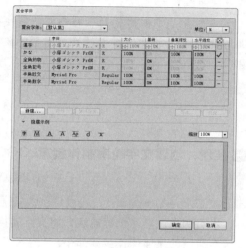

图8-78 "复合字体"对话框

> 🔍 **提 示**
>
> 复合字体显示在字体列表的起始处。复合字体必须基于日文字体。

8.4.5 适合标题

使用"适合标题"命令可以使文字对齐文字区域两端的段落。单击工具箱中的"文字工具"按钮，单击要对齐的文字，然后执行"文字"|"适合标题"命令，如图8-79和图8-80所示。

图8-79 适合标题命令

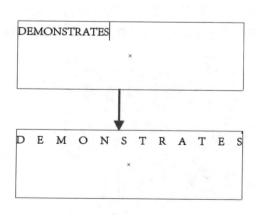

图8-80 适合标题效果

▶ 8.4.6 创建轮廓

将文字转换为轮廓就是将文字对象转换为普通的图形对象，转换后可以对其进行锚点路径级别的编辑和处理。选中需要编辑的对象，执行"文字"|"创建轮廓"命令或使用快捷键Ctrl+Shift+O，将文字对象转换为图形对象，如图8-81所示。

图8-81　转曲文字

▶ **实例：创建文字轮廓制作创意LOGO**

源 文 件：	源文件\第8章\创建文字轮廓制作创意LOGO
视频文件：	视频\第8章\创建文字轮廓制作创意LOGO.avi

本实例通过学习创建轮廓，将文字转换为普通图形后制作创意LOGO，效果如图8-82所示。本实例的具体操作步骤如下。

01 新建一个空白文档。单击工具箱中的"文字工具"按钮，在空白区域单击鼠标左键，在控制栏中设置字体和大小，填充为白色，输入文字"mood bear"，如图8-83所示。

图8-82　效果图

图8-83　输入文字

02 选中该文字，执行"文字"|"创建轮廓"命令，将文字创建轮廓，如图8-84所示。

03 将全部文字进行群组，将"Bear"移动到如图8-85所示的位置。

图8-84　将文字创建轮廓

图8-85　移动对象

04 选中文字对象，执行"窗口"|"路径查找器"命令，在"路径查找器"面板中单击"联集"按钮▣，文字相交重叠的地方会合并在一起，扩展为复合对象，如图8-86所示。

05 为该对象添加一个浅灰色描边，描边粗细为3pt，效果如图8-87所示。

图8-86　扩展复合对象

图8-87　描边效果

06 使用"钢笔工具"沿着文字的外轮廓绘制，填充深灰色，放置于文字的底部，如图8-88所示。最终效果如图8-89所示。

图8-88　绘制文字外轮廓

图8-89　完成效果

▶ 8.4.7　查找字体

　　"查找字体"命令用于查找文件中的指定字体并用其他字体替换。执行"文字"|"查找字体"命令，弹出"查找字体"对话框，在对话框最上方选择要查找的字体名称。从"替换字体来自"下拉列表中选择一个选项：选择"文档"将只列出文档中使用的字体，选择"系统"将列出计算机上的所有字体。单击"更改"按钮可以只更改当前选定的文字。单击"全部更改"按钮可以更改所有使用该字体的文字。如果文档中不再有使用这种字体的文字，其名称将会从"文档中的字体"列表中删除，如图8-90所示。

图8-90　"查找字体"对话框

🔍 提 示

在使用"查找字体"命令替换字体时，其他文字属性仍会保持原样。

▶ 8.4.8　智能标点

　　使用"智能标点"命令可以方便快捷地搜索键盘标点字符，并将其替换为相同的印刷体标点字符。

　　此外，如果字体包括连字符和分数符号，可以使用智能标点统一插入连字符和分数符号。如果要替换特定文本中的字符，而不是文档中的所有文本，选择所需的文本对象或字符，执行"文字"|"智能标点"命令，在弹出的"智能标点"对话框中进行相应的设置，如图8-91所示。

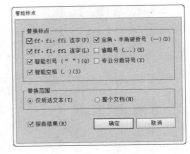

图8-91　"智能标点"对话框

▶ 8.4.9　视觉边距对齐方式

　　选中文本，执行"文字"|"视觉边距对齐方式"命令，可以控制是否将标点符号和某些字母的边缘悬挂在文本边距以外，以便使文字在视觉上呈现对齐状态。

▶ 8.4.10　显示隐藏字符

　　在设置文字格式和编辑文字时显示字符，执行"文字"|"显示隐藏字符"命令即可使选中标记表示非打印字符显示出来，如图8-92所示。

图8-92　显示隐藏字符

▶ 8.4.11　文字方向

　　若想更换文字方向，可以将要改变的文本对象选中，然后执行"文字"|"文字方向"|"横排"命令，或执行"文字"|"文字方向"|"直排"命令，即可切换文字的排列方向。

▶ 8.4.12　旧版文字

　　打开文档后，执行"文字"|"旧版文本"|"更新所有旧版文本"命令，可以更新文档中的所有旧版文本。要更新文本而不创建副本，选择文字，然后执行"文字"|"旧版文本"|"更新所选的旧版文本"命令。执行"文字"|"旧版文本"|"显示副本"或"隐藏副本"命令，用于显示或隐藏复制的文本对象。执行"文字"|"旧版文本"|"选择副本"命令，用于选择复制的文本对象。执行"文字"|"旧版文本"|"删除副本"命令，用于删除复制的文本对象。

▶ 8.4.13　查找/替换文本

　　选中需要进行查找和替换操作的文本框架，执行"编辑"|"查找和替换"命令，弹出"查找

和替换"对话框，输入要查找或替换的文本，可以在
"查找"和"替换为"选项右侧的弹出式菜单中选择
各种特殊字符，如图8-93所示。

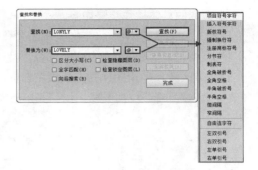

图8-93 "查找和替换"对话框

8.4.14 拼写检查

将要进行拼写检查的文本框架选中，执行"编辑"|"拼写检查"命令，弹出"拼写检查"对话框，若要设置用于单词的查找和忽略的选项，单击对话框底部的箭头图标，根据需要设置选项，然后单击"开始"按钮，即可开始进行拼写检查，如图8-94所示。

单击"忽略"或"全部忽略"按钮继续拼写检查，而不更改特定的单词。从"建议单词"列表框中选择一个单词，或在顶部的"准备开始"文本框中键入正确的单词，然后单击"更改"按钮以只更改出现拼写错误的单词。单击"全部更改"按钮更改文档中所有出现拼写错误的单词。单击"添加"按钮，指示Illustrator将可接受但未识别出的单词存储到词典中，以便在以后的操作中不再将其判断为拼写错误。

图8-94 "拼写检查"对话框

8.4.15 清理空文字

"清理空文字"命令将删除不用的文字对象，执行"对象"|"路径"|"清理"命令，在弹出的"清理"对话框中选择"空文本路径"，然后单击"确定"按钮，如图8-95所示。

图8-95 "清理"对话框

8.5 拓展练习——创建区域文字制作创意排版

源 文 件：	源文件\第8章\创建区域文字制作创意排版
视频文件：	视频\第8章\创建区域文字制作创意排版.avi

通过对区域文字的学习，本实例中将使用区域文字制作创意排版，效果如图8-96所示。

本实例的具体操作步骤如下。

01 打开素材文件"1.ai"，本实例中需要在白色区域内添加文字，如图8-97所示。

02 将文字排放区域分为左右两个部分。按快捷键P使用"钢笔工具"，沿左侧白色区域的轮廓绘制文字区域，采用同样的方法绘制右侧区域，如图8-98所示。

图8-96　效果图　　　　　　　　图8-97　效果图　　　　　　　图8-98　绘制文字区域

03 选中左侧的形状，单击工具箱中的"区域文字工具"，在左侧文字区域的左上角单击鼠标，然后执行"文件"|"置入"命令，将素材文件夹中的"2.txt"置入到形状中，如图8-99所示。

04 此时可以看到左下角形状的边缘处有一个红色的小方框⊞，表示多余的文字被隐藏，单击⊞指针会变成已加载文本效果，并在右侧的图形上单击鼠标，如图8-100所示。此时可以看到右侧出现文本，如图8-101所示。

 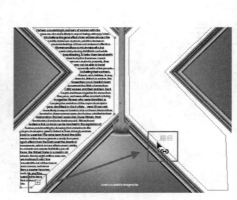 

图8-99　置入文本　　　　　　图8-100　串接文本　　　　　　图8-101　文本串接效果

05 将文字全选，执行"窗口"|"文字"|"字符"命令，在"字符"面板中设置字体，调整字符大小等参数，如图8-102所示。

06 参数设置完成后，执行"窗口"|"文字"|"段落"命令，在弹出的"段落"面板中单击"两端对齐，末行居中对齐"按钮▤，文本框中的文字会出现两端对齐、末行居中对齐的效果，如图8-103所示。

07 将文字开头的字母单独选中，然后更改字体大小为24pt，完成本实例的操作，如图8-104所示。

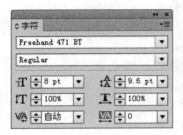

图8-102　参数设置

图8-103　段落效果

图8-104　完成效果

8.6　本章小结

"文字工具"的使用对于平面设计是至关重要的一部分，通过对本章的学习不仅需要掌握点文字、段落文字、区域文字、路径文字的创建方法，更需要熟练掌握文字样式的编辑方法以及创建文本串接、文本绕排的使用方法。

- Illustrator中包含多种用于文本输入的工具：文字工具、区域文字工具、路径文字工具、直排文字工具、直排区域文字工具、直排路径文字工具。在Illustrator中路径文字是指沿路径排列的文字效果。使用"路径文字工具"可以将普通路径转换为文字路径，在文字路径上输入文字即可制作出特殊形状的路径文字效果。
- 字形是由具有相同整体外观的字体构成的集合，它们是专为一起使用而设计的。执行"窗口"|"文字"|"字形"命令，打开"字形"面板，在这里可以查看字体中的字形，双击即可在文档中插入特定的字形。
- 通过"文本绕排"可以将区域文本绕排在任何对象的周围，其中包括文字对象、导入的图像以及在 Illustrator 中绘制的对象。如果绕排对象是嵌入的位图图像，Illustrator 则会在不透明或半透明的像素周围绕排文本，而忽略完全透明的像素。

8.7　课后习题

1. 单选题

（1）从单击位置开始，并随着字符输入沿水平或垂直线扩展是（　　）。

　　A．点文字　　　　　　　　　　B．区域文字

　　C．段落文字　　　　　　　　　D．路径文字

（2）沿开放或封闭路径的边缘排列的文字是（　　）。

　　A．点文字　　　　　　　　　　B．区域文字

　　C．段落文字　　　　　　　　　D．路径文字

2. 多选题

（1）利用对象边界来控制字符排列的是（　　）。

　　A．点文字　　　　　　　　　　　　B．区域文字

　　C．段落文字　　　　　　　　　　　D．路径文字

（2）可以将区域文本绕排在（　　）对象的周围。

　　A．文字　　　　　　　　　　　　　B．导入的图像

　　C．参考线　　　　　　　　　　　　D．绘制的图形

（3）每个区域文字对象都包含（　　）这些元素。

　　A．路径　　　　　　　　　　　　　B．输出连接点

　　C．锚点　　　　　　　　　　　　　D．输入连接点

（4）（　　）可以创建路径文字。

　　A．文字工具　　　　　　　　　　　B．路径文字工具

　　C．直排文字工具　　　　　　　　　D．直排路径文字工具

（5）将文字转换为轮廓之后下列描述正确的是（　　）。

　　A．可以设置字体　　　　　　　　　B．不能设置字号大小

　　C．变为矢量图形　　　　　　　　　D．可以进行描边颜色

（6）关于Illustrator的查找和替换功能，下列说法正确的是（　　）。

　　A．利用"编辑"｜"查找和替换"命令替换文字内容，使用"文字"｜"查找字体"命令
　　　　替换字体

　　B．利用"编辑"｜"查找和替换"命令可以替换文字内容和字体

　　C．只能替换文字内容，不能通过菜单命令替换文字字体

　　D．查找和替换命令可以应用于整个文档中的所有文字

3. 填空题

（1）Illustrator中创建文字的方法有_____种。

（2）文字要实现水平的翻转，可以通过_____工具实现。

（3）如果沿箭头方向移动沿路经排列的文本，需要移动路径上文本的_____。

4. 判断题

（1）绕排图形所在的图层要在被绕排的文本图层之上。（　　）

（2）同时选中图形和文本，然后再单击图形，可以指定其为绕排对象，然后用命令创建文本绕图。（　　）

（3）图形内的文字是通过区域文本输入工具让文本填充在图形边界内，并可以随形状变化而自动换行。（　　）

5. 上机操作题

练习使用文字工具创建多种类型的文字，并通过"字符"面板和"段落"面板修改文字属性。

第9章
使用符号对象

在Illustrator中引入了"符号"这一概念，符号在Illustrator中是指在文档中可以重复使用的对象。每个"符号"实例都链接到"符号"面板中的符号或符号库。而将"符号"应用到画面中就需要使用到"符号喷枪工具"，可快捷方便地将大量相同的对象添加到画板上。

学习要点

- 使用"符号"面板
- 使用符号库
- 使用符号工具

9.1 使用"符号"面板

执行"窗口"|"符号"命令或使用快捷键Ctrl+Shift+F11，可打开"符号"面板，在该面板中可以选择不同的符号，还可用于载入符号、创建符号、应用符号以及编辑符号，如图9-1所示。

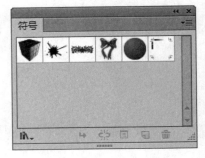

图9-1 "符号"面板

- 符号库菜单 **IN.**：单击即可打开符号库菜单。
- 置入符号实例 **➡**：单击即可将选中符号置入到文档中。
- 断开符号链接 **⇔**：单击即可断开符号与符号库之间的链接。
- 符号选项 **▤**：单击即可打开符号选项窗口并进行设置。
- 新建符号 **▣**：单击即可将当前所选对象新建为符号。
- 删除符号 **🗑**：单击即可删除所选符号。

▶ 9.1.1 更改"符号"面板的显示效果

单击面板右侧的符号菜单按钮 **▼☰**，在面板菜单中有"缩览图视图"、"小列表视图"和"大列表视图"三种视图方式可选，如图9-2所示。

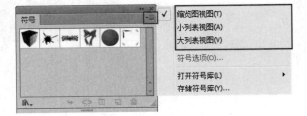

图9-2 更改视图

- 缩览图视图：使用该选项可以显示符号缩览图，也是默认的显示方式。
- 小列表视图：使用该选项显示带有小缩览图的命名符号的列表。
- 大列表视图：使用该选项显示带有大缩览图的命名符号的列表。

▶ 9.1.2 使用"符号"面板置入符号

在"符号"面板或符号库中可以直接将符号置入到文件中。选中某一符号，单击"置入符号实例"按钮，即可将所选择的符号置入到面板中，或者直接将符号拖动到面板的相应位置，如图9-3所示。

图9-3 置入符号

▶ 9.1.3 创建新符号

选中要用作符号的对象，然后单击"符号"面板中的"新建符号"按钮，可将图稿直接拖动到"符号"面板中，如图9-4所示。在弹出的"符号选项"对话框中可以对新建符号的名称类型等参数进行相应的设置，接着在"符号"面板中会出现一个新符号，如图9-5所示。

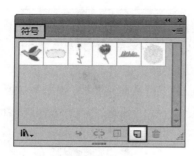

图9-4　新建符号

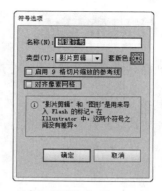

图9-5　"符号选项"对话框

- 名称：设置新符号的名称。
- 类型：选择作为影片剪辑或图形的符号类型。"影片剪辑"在Flash和Illustrator中是默认的符号类型。
- 套版色：在注册网格上指定要设置符号锚点的位置。锚点位置将影响符号在屏幕坐标中的位置。
- 启用9格切片缩放的参考线：如果要在Flash中使用9格切片缩放，可勾选该复选框。
- 对齐像素网格：对符号应用像素对齐属性。

> **提　示**
>
> 位图也可以被定义为符号，导入位图素材后，需要在控制栏中单击"嵌入"按钮，然后按照上述创建新符号的方式即可将位图定义为符号使用。

▶ 9.1.4　断开符号链接

在Illustrator中符号对象是不能够直接进行路径编辑的，若要编辑符号，断开符号链接即可将符号转换为可以编辑操作的路径。选择一个或多个符号实例，单击"符号"面板或"控制"面板中的"断开符号链接"按钮，或从面板菜单中选择"断开符号链接"命令，如图9-6和图9-7所示。

另外，将符号"扩展"后也可以编辑符号。选中对象后执行"对象"|"扩展"命令，并在打开的"扩展"对话框中选择需要扩展的对象，单击"确定"按钮完成操作，如图9-8所示。

图9-6　断开链接1

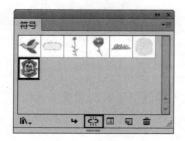

图9-7　断开链接2

图9-8　"扩展"对话框

9.2 使用符号库

符号库是预设符号的集合。在"符号"面板中单击"符号库菜单"按钮，可以在弹出的菜单中进行选择，可以打开其他的符号库。单击"加载上/下一个符号库"按钮可以在相邻的符号库之间进行切换，如图9-9所示。打开符号库符号将显示在新面板中，执行"窗口"|"符号库"命令，在子菜单中选择需要的符号库命令，即可打开相应的"符号库"面板，如图9-10所示。

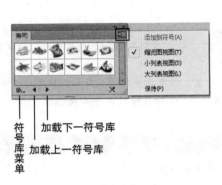

符号库菜单
加载下一符号库
加载上一符号库

图9-9 "符号"面板

图9-10 符号库按钮

> **提示**
>
> 如果想要导入其他的符号库素材，可以执行"窗口"|"符号库"|"其他库"命令或从"符号"面板菜单中选择"打开符号库"|"其他库"命令，然后选择要从中导入符号的文件，单击"打开"按钮，导入的符号将显示在符号库面板中。

9.3 使用符号工具

Illustrator中的"符号工具组"中包含8种工具，不仅用于将符号置入到画面上，还包括多种用于调整符号间距、大小、颜色、样式的工具，如图9-11所示。

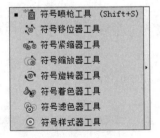

图9-11 符号工具组

▶ 9.3.1 符号喷枪工具

使用"符号喷枪工具"可以方便快捷地将相同或不同的符号实例放置到画板中。

1. 创建符号实例

首先选择一个符号，单击工具箱中的"符号喷枪工具"按钮，然后在相应位置上单击或拖动鼠标，按住鼠标左键的时间越长，符号的数量就会越多，如图9-12所示。

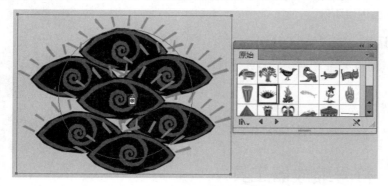

图9-12　符号实例

2. 添加或删除符号实例

若要在现有组中添加或删除符号实例，首先在"符号"面板中选择一个符号。选择现有符号集，然后单击工具箱中的"符号喷枪工具"按钮，在要添加的区域单击或拖动即可添加新符号实例。若删除实例，按住Alt键单击或拖动要删除的实例，即可删除符号实例。

> 🔍 **提　示**
>
> 双击工具箱中的"符号工具"按钮，可以弹出"符号工具选项"对话框，在其中可以对"直径"、"强度"和"密度"等常规选项进行设置。

▶ 9.3.2　符号移位器工具

使用"符号移位器工具"可以更改符号组中符号实例的位置和堆叠顺序。

1. 移动对象

使用"符号移位器工具"可以移动符号组的符号实例位置。首先需要选中要调整的实例组，单击工具箱中的"符号移位器工具"按钮，按住鼠标左键单击，并向相应的位置拖动鼠标即可，如图9-13所示。

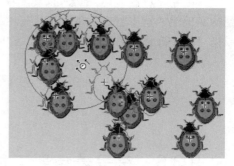

2. 更改符号堆叠顺序

图9-13　使用"符号移位器工具"

若想更改符号的堆叠顺序，要向前移动符号实例，需要按住Shift键单击符号实例。要将符号实例排列顺序后置，需要按住Alt键和Shift键并单击符号实例。

▶ 9.3.3　符号紧缩器工具

"符号紧缩器工具"可以使符号实例更集中或更分散。

1. 使符号靠近

首先选中要调整的符号实例组，单击工具箱中的"符号紧缩器工具"按钮，然后在希望

距离靠近的符号实例的区域单击或拖动，即可使这部分符号实例靠近，如图9-14所示。

2. 使符号远离

如果按住Alt键并单击或拖动，可以使这部分符号实例相互远离。

图9-14　使用"符号紧缩器工具"

9.3.4　符号缩放器工具

"符号缩放器工具" 可以调整符号实例的大小。首先选中要调整的符号实例组，单击工具箱中的"符号缩放器工具"按钮，然后单击或拖动要增大符号实例大小的区域，即可将该部分符号增大。如果按住Alt键，单击或拖动可以减小符号实例大小。按住Shift键单击或拖动，可以在缩放时保留符号实例的密度，如图9-15所示。

图9-15　使用"符号缩放器工具"

9.3.5　符号旋转器工具

"符号旋转器工具" 可以旋转符号实例。保持要调整的实例组的选中状态，单击工具箱中的按钮，然后单击或拖动希望符号实例朝向的方向，如图9-16所示。

图9-16　使用"符号旋转器工具"

9.3.6　符号着色器工具

"符号着色器工具" 可以将文档中所选的符号进行着色。保持要调整的实例组的选中状态，选择相应颜色。单击工具箱中的"符号着色器工具"按钮，单击或拖动要使用上色颜色着色的符号实例，上色量逐渐增加，符号实例的颜色逐渐更改为选定的上色颜色，如图9-17所示。如果按住Alt键，并单击或拖动以减少着色量并显示更多原始符号颜色。

图9-17　使用"符号着色器工具"

▶ 9.3.7 符号滤色器工具

"符号滤色器工具" 🔘 可以改变文档中所选符号的不透明度。保持要调整的实例组的选中状态，单击工具箱中的"符号滤色器工具"按钮 🔘，在符号上单击或拖动使其变为透明效果，如图9-18所示。如果按住Alt键并单击或拖动，可以减少符号透明度，使其变得更不透明。

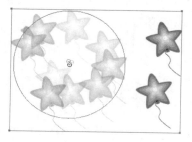

图9-18 使用"符号滤色器工具"

▶ 9.3.8 符号样式器工具

"符号样式器工具" 🔘 可以配合"图形样式"面板使用在符号实例上添加或删除图形样式。

首先，执行"窗口"|"图形样式"命令，打开"图形样式"面板，保持要调整的实例组的选中状态。然后单击工具箱中的"符号样式器工具"按钮，然后在"图形样式"面板中选择一个图形样式，如图9-19所示。最后在要进行附加样式的符号实例对象上单击并按住鼠标左键，在符号中即可出现样式效果，如图9-20所示。

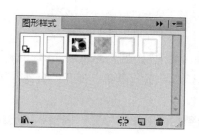

图9-19 选择图形样式

图9-20 效果

9.4 拓展练习——使用符号制作树叶相框

源 文 件：	源文件\第9章\使用符号制作树叶相框
视频文件：	视频\第9章\使用符号制作树叶相框.avi

本实例通过"符号"面板与"符号工具"的配合使用，制作出树叶相框，效果如图9-21所示。

本实例的具体操作步骤如下。

01 在空白文档中绘制一个矩形。

02 选中矩形，按下快捷键Ctrl+C进行复制，再次按下快捷键Ctrl+F粘贴在前面。将贴在前面的矩形进行等比例缩放，摆放在中间，如图9-22所示。

图9-21 效果图

03 同时选中两个矩形，执行"窗口"|"路径查找器"命令，在"路径查找器"面板中单击"减去顶层"按钮，得到如图9-23所示的效果。

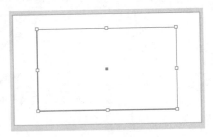

图9-22　缩放矩形

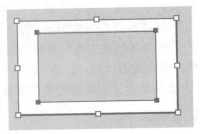

图9-23　复合路径

04 选中该图形，执行"效果"|"风格化"|"外发光"命令，打开"外发光"对话框，设置参数如图9-24所示。单击"确定"按钮，相框轮廓效果如图9-25所示。

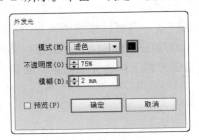

图9-24　参数设置

图9-25　完成效果

05 为相框添加树叶装饰。执行"窗口"|"符号"命令或使用快捷键Ctrl+Shift+F11，打开"符号"面板，单击符号库菜单，在出现的菜单中选择"自然"命令，打开"自然"符号面板，单击选中"大枫叶"，如图9-26所示。

06 使用鼠标选中"大枫叶"符号，并将该符号拖动到相框所在的位置，调整其大小到适合相框的比例，如图9-27所示。

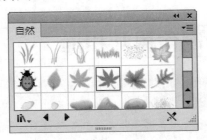

图9-26　"自然"面板

图9-27　将符号添加到相框中

07 可以将"自然"符号面板中的其他树叶形状的符号，以同样的方式添加到画布中，如图9-28所示。

08 也可以单击工具箱中的"符号喷枪工具"，选择合适的符号，在相框四周进行涂抹，并使用符号工具组中的"符号位移器工具"调整符号位置，使用"符号缩放器工具"调整符号大小，效果如图9-29所示。

09 置入素材文件"1.ai"，将图片调整到适合相框的

图9-28　添加其他符号

大小，按快捷键Ctrl+Shift+]将图片置于最低层，完成本实例的操作，如图9-30所示。

图9-29　摆放符号

图9-30　置入图片

9.5　本章小结

　　"符号"是Illustrator特有的内容之一，使用符号可以在不增加过多的文件大小的情况下创建更多的对象以丰富画面效果。通过本章的学习需要掌握使用多种符号工具创建并编辑符号。

- 执行"窗口"｜"符号"命令或使用快捷键Ctrl+Shift+F11，可打开"符号"面板，在"符号"面板中可以选择不同的符号，还可用于载入符号、创建符号、应用符号以及编辑符号。
- 单击面板右侧的符号菜单按钮，在面板菜单中有"缩览图视图"、"小列表视图"和"大列表视图"三种视图方式可选。
- 在"符号"面板或符号库中可以直接置入符号到文件中。选中某一符号，单击"置入符号实例"按钮，即可将所选择的符号置入到面板中，或者直接将符号拖动到面板的相应位置。
- 符号库是预设符号的集合。在"符号"面板中单击"符号库菜单"按钮，可以在弹出的菜单中进行选择，可以打开其他的符号库。单击"加载上/下一个符号库"按钮可以在相邻的符号库之间进行切换，打开的符号库符号将显示在新面板中。执行"窗口"｜"符号库"命令，在子菜单中选择需要的符号库命令，即可打开相应的"符号库"面板。

9.6　课后习题

1. 单选题

（1）在文档中可重复使用的图稿对象称为（　　）。

    A．符号　　　　　　　　　　　　B．图表

    C．框架　　　　　　　　　　　　D．图标

（2）（　　）工具用于为符号实例应用不透明度。

    A．符号着色器　　　　　　　　　B．符号滤色器

    C．符号缩放器　　　　　　　　　D．符号喷枪

（3）如果想要断开符号链接，可以单击"符号"面板上的（　　）按钮。

    A．　　　　　　　　　　　　　　B．

    C．　　　　　　　　　　　　　　D．

（4）在画板中的任何位置置入的单个符号称为（　　　）。

A．对象 B．框架

C．图形 D．实例

2．填空题

（1）如果想要使符号实例相互远离，可以单击工具箱中的"符号紧缩器工具"按钮，按住_____键并单击或拖动。

（2）从_____面板可以调用预设符号。

3．判断题

（1）在"符号"面板或符号库中不可以直接置入符号到文件中。（　　　）

（2）使用"符号移位器工具"可以更改符号组中符号实例的位置和堆叠顺序。（　　　）

（3）在使用符号工具时，可随时按"["键以减小画笔直径。（　　　）

4．上机操作题

使用多种符号工具制作漫天花雨，如图9-31所示。

图9-31　绘制效果

第 **10** 章
创建与编辑图表

图表是平面设计中很常见的对象，在Illustrator中提供了创建多种类型图表的工具。使用这些工具可以根据需要轻松地创建各种类型的图表，以便更好地表现各种数据。

学习要点

- 了解图表
- 使用图表工具

- 创建图表
- 自定义图表工具

如图10-1和图10-2所示为使用创建图表制作的作品。

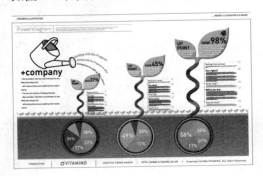

图10-1 作品1

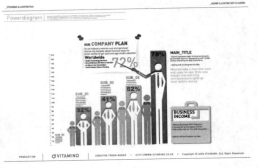

图10-2 作品2

10.1 了解图表

▶ 10.1.1 输入图表数据

1. 认识图表数据窗口

"图表数据"窗口用来输入图表的数据。使用图表工具时会自动显示"图表数据"窗口，也可以执行"对象"|"图表"|"数据"命令，显示"图表数据"窗口，除非将其关闭，否则此窗口将保持打开状态，如图10-3所示。

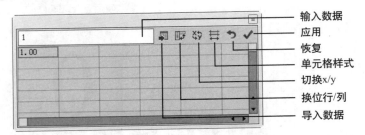

图10-3 输入图表数据窗口

- 单击将成为导入数据的左上单元格的单元格，然后单击"导入数据"按钮，并选择文本文件。
- 如果不小心输反图表数据（即在行中输入了列的数据，或者相反），则单击"换位"按钮以切换数据行和数据列。
- 要切换散点图的x轴和y轴，单击"切换X/Y"按钮。
- 单击"应用"按钮，或者按住Enter键，以重新生成图表。

2. 使用图表标签

标签是说明下面两方面的文字或数字的，对于柱形、堆积柱形、条形、堆积条形、折线、面积和雷达图，可以在工作表中输入标签。如果希望Illustrator为图表生成图例，那么删除左上单元格的内容并保留此单元格为空白，如图10-4所示。

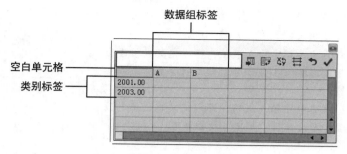

图10-4　图表标签

10.1.2　创建图表

使用图表工具组中的工具可以轻松快捷地创建图表。以柱形图为例，单击工具箱中的"柱形图工具"按钮 ，在画板中拖动绘制出一个矩形，松开鼠标，在弹出的"图标数据"对话框中输入图表的数据，如图10-5所示。

在相应的单元格上单击，并且在顶部的文本框中输入相应名称或数据即可完成操作，如图10-6所示。

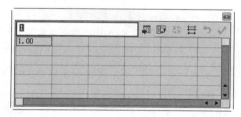

图10-5　数据窗口

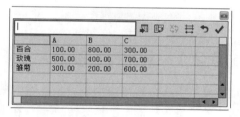

图10-6　输入数据

单击"图表数据"对话框中的"应用"按钮 ，并单击关闭，图表效果如图10-7所示。

使用"直接选择工具"在画板中同时选中黑色的数值轴及图例，调出"颜色"面板，设置一种颜色，然后使用同样的方法在其他数值轴和图例上填充其他颜色，如图10-8所示。

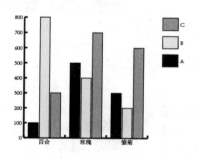

图10-7　图表效果

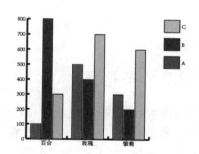

图10-8　彩色图表效果

10.1.3　调整列宽或小数精度

调整列宽只可用来在列中查看更多或更少的数字。由于默认值为2位小数，在单元格中输入的数字4在"图表数据"窗口框中显示为4.00；在单元格中输入的数字1.55823显示为1.56。

通过单击"单元格样式"按钮囲，然后弹出"单元格样式"对话框，对其进行相应的设置，如图10-9所示。

- 在"小数位数"文本框中输入数值，可以定义数值小数的位置，如果没有输入小数部分，软件将会自动添加相应位数的小数。
- 在"列宽度"文本框中输入数值，可以定义单元格的位数宽度，设置完毕后单击"确定"按钮即可。

图10-9　"单元格样式"对话框

10.2　使用图表工具

在Adobe Illustrator中，可以创建9种不同类型的图表并自定义这些图表以满足需要。单击并按住工具箱中的图表工具可查看创建的所有不同类型的图表，如图10-10所示。

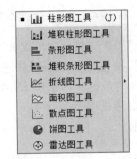

图10-10　图表工具

▶ 10.2.1　堆积柱形图

堆积柱形图表类型可用于表示部分和总体的关系。单击工具箱中的"堆积柱形图工具"按钮囲，在画板中拖动绘制出一个矩形，松开鼠标时，弹出"图标数据"对话框，在该对话框的图表中输入相应的数据，然后单击"图表数据"对话框中的"应用"按钮☑即可。按住Shift键可将图表限制为一个正方形，如图10-11所示。

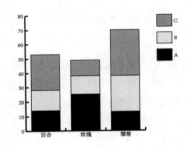

图10-11　堆积柱形图

▶ 10.2.2　条形图

单击工具箱中的"条形图工具"按钮囲，在画板中拖动绘制出一个矩形，松开鼠标时，在弹出的"图标数据"对话框中输入相应的数据，然后单击"应用"按钮☑，完成条形图的绘制，如图10-12所示。

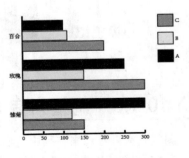

图10-12　条形图

▶ 10.2.3 堆积条形图

单击工具箱中的"堆积条形图工具"按钮▣，在画板中拖动绘制出一个矩形，松开鼠标时，在弹出的"图标数据"对话框中输入相应的数据，然后单击"应用"按钮☑，完成堆积条形图的绘制，如图10-13所示。

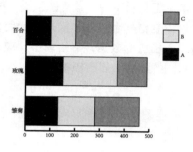

图10-13 堆积条形图

▶ 10.2.4 折线图

折线图工具创建的图表使用点来表示一组或多组数值，并且对每组中的点都采用不同的线段来连接。

单击工具箱中的"折线图工具"按钮☒，在画板中拖动绘制出一个矩形，松开鼠标时，在弹出的"图标数据"对话框中输入相应的数据，然后单击"应用"按钮☑，完成折线图的绘制，如图10-14所示。

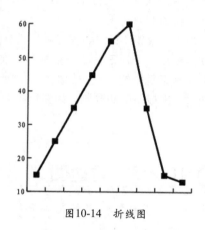

图10-14 折线图

▶ 10.2.5 面积图

面积图工具创建的图表更适合强调数值的整体和变化情况。

单击工具箱中的"面积图工具"按钮☒，在画板中拖动绘制出一个矩形，松开鼠标时，在弹出的"图标数据"对话框中输入相应的数据，然后单击"应用"按钮☑，完成面积图的绘制，如图10-15所示。

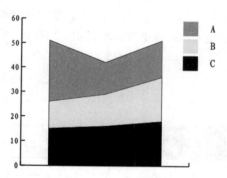

图10-15 面积图

▶ 10.2.6 散点图

散点图工具创建的图表沿 x 轴和 y 轴将数据点作为成对的坐标组进行绘制。散点图不仅可用于识别数据中的图案或趋势，还可表示变量是否相互影响。

单击工具箱中的"散点图工具"按钮，在画板中拖动绘制出一个矩形，松开鼠标后，在弹出的对话框中输入相应的数据，然后单击"应用"按钮，完成散点图的绘制，如图10-16所示。

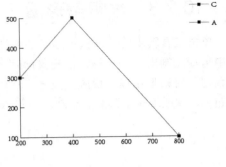

图10-16　散点图

10.2.7　饼图

饼图工具可创建圆形图表，它的楔形表示所比较的数值的相对比例。

单击工具箱中的"饼图工具"按钮，在画板中拖动绘制出一个饼形，松开鼠标时，在弹出的"图标数据"对话框中输入相应的数据，然后单击"应用"按钮，完成饼图的绘制，如图10-17所示。

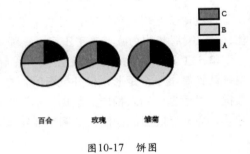

图10-17　饼图

10.2.8　雷达图

雷达图工具创建的图表可在某一特定时间点或特定类别上比较数值组，并以圆形格式表示。单击工具箱中的"饼图工具"按钮，在画板中拖动绘制出一个矩形，松开鼠标时，在弹出的"图标数据"对话框中输入相应的数据，然后单击"应用"按钮，完成雷达图的绘制，如图10-18所示。

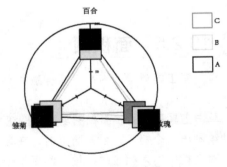

图10-18　雷达图

10.3　创建图表

当创建图表后，可以使用多种方法来设置图表的格式，设置方法包括改变图表轴的外观和位置、添加投影、移动图例、组合显示不同的图表类型等。

10.3.1　定义坐标轴

除了饼图之外，所有的图表都有显示图表的测量单位的数值轴。可以选择在图表的一侧显示数值轴或者两侧都显示数值轴。在图表中定义数据类别的类别轴，可以控制每个轴上显示多少个刻度线，改变刻度线的长度，并将前缀和后缀添加到轴上的数字。

首先使用"选择工具"选择图表，然后执行"对象"|"图表"|"类型"命令或者双击工具箱中的图表工具。要更改数值轴的位置，选择"数值轴"菜单中的选项，如图10-19所示。

要设置刻度线和标签的格式，从对话框顶部的弹出菜单中选择一个数值轴，如图10-20所示。

图10-19 "图表类型"对话框

图10-20 数值轴设置

- 刻度值：确定数值轴、左轴、右轴、下轴或上轴上的刻度线的位置。勾选"忽略计算出的值"复选框以手动计算刻度线的位置。创建图表时接受数值设置或者输入最小值、最大值和标签之间的刻度数量。
- 刻度线：确定刻度线的长度和个刻度线/刻度的数量。
- 添加标签：确定数值轴、左轴、右轴、下轴或上轴上的数字的前缀和后缀。例如，可以将美元符号或百分号添加到轴数字。

10.3.2 不同图表类型的互换

选择图表，双击工具箱中的图表工具或者执行"对象"|"图表"|"类型"命令，在打开的"图表类型"对话框中，单击与所需图表类型相对应的按钮，然后单击"确定"按钮，如图10-21所示。

> 🔍 **提 示**
>
> 一旦用渐变的方式对图表对象进行上色，更改图表类型就会导致意外的结果。要防止不需要的结果，直到图表结束再应用渐变，或使用"直接选择工具"选择渐变上色的对象，并用印刷色上色这些对象，然后重新应用原始渐变。

图10-21 图表类型互换

10.3.3 常规图表选项

通过双击工具箱中的图表工具，然后在弹出的"图表类型"对话框中进行相应的设置，单击"确定"按钮，如图10-22所示。

- 数值轴：确定数值轴（此轴表示测量单位）出现的位置。
- 添加投影：在图表中对柱形、条形或线段后面和对整个饼图应用投影，如图10-23所示。

图10-22 常规图表选项

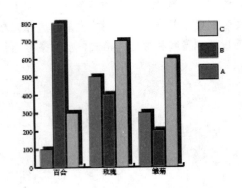

图10-23 为图表添加投影

- 在顶部添加图例：在图表顶部而不是图表右侧水平显示图例。
- 第一行在前："簇宽度"大于100%时，可以控制图表中数据的类别或群集重叠的方式。使用柱形或条形图时此选项最有帮助。
- 第一列在前：在顶部的"图表数据"窗口中放置与数据第一列相对应的柱形、条形或线段。该选项还确定"列宽"大于100%时，柱形和堆积柱形图中哪一列位于顶部；以及"条宽"大于100%时，条形和堆积条形图中哪一列位于顶部。
- 选项：设置不同的图表类型的参数。不同的图表类型参数也不相同。

🔍 **提 示**

可以在图表中的柱形、条形或线段后面应用投影，也可以对整个饼图应用投影。使用"选择工具"选择图表，执行"对象"|"图表"|"类型"命令或者双击工具箱中的图表工具，在"图表类型"对话框中选择"添加投影"，然后单击"确定"按钮。

➡ 实例：使用柱形图创建简单图表

源 文 件：	源文件\第10章\使用柱形图创建简单图表
视频文件：	视频\第10章\使用柱形图创建简单图表.avi

通过图表工具的使用，本实例中将使用柱形图创建简单图表，效果如图10-24所示。

本实例的具体操作步骤如下。

01 新建一个空白文档，将素材文件"1.jpg"置入到文件中，调整其大小和位置，如图10-25所示。

02 单击"堆积柱形图工具"按钮，按住鼠标左键在画面空白处拖动绘制堆积柱形图，如图10-26所示。

03 松开鼠标按键时，弹出"图标数据"对话框，在该对话框的图表中输入相应的参数，如图10-27所示，然后单击"图表数据"对话框中的"应用"按钮☑。

图10-24 效果图

图10-25　置入图片

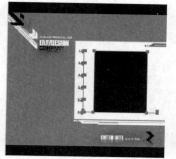

图10-26　绘制堆积柱形图

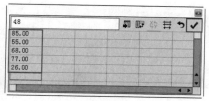

图10-27　输入参数

04 此时的堆积柱形图效果如图10-28所示。

05 使用"选择工具"在页面中对堆积柱形图进行调整，完成本实例的操作，如图10-29所示。

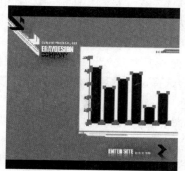

图10-28　堆积柱形图效果

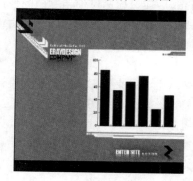

图10-29　完成效果

10.4　自定义图表工具

在Illustrator中可以对图表进行自定义，例如更改底纹的颜色，更改字体和文字样式，移动、对称、切变、旋转或缩放图表的任何部分或所有部分，或自定列和标记的设计，还可以对图表应用透明、渐变、混合、画笔描边、图表样式和其他效果。

▶ 10.4.1　改变图表中的部分显示

在一个图表组合中可以显示不同的图表类型。例如让一组数据显示为柱形图，而其他数据组显示为折线图。除了散点图之外，可以将任何类型的图表与其他图表组合。

选择绘制好的柱形图，单击工具箱中的"编组选择工具"按钮，然后单击要更改图表类型的数据的图例。在不移动图例的"编组选择工具"指针的情况下，再次单击选定用图例编组的所有柱形，如图10-30所示。执行"对象"|"图表"|"类型"命令或者双击工具箱中的图表工具，在弹出的"图表类型"对话框中选择"折线图"，单击"确定"按钮，如图10-31所示，效果如图10-32所示。

> 🔍 提　示
>
> 若要取消选择选定组的部分，可使用"直接选择工具"，并在按住Shift键的同时单击对象，即可取消对象。

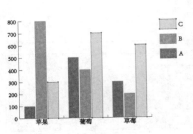

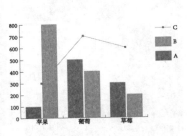

图10-30 选择图表　　　　　　图10-31 修改图表类型　　　　　　图10-32 图表效果

▶ 10.4.2 定义图表图案

　　在Illustrator中还可以通过使用其他图形进行图表设计，在"符号"面板中选择一个图案，并将该图案拖动到面板中，松开鼠标，单击右键，执行快捷菜单中的"断开符号链接"命令，使符号变为一个图形，如图10-33所示。

　　接着绘制一个矩形框，填充和描边为"无"，此矩形是图表设计的边界。再使用"钢笔工具"绘制一条水平线段来定义伸展或压缩设计的位置。选择设计的所有部分，执行"对象"|"编组"命令，将设计编组，如图10-34所示。

　　使用"直接选择工具"选择水平线段，执行"视图"|"参考线"|"建立参考线"命令，将水平线段转换为参考线，并将该参考线锁定，如图10-35所示。

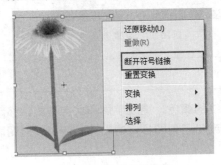

图10-33 断开符号连接　　　　图10-34 编辑的对象　　　　图10-35 设置参考线

　　使用"选择工具"选择整个设计，执行"对象"|"图表"|"设计"命令，弹出"图表设计"对话框，单击"新建设计"按钮，如图10-36所示。所选设计的预览将会显示。单击"重命名"按钮，在弹出的对话框中输入"花朵"，如图10-37所示。

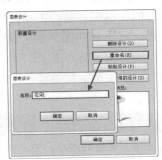

图10-36 "图表设计"对话框　　　　　　图10-37 重命名图表设计

10.4.3 使用图案来表现图表

图表图案定义完成后，可以将图案应用到图表中。首先绘制出一个图表，如图10-38所示。选中该图表，执行"对象"|"图表"|"柱形图"命令，弹出"图表列"对话框，在"选取列设计"列表框中选择"花朵"，在"列类型"下拉列表中选择"垂直缩放"选项，如图10-39所示。单击"确定"按钮，列表效果如图10-40所示。

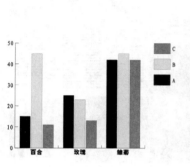

图10-38 绘制图表

图10-39 输入参数

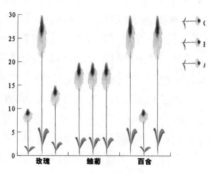

图10-40 制作图表

10.4.4 设计标记

在画板上选中要作为设计的图形对象，可以是任意对象，但是不能包含图表对象。执行"对象"|"图表"|"设计"命令，在弹出的对话框中单击"新建设计"按钮，所选设计的预览将会显示，最后单击"确定"按钮，如图10-41所示。

使用"编组选择工具"选择要用设计取代的图表中的标记和图例，不要选择任何线段。执行"对象"|"图表"|"标记"命令，选择一个设计，然后单击"确定"按钮，如图10-42和图10-43所示。

图10-41 "图表设计"对话框

图10-42 选择"图表标记"

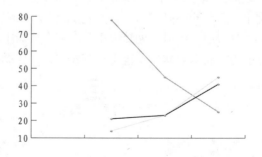

图10-43 效果

提 示

若要取消选择选定的组的部分，使用"直接选择工具"并在按住Shift键的同时单击对象，即可取消对象。

10.5 拓展练习——创建带有图表的企业画册

源 文 件：	源文件\第10章\创建带有图表的企业画册
视频文件：	视频\第10章\创建带有图表的企业画册.avi

通过对本章的学习，本实例使用图表工具制作企业画册，效果如图10-44所示。

本实例的具体操作步骤如下。

01 创建一个宽420mm、高297mm的新建文档，使用快捷键Ctrl+R调出标尺，将鼠标指针放置在左侧标尺上，按住鼠标左键进行拖动，拖动出一根垂直参考线。结合标尺，将参考线放置在页面的中心位置，将页面划分为左右两个部分。确定参考线位置后按快捷键Ctrl+2锁定参考线，如图10-45所示。

图10-44　效果图

02 将素材文件"1.jpg"、"2.jpg"、"3.jpg"置入到文件中，调整大小后摆放到相应位置，如图10-46所示。

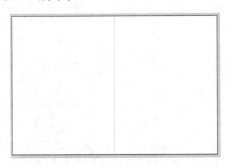

图10-45　新建文档

图10-46　放置图片

03 使用"矩形工具"绘制一个矩形，填充为蓝色，单击"文字工具"，在空白处单击鼠标左键输入文字"The immortal"，输入完成后将文字调整到适合矩形大小，放置在矩形中间进行群组，然后将群组后的对象调整大小并放置在页面中，如图10-47所示。

04 以同样的方法将页面其他小段文字制作出来，并调整至相应的位置，如图10-48所示。

图10-47　摆放文字

图10-48　制作文字

05 制作左侧页面中的段落文字，单击工具箱中的"文字工具"，在页面左侧空白位置绘制一个矩形文本框，并输入文字，如图10-49所示。

06 继续使用"文字工具"在右侧的空白处拖动出一个文本框，执行"文件"|"置入"命令，将素材文件"1.doc"置入到文本框中，并将其分为三栏，如图10-50所示。

07 下面开始绘制饼形图。单击工具箱中的"饼形工具"，在右侧版面的上方空白处绘制一个适当大小的饼形图。松开鼠标按键后，在弹出的对话框中设置参数，如图10-51所示。

图10-49 摆放文字　　　　图10-50 段落文字

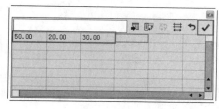

图10-51 饼形图参数

08 参数设置完成后，使用"直接选择工具"为饼形图的三个部分填充三种不同颜色的蓝色，并在饼形图中进行标注，如图10-52所示。

09 单击"堆积柱形图工具"按钮，在版面右侧下角按住鼠标左键在画面空白处拖动绘制堆积柱形图，松开鼠标后在对话框中输入参数，如图10-53所示。

10 参数设置完成后，使用"直接选择工具"为堆积柱形图填充不同深度的蓝色，最终效果如图10-54所示。

图10-52 创建饼形图

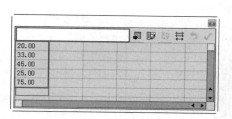

图10-53 堆积柱形图参数

图10-54 堆积柱形图摆放位置

10.6 本章小结

在Illustrator中包含多种图表工具，通过这些工具的使用可以轻松地创建出多种类型的图标，

并通过菜单命令的使用可以轻松地对图表的参数进行控制。

- "图表数据"窗口用来输入图表的数据。使用图表工具时会自动显示"图表数据"窗口，也可以执行"对象"|"图表"|"数据"命令显示"图表数据"窗口，除非将其关闭，否则此窗口将保持打开状态。
- 在Illustrator中可以对图表进行自定义，例如更改底纹的颜色，更改字体和文字样式，移动、对称、切变、旋转或缩放图表的任何部分或所有部分，或自定列和标记的设计，还可以对图表应用透明、渐变、混合、画笔描边、图表样式和其他效果。

10.7 课后习题

1. 单选题

（1）在Illustrator中可以创建（　　）种不同类型的图表。

    A. 6 　　　　　　B. 7 　　　　　　C. 8 　　　　　　D. 9

（2）导入数据是使用下面的（　　）图标。

    A. 🔳 　　　　　B. 🔳 　　　　　C. ↺ 　　　　　D. 🔳

（3）按住（　　）键可将图表限制为一个正方形。

    A. Alt 　　　　　B. Shift 　　　　C. Ctrl 　　　　D. Tab

2. 多选题

（1）在单元格中输入的数字正确显示的是（　　）。

    A. 1.56 　　　　　B. 600.01 　　　　C. 1.785 　　　　D. 60,000

（2）下面的（　　）属于图表工具。

    A. 📊 　　　　　B. 📊 　　　　　C. 📈 　　　　　D. 🥧

3. 填空题

（1）使用_____图表工具可以制作如图10-55所示的图表。

（2）堆积柱形图表类型可用于表示_____和_____的关系。

4. 上机操作题

使用图表工具创建一个多彩的图表，如图10-56所示。

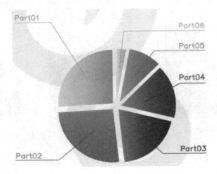

图10-55　制作图表

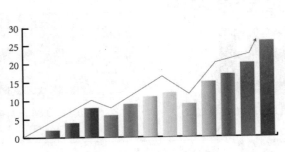

图10-56　制作彩色图表

第11章
外观与效果

对象的外观属性包括填色、描边、透明度以及效果等属性。在Illustrator中可以将外观属性应用于普通对象或者是层、组。在Adobe Illustrator中包含多种效果，单击菜单栏中的"效果"按钮，在弹出的菜单中可以看到多种效果菜单命令。

学习要点

- 应用与编辑效果
- "扭曲和变换"效果组
- "路径"效果组
- "风格化"效果组

- "像素化"效果组
- "素描"效果组
- "纹理"效果组
- "艺术效果"效果组

11.1 应用与编辑效果

▶ 11.1.1 认识"外观"面板

在"外观"面板中不仅显示了已应用于所选对象、组或图层的填充、描边、图形样式以及效果，还可以为对象编辑外观属性或添加效果。执行"窗口"|"外观"命令，可以打开"外观"面板，填充和描边将按堆栈顺序列出，面板中从上到下的顺序对应于图稿中从前到后的顺序。各种效果按其在图稿中的应用顺序从上到下排列，如图11-1所示。

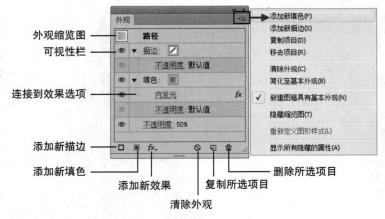

图11-1 "外观"面板

▶ 11.1.2 添加效果

选中要添加新效果的对象，在"外观"面板中选择相应的填充或描边选项，单击"添加新效果"按钮 *fx.*，在子菜单中选择需要的效果命令，在弹出的相应效果对话框中进行参数设置后，单击"确定"按钮即可为相应属性添加效果，如图11-2所示。

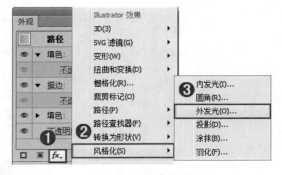

图11-2 添加新效果

▶ 11.1.3 修改效果

在"外观"面板中可以对已经添加的效果进行修改或删除效果。首先选中对象，若要修改效果，可在"外观"面板中单击带有下划线的蓝色效果名称，然后在弹出的对话框中即可执行所需的更改，如图11-3所示。

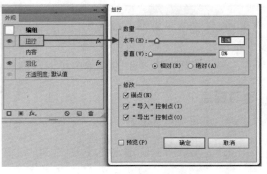

图11-3 修改效果

11.1.4　复制属性

如果想要复制外观属性，首先需要选中要复制属性的对象，在"外观"面板中选择一种属性选项，然后单击面板中的"复制所选项目"按钮，即可复制当前属性，或从面板菜单中选择"复制项目"命令，也可以直接将需要复制的外观属性拖动到面板中的"复制所选项目"按钮上。

11.1.5　删除外观属性

若要删除一个特定属性，可以在"外观"面板中选择该属性，然后单击"删除"按钮将其删除，或从面板菜单中选择"移去项目"命令，也可以将该属性拖动到"删除"图标上。若要清除对象所有的外观属性，可以从面板菜单中选择"清除外观"命令。

11.1.6　隐藏属性

若要暂时隐藏应用于画板的某个属性，单击"外观"面板中的"可视性"按钮 👁，再次单击它可再次看到应用的该属性。如果要将所有隐藏的属性重新显示出来，可以单击该面板中的菜单，选择"显示所有隐藏的属性"命令。

> 🔍 提　示
>
> 对位图对象应用效果时，如果对链接的位图应用效果，则此效果将应用于嵌入的位图副本，而非原始位图。若要对原始位图应用效果，必须将原始位图嵌入文档。

11.1.7　应用上次使用的效果

若要应用上次使用的效果和设置，需要执行"效果"|"应用"命令。要应用上次使用的效果并设置其选项，执行"效果"菜单下的子命令即可。

11.1.8　栅格化效果

执行"效果"|"栅格化"命令，在弹出的对话框中可以对栅格化选项进行设置，如图11-4所示。"效果"菜单中的"栅格化"命令可以创建栅格化外观，而不更改对象的底层结构。

图11-4　"栅格化"对话框

11.2　"3D"效果组

"3D"效果组可以将路径或是位图图像从二维图稿转换为可以旋转、受光、产生投影的三维对象。

11.2.1 "凸出和斜角"效果

使用"凸出和斜角"效果可以沿对象的z轴拉伸，从而使对象产生一定的厚度，转化为三维图形。

选择编辑的对象，如图11-5所示。执行"效果"|"3D"|"凸出和斜角"命令，在弹出的"3D凸出和斜角选项"对话框中设置参数，如图11-6所示。设置完成后单击"确定"按钮，效果如图11-7所示。

图11-5 选择编辑对象　　　　　　　图11-6 设置参数

图11-7 完成效果

单击"更多选项"按钮以查看完整的选项列表，或单击"较少选项"按钮以隐藏额外的选项，如图11-8所示。

> 🔍 **提示**
>
> 对象在"3D选项"对话框中旋转，则对象的旋转轴将始终与对象的前表面相垂直，并相对于对象移动。

图11-8 塑料效果底纹设置选项

11.2.2 "绕转"效果

"绕转"效果可以将平面的对象创建为立体的效果。"绕转"效果可以将图形沿自身的y轴绕转成三维的立体对象。

选择对象，如图11-9所示。执行"效果"|"3D"|"绕转"命令，在弹出的"3D绕转选项"对话框中可以进行相应的设置，如图11-10所示。对象产生旋转的立体效果，如图11-11所示。

图11-9 选择编辑对象

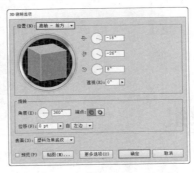

图11-10 "3D绕转选项"对话框

图11-11 完成效果

- 角度：设置0~360°之间的路径绕转度数。
- 端点：指定显示的对象是实心（打开端点）还是空心（关闭端点）对象。
- 位移：在绕转轴与路径之间添加距离，例如可以创建一个环状对象，可以输入一个0~1000之间的值。
- 自：设置对象绕其转动的轴，可以是"左边缘"也可以是"右边缘"。

11.2.3 "旋转"效果

"旋转"效果可以让平面的对象产生带透视的扭曲效果。选择对象并执行"效果"|"3D"|"旋转"命令，在弹出的"3D旋转选项"对话框中进行相应的设置，如图11-12所示。

图11-12 "3D旋转选项"对话框

实例：制作立体图形

源 文 件：	源文件\第11章\制作立体图形
视频文件：	视频\第11章\制作立体图形.avi

本实例将使用"3D"效果制作立体图形，效果如图11-13所示。

本实例的具体操作步骤如下。

01 新建一个空白文档，绘制一个边长为210mm的正方形，对其填充一个由白色到浅灰色的径向渐变，作为画面背景，如图11-14所示。

02 使用"矩形工具"分别绘制一个边长为70mm的正方形和一个边长为60mm的正方形。将小正方形置顶，同时选中两个正方形，进行"水平居中对齐"和"垂直居中对齐"操作，将小正方形居中放置在大正方形上，如图11-15所示。

图11-13 效果图

03 选中两个正方形，执行"窗口"|"路径查找器"命令，打开"路径查找器"面板，在该面板中单击"减去顶层"按钮，制作复合路径，效果如图11-16所示。

图11-14 制作背景

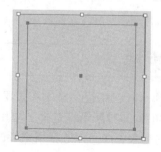

图11-15 正方形的摆放

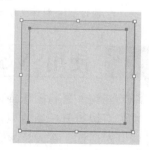

图11-16 制作空心正方形

04 选择该图形，执行"效果"|"3D"|"凸出和斜角"命令，在弹出的对话框中设置参数，如图11-17所示。

05 参数设置完成后，单击"确定"按钮，该图形会出现立体效果，并将该图形移动到相应位置，如图11-18所示。

06 采用同样的方法制作另外两个形状，并摆放在合适的位置上，如图11-19所示。

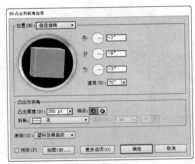
图11-17 设置参数

图11-18 制作立体效果1

图11-19 制作立体效果2

07 使用"椭圆工具"绘制一个椭圆形，为其填充一个由透明到浅灰的渐变，调整大小后放置在立体图形的下方，为其制作投影效果。再将此图形复制到另一个立体图形下方，为另一个立体图形制作投影效果，如图11-20所示。

08 打开素材文件"1.ai"，将素材参照效果图摆放到相应位置，完成本实例的操作，如图11-21所示。

图11-20 制作投影

图11-21 最终效果

11.3 使用SVG滤镜

"SVG滤镜"是将图像描述为形状、路径、文本和效果的矢量格式。执行"效果"|"SVG滤镜"命令可以打开一组效果，如图11-22所示。选择"应用SVG滤镜"效果，即可打开"应用SVG滤镜"对话框，在该对话框的列表框中可以选择所需要的效果，勾选"预览"复选框查看相应的效果，单击"确定"按钮执行相应SVG效果，如图11-23所示。

图11-22　效果菜单

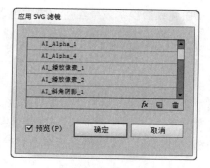

图11-23　"应用SVG滤镜"对话框

🔍 **提示**

如果对象使用多种效果，SVG效果必须是最后一个效果；换言之，它必须显示在"外观"面板底部。如果SVG效果后面还有其他效果，SVG输出将由栅格对象组成。

如果需要编辑"SVG滤镜"，将要添加效果的对象选中，要应用具有自定设置的效果，需要执行"效果"|"SVG滤镜"|"应用SVG滤镜"命令，在弹出的"应用SVG滤镜"对话框中，单击"编辑SVG滤镜"按钮 fx，弹出"编辑SVG滤镜"对话框，在其中编辑默认代码，完成后单击"确定"按钮，即可回到"应用SVG滤镜"对话框中。

如果需要自定义"SVG滤镜"，将要添加效果的对象选中，要创建并应用新滤镜，需要执行"滤镜"|"SVG滤镜"|"应用SVG滤镜"命令，在弹出的"应用SVG滤镜"对话框中，单击"新建SVG滤镜"按钮 🔲，输入新代码，然后单击"确定"按钮。

11.4 "变形"效果

使用"变形"效果可以使对象的外观形状发生变化。"变形"效果不会永久改变对象的基本几何形状，可以随时进行修改或删除效果。

选中需要操作的对象，如图11-24所示。执行"效果"|"变形"命令，在菜单中选择相应的选项，弹出"变形选项"对话框，对其进行相应的设置，并且单击"确定"按钮，如图11-25所示，效果如图11-26所示。

图11-24　变编辑对象

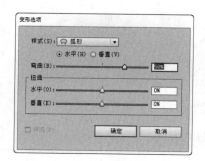

图11-25　"变形选项"对话框

图11-26　变形效果

11.5 "扭曲和变换"效果组

使用"扭曲和变换"效果组可以方便地改变对象的形状。

11.5.1 "变换"效果

"变换"效果可以通过调整对象大小、移动、旋转、镜像（翻转）和复制的方法来改变对象形状。选中要添加效果的对象，如图11-27所示。

执行"效果"|"扭曲和变换"|"变换"命令，在弹出的"变换效果"对话框中进行相应的设置，如图11-28所示。设置完成后单击"确定"按钮，效果如图11-29所示。

图11-27 编辑对象 　　　图11-28 "变换效果"对话框 　　　图11-29 变换效果

11.5.2 "扭拧"效果

"扭拧"效果可以随机地向内或向外弯曲和扭曲路径段。使用绝对量或相对量设置垂直和水平扭曲，指定是否修改锚点、移动通向路径锚点的控制点、移动通向路径锚点的控制点。

选中要添加效果的对象，如图11-30所示。执行"效果"|"扭曲和变换"|"扭拧"命令，在弹出的"扭拧"对话框中进行相应的设置，如图11-31所示。单击"确定"按钮完成扭拧效果的操作效果，如图11-32所示。

图11-30 编辑对象 　　　图11-31 "扭拧"对话框 　　　图11-32 扭拧效果

11.5.3 "扭转"效果

"扭转"效果可以旋转一个对象，中心的旋转程度比边缘的旋转程度大。输入一个正值将顺时针扭转，输入一个负值将逆时针扭转。

选中要添加效果的对象，如图11-33所示。执行"效果"|"扭曲和变换"|"扭转"命令，在弹出的"扭转"对话框中进行相应的设置，如图11-34所示。单击"确定"按钮完成扭转效果的制作，效果如图11-35所示。

图11-33　编辑对象　　　　图11-34　"扭转"对话框　　　　图11-35　扭转效果

- 角度：在文本框中输入相应的数值，定义对象扭转的角度。
- 预览：勾选"预览"复选框可在文档窗口中预览效果。

11.5.4　"收缩和膨胀"效果

使用"收缩和膨胀"效果可以以对象中心点为基点，对对象进行收缩或膨胀的变形调整。

选中要添加效果的对象，如图11-36所示。执行"效果"|"扭曲和变换"|"收缩和膨胀"命令，弹出"收缩和膨胀"对话框，如图11-37所示。在其中进行相应的设置，单击"确定"按钮，完成"收缩和膨胀"效果的制作，效果如图11-38所示。

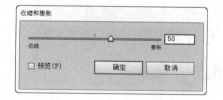

图11-36　编辑对象　　　　图11-37　"收缩和膨胀"对话框　　　　图11-38　收缩和膨胀效果

- 收缩/膨胀：在文本框中输入相应的数值，对对象的膨胀或收缩进行控制，正值为膨胀，负值为收缩。
- 预览：勾选"预览"复选框可在文档窗口中预览效果。

11.5.5　"波纹"效果

"波纹"效果可以将对象的路径段变换为同样大小的尖峰和凹谷形成的锯齿和波形数组。使用绝对大小或相对大小设置尖峰与凹谷之间的长度。设置每个路径段的脊状数量，并在波形边缘

或锯齿边缘之间作出选择。

选中要添加效果的对象，如图11-39所示。执行"效果"|"扭曲和变换"|"波纹"命令，在弹出的"波纹效果"对话框中进行相应的设置，如图11-40所示。单击"确定"按钮完成波纹效果的制作，效果如图11-41所示。

图11-39　编辑对象

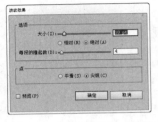
图11-40　"波纹效果"对话框

图11-41　波纹效果

▶ 11.5.6　"粗糙化"效果

"粗糙化"效果可以将矢量对象的路径段变形为各种大小的尖峰和凹谷的锯齿数组。使用绝对大小或相对大小设置路径段的最大长度，设置每英寸锯齿边缘的密度，并在圆滑边缘和尖锐边缘（尖锐）之间作出选择。

选中要添加效果的对象，如图11-42所示。执行"效果"|"扭曲和变换"|"粗糙化"命令，在弹出的"粗糙化"对话框中进行相应的设置，如图11-43所示。单击"确定"按钮，完成"粗糙化"效果的制作，效果如图11-44所示。

图11-42　编辑对象

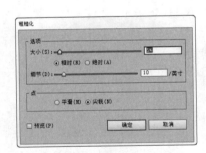
图11-43　"粗糙化"对话框

图11-44　粗糙化效果

▶ 11.5.7　"自由扭曲"效果

使用"自由扭曲"效果可以通过拖动4个角落任意控制点的方式来改变矢量对象的形状。选中要添加效果的对象，执行"效果"|"扭曲和变换"|"自由扭曲"命令，弹出"自由扭曲"对话框，在该对话框中拖动四角上的控制点，从而调整对象的变形，单击"重置"按钮恢复原始效果，如图11-45所示。

图11-45　"自由扭曲"对话框

11.6 裁剪标记

"裁剪标记"除了可以为选定的对象指定不同画板以裁剪用于输出的图稿外，还可以在图稿中创建和使用多组裁剪标记。裁剪标记指示了所需的打印纸张剪切位置。需要围绕页面上的几个对象创建标记时，裁剪标记常用。

当要为一个对象添加"裁剪标记"时，将该对象选中，执行"效果"|"裁切标记"命令，该对象将自动按照相应的尺寸创建裁剪标记，如图11-46所示。

按Delete键可以删除编辑的裁切标记，要删除裁切标记效果，可选择"外观"面板中的"裁切标记"，然后单击"删除所选项目"按钮即可。

图11-46 "剪裁标记"效果

11.7 "路径"效果组

"路径"效果组可以将对象路径相对于对象的原始位置进行偏移、将文字转化为如同任何其他图形对象那样可进行编辑和操作的一组复合路径、将所选对象的描边更改为与原始描边相同粗细的填色对象。

▶ 11.7.1 "位移路径"效果

可以通过"位移路径"完成增粗路径的描边宽度和路径的轮廓化。选中该路径对象，如图11-47所示。执行"对象"|"路径"|"位移路径"命令，弹出"偏移路径"对话框，如图11-48所示。参数设置完成后单击"确定"按钮，效果如图11-49所示。

图11-47 选中对象   图11-48 "偏移路径"对话框   图11-49 偏移效果

> 🔍 提 示
>
> 执行"效果"|"路径"命令，在子菜单中可以为对象添加路径效果，还可以使用"外观"面板将这些命令应用于添加到位图对象上的填充或描边。

- 位移：在文本框中输入相应的数值，定义路径外扩的尺寸。
- 连接：在该下拉列表中选择不同的选项，定义路径转换后的拐角和包头方式，包括斜接、圆角和斜角。
- 斜接限制：当在"连接"下拉列表中选择"斜接"选项时，可以在文本框中输入相应的数值，过小的数值可以限制尖锐角的显示。
- 预览：勾选"预览"复选框可在文档窗口中预览效果。

▶ 11.7.2 "轮廓化对象"效果

使用"轮廓化对象"效果可以使对象得到轮廓化的效果，但不失去原始属性。选中对象，执行"效果"|"路径"|"轮廓化对象"命令，此时可以直接为文字填充渐变效果，但是文字仍然具有文字对象的属性，如图11-50和图11-51所示。

图11-50　编辑对象　　　　　　　　　　　　图11-51　轮廓化效果

▶ 11.7.3 "轮廓化描边"效果

若将描边转换为复合路径，则可以修改描边的轮廓。选择需要编辑的路径，然后执行"效果"|"路径"|"轮廓化描边"命令即可。

🔖 实例：使用位移路径制作炫彩文字

源　文　件：	源文件\第11章\使用位移路径制作炫彩文字
视频文件：	视频\第11章\使用位移路径制作炫彩文字.avi

本实例使用"位移路径"命令将路径位移后制作炫彩文字，效果如图11-52所示。

本实例的具体操作步骤如下。

01 新建一个空白文档，将素材文件"1.jpg"置入到文件中，调整大小作为背景，如图11-53所示。

02 选择"文字工具"，在页面的空白处单击，输入文字"LOVE IS A CAREFULLY DESIGNED LIE"，输入完成后调整其大小和位置。选中文字部分，单击右键并执行快捷菜单中的"创建轮廓"命令，如图11-54所示。

图11-52　效果图

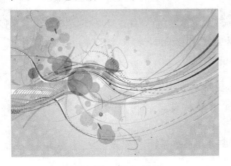

图11-53　置入背景

图11-54　编辑文字

03 使用快捷键Ctrl+F9，打开"渐变"面板，将文字填充一个由浅灰到深灰再到浅灰的线性渐变，如图11-55所示。填充后的效果如图11-56所示。

04 选择该文字，执行"效果"|"风格化"|"投影"命令，在弹出的对话框中设置参数，参数值如图11-57所示。参数设置完成后单击"确定"按钮，文字效果如图11-58所示。

05 选择该文字，按快捷键Ctrl+C将其复制，再按快捷键Ctrl+B将其粘贴在后面。继续执行"效果"|"路径"|"位移路径"命令，在该对话框中设置参数，参数设置如图11-59所示。设置完参数后，单击"确定"按钮，此时文字效果如图11-60所示。

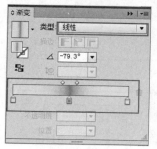

图11-55　调整渐变

图11-56　渐变填充效果

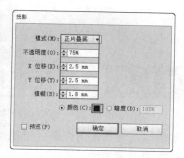

图11-57　设置参数

图11-58　添加投影效果

图11-59　设置参数

图11-60　文字效果

06 将上方的文字按下快捷键Ctrl+3进行隐藏，隐藏后选择位移路径的文字，执行"对象"|"拓展外观"命令，将位移后的路径拓展外观。执行该命令后，按快捷键Ctrl+Shift+F9调出"路径查找器"面板，单击"联集"按钮，将拓展外观后的文字制作成复合路径，如图11-61所示。

07 为该复合路径填充多种颜色的渐变，效果如图11-62所示。

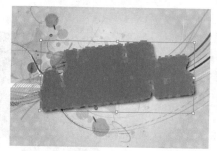

图11-61　制作复合路径

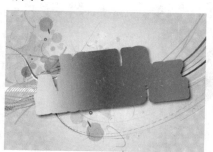

图11-62　添加渐变效果

08 使用快捷键Ctrl+Alt+3显示被隐藏的对象，该部分的文字效果制作完成，效果如图11-63所示。

09 将其他部分以同样方法制作完成，操作步骤同上。完成本实例的操作，如图11-64所示。

图11-63　文字完成效果　　　　　　　　　图11-64　完成效果

11.8　"路径查找器"效果组

　　"路径查找器"效果组与"路径查找器"面板的功能与用法非常相似，但是使用"路径查找器"效果组对对象进行操作可以方便地创建对象组合，但它不会永久改变对象的基本几何形状。使用"路径查找器"效果组之前首先将要使用的对象编组到一起并选择该组，然后执行"效果"|"路径查找器"命令，并选择一个路径查找器效果，如图11-65所示。

图11-65　路径查找器菜单

11.9　"转换为形状"效果组

　　"转换为形状"效果组可以将对象转换为指定形状。

▶ 11.9.1　"矩形"效果

　　选中要添加效果的对象，如图11-66所示。执行"效果"|"转换为形状"|"矩形"命令，在弹出的"形状选项"对话框中进行相应的设置，如图11-67所示，单击"确定"按钮，即可将选中的对象转换为矩形，如图11-68所示。

图11-66　选中对象　　　　图11-67　"形状选项"对话框　　　　图11-68　转换效果

- 绝对：在选择该单选按钮时，在"宽度"和"高度"文本框中输入相应的数值，定义转换的矩形对象的绝对尺寸。

- 相对：在选择该单选按钮时，在"额外宽度"和"额外高度"文本框中输入相应的数值，定义该对象添加或减少的尺寸。

11.9.2 "圆角矩形"效果

选中要添加效果的对象，执行"效果"|"转换为形状"|"圆角矩形"命令，在弹出的"形状选项"对话框中进行相应的设置，单击"确定"按钮，将选中的对象转换为圆角矩形，如图11-69和图11-70所示。

图11-69 "形状选项"对话框

图11-70 转换效果

- 绝对：在选择该单选按钮时，在"宽度"和"高度"文本框中输入相应的数值，定义转换的圆角矩形对象的绝对尺寸。
- 相对：在选择该单选按钮时，在"额外宽度"和"额外高度"文本框中输入相应的数值，定义该对象添加或减少的尺寸。
- 圆角半径：在该文本框中输入相应的数值，定义圆角半径的尺寸。

11.9.3 "椭圆"效果

选中要添加效果的对象，执行"效果"|"转换为形状"|"椭圆"命令，在弹出的"形状选项"对话框中进行相应的设置，单击"确定"按钮，将选中的对象转换为椭圆形，如图11-71和图11-72所示。

图11-71 "形状选项"对话框

图11-72 转换效果

- 绝对：在选择该单选按钮时，在"宽度"和"高度"文本框中输入相应的数值，定义转换的椭圆形对象的绝对尺寸。
- 相对：在选择该单选按钮时，在"额外宽度"和"额外高度"文本框中输入相应的数值，定义该对象添加或减少的尺寸。

11.10 "风格化"效果组

"风格化"效果组是较为常用的效果命令，通过使用该效果组中的效果，可以为图形添加内发光、圆角、外发光、投影、涂抹、添加箭头、羽化等效果。

11.10.1 "内发光"效果

"内发光"效果可以按照图形的边缘形状添加内部的内发光效果。选中要添加效果的对象，如图11-73所示。执行"效果"|"风格化"|"内发光"命令，在弹出的"内发光"对话框中进行相应的设置，单击"确定"按钮，如图11-74所示，效果如图11-75所示。

图11-73 选择编辑对象　　　　　图11-74 "内发光"对话框　　　　　图11-75 内发光效果

- 模式：指定发光的混合模式。
- 不透明度：指定所需发光的不透明度百分比。
- 模糊：指定要进行模糊处理之处到选区中心或选区边缘的距离。
- 中心：（仅适用于内发光）应用从选区中心向外发散的发光效果。
- 边缘：（仅适用于内发光）应用从选区内部边缘向外发散的发光效果。

11.10.2 "圆角"效果

"圆角"效果可以将矢量对象的角控制点转换为平滑的曲线。选中要添加效果的对象，如图11-76所示。执行"效果"|"风格化"|"圆角"命令，在弹出的"圆角"对话框中设置"半径"数值，定义对尖锐角圆润处理的尺寸，然后单击"确定"按钮，如图11-77所示，效果如图11-78所示。

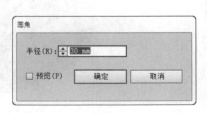
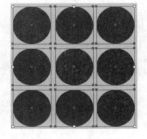

图11-76 选择编辑对象　　　　　图11-77 "圆角"对话框　　　　　图11-78 圆角效果

11.10.3 "外发光"效果

"外发光"效果可以按照该图形的边缘形状添加外部发光的效果。选中要添加效果的对象，

如图11-79所示。执行"效果"|"风格化"|"外发光"命令，在弹出的"外发光"对话框中进行相应的设置，单击"确定"按钮，如图11-80所示，效果如图11-81所示。

图11-79　选择编辑对象　　　　　　图11-80　"外发光"对话框　　　　　图11-81　外发光效果

11.10.4　"投影"效果

"投影"效果可以按照图形边缘的形状添加位图投影效果。选中要添加效果的对象，如图11-82所示。执行"效果"|"风格化"|"投影"命令，在弹出的"投影"对话框中进行相应的设置，单击"确定"按钮，如图11-83所示，效果如图11-84所示。

图11-82　选择编辑对象　　　　　　图11-83　"投影"对话框　　　　　　图11-84　投影效果

如果对一个图层应用投影效果，那么该图层中的所有对象都将应用此投影效果，将其中的一个对象移出该图层，则此对象将不再具有投影效果，并且投影效果属于该图层。

11.10.5　"涂抹"效果

"涂抹"效果可以按照该图形边缘形状添加手指涂抹的效果。选中要添加效果的对象，如图11-85所示。执行"效果"|"风格化"|"涂抹"命令，在弹出的"涂抹"对话框中进行相应的设置，单击"确定"按钮，如图11-86所示，效果如图11-87所示。

图11-85　选择编辑对象　　　　　　图11-86　"涂抹选项"对话框　　　　图11-87　涂抹效果

▶ 11.10.6 "羽化"效果

"羽化"效果可以按照该图形的边缘形状添加边缘虚化效果。选中要添加效果的对象，如图11-88所示。执行"效果"|"风格化"|"羽化"命令，在弹出的"羽化"对话框中进行相应的设置，设置"半径"数值可以控制对象从不透明渐隐到透明的中间距离，单击"确定"按钮，如图11-89所示，效果如图11-90所示。

图11-88 选择编辑对象

图11-89 "羽化"对话框

图11-90 羽化效果

🔁 实例：使用投影制作创意自然海报

源 文 件：	源文件\第11章\使用投影制作创意自然海报
视频文件：	视频\第11章\使用投影制作创意自然海报.avi

本实例将使用投影效果制作自然创意海报，效果如图11-91所示。

本实例的具体操作步骤如下。

01 新建一个空白文档，将素材文件"1.jpg"置入到文件中，调整其大小作为背景，如图11-92所示。

02 使用"文字工具"输入文字"LOVE IS AQUA"，调整字号并摆放在合适的位置，如图11-93所示。

图11-91 效果图

图11-92 设置背景

图11-93 输入文字

03 使用快捷键Ctrl+Shift+O为文字创建轮廓，并为创建轮廓的文字添加一个绿色系渐变，描边为绿色，描边粗细为2pt，如图11-94所示。

04 选择文字，执行"效果"|"风格化"|"投影"命令，在弹出的"投影"对话框中设置参数，参数值如图11-95所示。

05 参数设置完成后，单击"确定"按钮，此时文字效果如图11-96所示。

图11-94　填充文字

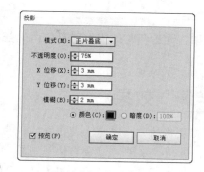

图11-95　设置参数

图11-96　文字投影效果

06 执行"窗口"|"置入"命令，置入素材文件"3.png"，调整素材大小并放置在相应位置。将素材文件中的其他素材置入到文件中，调整大小后摆放在相应位置，操作步骤同上，如图11-97所示。

07 打开素材文件"6.ai"，将里面的素材复制到新建文档中，并摆放到相应位置，完成本实例的操作，如图11-98所示。

图11-97　摆放素材

图11-98　完成效果

11.11　Photoshop效果画廊

效果画廊是一个集合了大部分常用效果的对话框。在效果画廊中，可以对某一对象应用一种或多种效果，或对同一图像多次应用同一种效果，另外还可以使用其他效果替换原有的效果。选中要添加效果的对象，执行"效果"|"效果画廊"命令，在弹出的对话框中进行相应的设置，单击"确定"按钮，如图11-99所示。

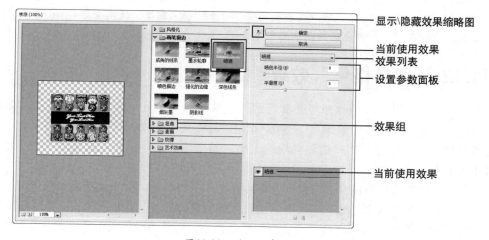

图11-99　效果画廊面板

11.12 "像素化"效果组

像素化效果是基于栅格的效果，无论何时对矢量对象应用这些效果，都将使用文档的栅格效果设置。

▶ 11.12.1 "彩色半调"效果

"彩色半调"效果可以模拟在图像的每个通道上使用放大的半调网屏的效果。首先选中要添加效果的对象，如图11-100所示。执行"效果"|"像素化"|"彩色半调"命令，在弹出的"彩色半调"对话框中进行相应的设置，单击"确定"按钮，如图11-101所示，效果如图11-102所示。

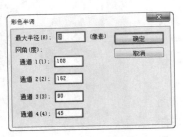

图11-100 选择编辑对象　　　图11-101 "彩色半调"对话框　　　图11-102 彩色半调效果

- 最大半径：在文本框中输入相应的数值，系统默认该度量单位是"像素"，取值范围是4~127之间。
- 网角（度）：在文本框中输入相应的数值，设定图像每一种原色通道网屏角度。所谓通道即CMYK（4个）通道或RGB通道（3个）。
- 默认：对调整的设置不满意，单击即可恢复原默认值。

> 🔍 **提示**
>
> 若要使用效果，半调网点的最大半径输入一个以像素为单位的值（介于4~127之间），再为一个或多个通道输入一个网屏角度值。对于灰度图像，只使用通道1。对于RGB图像，使用通道1、2和3，分别对应于红色通道、绿色通道与蓝色通道。对于CMYK图像，使用全部4个通道，分别对应于青色通道、洋红色通道、黄色通道以及黑色通道。

▶ 11.12.2 "晶格化"效果

"晶格化"效果可以使图像中颜色相近的像素结块形成多边形纯色。选中要添加效果的对象，如图11-103所示。执行"效果"|"像素化"|"晶格化"命令，在弹出的"晶格化"对话框中调整单元格大小，设置每个多边形色块的大小，单击"确定"按钮，如图11-104所示，效果如图11-105所示。

"点状化"效果可以将图像中的颜色分解为随机分布的网点，如同点状化绘画一样，并使用背景色作为网点之间的画布区域。选中要添加效果的对象，如图11-106所示。执行"效果"|"像素化"|"点状化"命令，在弹出的"点状化"对话框中，调整单元格大小并设置每个多边形色块的大小，如图11-107所示。单击"确定"按钮，效果如图11-108所示。

图11-103　选择编辑对象

图11-104　"晶格化"对话框

图11-105　晶格化效果

图11-106　选择编辑对象

图11-107　"点状化"对话框

图11-108　点状化效果

▶ 11.12.3　"铜版雕刻"效果

　　"铜版雕刻"效果可以将图像转换为黑白区域的随机图案或彩色图像中完全饱和颜色的随机图案。选中要添加效果的对象，如图11-109所示。执行"效果"|"像素化"|"铜版雕刻"命令，从"铜版雕刻"对话框的"类型"下拉列表中选择一种网点图案，单击"确定"按钮，如图11-110所示，效果如图11-111所示。

图11-109　选择编辑对象

图11-110　"铜版雕刻"对话框

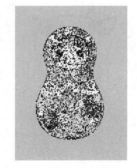

图11-111　铜版雕刻效果

11.13　"扭曲"效果组

　　扭曲命令可能会占用大量内存。这些都是基于栅格的效果，无论何时对矢量对象应用这些效果，都将使用文档的栅格效果设置。

▶ 11.13.1 "扩散亮光"效果

"扩散亮光"效果可以向图像中添加白色杂色，并从图像中心向外渐隐高光，使图像产生一种光芒漫射的效果。选中要添加效果的对象，如图11-112所示。执行"效果"|"扭曲"|"扩散光亮"命令，在弹出的"扩散光亮"效果面板中设置参数，如图11-113所示。设置完成后单击"确定"按钮，效果如图11-114所示。

图11-112　原始图像　　　图11-113　扩散亮光效果参数设置

图11-114　扩散亮光效果

- 粒度：用于设置在图像中添加颗粒的数量。
- 发光量：用于设置在图像中生成的亮光的强度。
- 清除数量：用于限制图像中受到"扩散亮光"效果影响的范围。数值越高，"扩散亮光"效果影响的范围就越小。

▶ 11.13.2 "海洋波纹"效果

"海洋波纹"效果可以将随机分隔的波纹添加到图像表面，使图像看上去像是在水中一样。选中要添加效果的对象，如图11-115所示。执行"效果"|"扭曲"|"海洋波纹"命令，在弹出的"海洋波纹"效果面板中设置参数，如图11-116所示。设置完成后单击"确定"按钮，效果如图11-117所示。

图11-115　原始图像

图11-116　海洋波纹效果参数设置

图11-117　海洋波纹效果

- 波纹大小：用来设置生成波纹的大小。
- 波纹幅度：用来设置波纹的变形幅度。

▶ 11.13.3 "玻璃"效果

"玻璃"效果可以使图像产生透过不同类型的玻璃进行观看的效果。选中要添加效果的对象，如图11-118所示。执行"效果"|"扭曲"|"海洋波纹"命令，在弹出的"海洋波纹"效果面

板中设置参数，如图11-119所示。设置完成后单击"确定"按钮，效果如图11-120所示。

图11-118　原始图像　　　　图11-119　玻璃效果参数设置　　　　图11-120　玻璃效果

- 扭曲度：用于设置玻璃的扭曲程度。
- 平滑度：用于设置玻璃质感扭曲效果的平滑程度。
- 纹理：用于选择扭曲时产生的纹理类型，包含"块状"、"画布"、"磨砂"和"小镜头"4种类型。
- 缩放：用于设置所应用纹理的大小。
- 反相：勾选该复选框，可以反转纹理效果。

11.14 "模糊"效果组

　　"效果"|"模糊"子菜单中的命令是基于栅格的，无论何时对矢量对象应用这些效果，都将使用文档的栅格效果设置。

▶ 11.14.1 "径向模糊"效果

　　"径向模糊"效果会产生一种柔化的模糊效果。选中要添加效果的对象，如图11-121所示。执行"效果"|"模糊"|"径向模糊"命令，在弹出的"径向模糊"对话框中设置参数，如图11-122所示。设置完成后单击"确定"按钮，效果如图11-123所示。

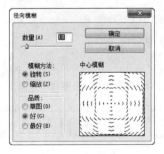

图11-121　原始图像　　　　图11-122　"径向模糊"对话框　　　　图11-123　径向模糊效果

▶ 11.14.2 "特殊模糊"效果

　　"特殊模糊"效果可以精确地模糊图像。选中要添加效果的对象，如图11-124所示。执行"效果"|"模糊"|"特殊模糊"命令，在弹出的"特殊模糊"对话框中设置参数，如图11-125所示。设置完成后单击"确定"按钮，效果如图11-126所示。

图11-124 原始图像   图11-125 "特殊模糊"对话框   图11-126 特殊模糊效果

- 半径：用于设置要应用模糊的范围。
- 阈值：用于设置像素具有多大差异后才会被模糊处理。
- 品质：设置模糊效果的质量，包含"低"、"中等"和"高"3种。
- 模式：选择"正常"选项，不会在图像中添加任何特殊效果；选择"仅限边缘"选项，将以黑色显示图像，以白色描绘出图像边缘像素亮度值变化强烈的区域；选择"叠加边缘"选项，将以白色描绘出图像边缘像素亮度值变化强烈的区域。

▶ 11.14.3 "高斯模糊"效果

  高斯模糊以可调的量快速模糊选区，此效果将移去高频出现的细节，并产生一种朦胧的效果。选中要添加效果的对象，如图11-127所示。执行"效果"|"模糊"|"高斯模糊"命令，在弹出的"高斯模糊"对话框中设置参数，如图11-128所示。设置完成后单击"确定"按钮，效果如图11-129所示。

图11-127 原始图像   图11-128 高斯模糊效果设置   图11-129 高斯模糊效果

11.15 "画笔描边"效果组

  "画笔描边"是基于栅格的效果，无论何时对矢量对象应用该效果，都将使用文档的栅格效果设置。

▶ 11.15.1 "喷溅"效果

  "喷溅"是模拟喷溅喷枪的效果，增加选项值可以简化整体效果。选中要添加效果的对象，如图11-130所示。执行"效果"|"画笔描边"|"喷溅"命令，在弹出的"喷溅"效果面板中设置

参数,如图11-131所示。设置完成后单击"确定"按钮,效果如图11-132所示。

图11-130　原始图像　　　图11-131　喷溅效果设置　　　图11-132　喷溅效果

- 喷色半径:用于处理不同颜色的区域。数值越高,颜色越分散。
- 平滑度:用于设置喷射效果的平滑程度。

▶ 11.15.2　"喷色描边"效果

"喷色描边"效果可以使用图像中的主要色用成角的、喷溅的颜色线条重新绘制图像,以生成飞溅效果。选中要添加效果的对象,如图11-133所示。执行"效果"|"画笔描边"|"喷色描边"命令,在弹出的"喷色描边"效果面板中设置参数,如图11-134所示。设置完成后单击"确定"按钮,效果如图11-135所示。

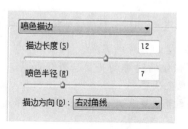

图11-133　原始图像　　　图11-134　喷色描边效果设置　　　图11-135　喷色描边效果

- 描边长度:用于设置笔触的长度。
- 喷色半径:用于控制喷色的范围。
- 描边方向:用于设置笔触的方向。

▶ 11.15.3　"墨水轮廓"效果

"墨水轮廓"效果可以以钢笔画的风格,用细细的线条在原始细节上绘制图像。选中要添加效果的对象,如图11-136所示。执行"效果"|"画笔描边"|"墨水轮廓"命令,在弹出的"墨水轮廓"效果面板中设置参数,如图11-137所示。设置完成后单击"确定"按钮,效果如图11-138所示。

- 描边长度:用于设置图像中生成线条的长度。
- 深色强度:用于设置线条阴影的强度。数值越高,图像越暗。
- 光照强度:用于设置线条高光的强度。数值越高,图像越亮。

图11-136　原始图像

图11-137　墨水轮廓效果设置

图11-138　墨水轮廓效果

▶ 11.15.4　"强化的边缘"效果

当"边缘亮度"参数设置为较高的值时，强化效果看上去像白色粉笔。当该选项设置为较低的值时，强化效果看上去像黑色油墨。选中要添加效果的对象，如图11-139所示。执行"效果"|"画笔描边"|"强化的边缘"命令，在弹出的"强化的边缘"效果面板中设置参数，如图11-140所示。设置完成后单击"确定"按钮，效果如图11-141所示。

图11-139　原始图像

图11-140　强化的边缘效果设置

图11-141　强化的边缘效果

- 边缘宽度：用于设置需要强化的边缘的宽度。
- 边缘亮度：用于设置需要强化的边缘的亮度。数值越高，强化效果就类似于白色粉笔；数值越低，强化效果就类似于黑色油墨。
- 平滑度：用于设置边缘的平滑程度。数值越高，图像效果越柔和。

▶ 11.15.5　"成角的线条"效果

"成角的线条"效果可以使用对角描边重新绘制图像，用一个方向上的线条绘制亮部区域，用反方向上的线条来绘制暗部区域。选中要添加效果的对象，如图11-142所示。执行"效果"|"画笔描边"|"成角的线条"命令，在弹出的"成角的线条"效果面板中设置参数，如图11-143所示。设置完成后单击"确定"按钮，效果如图11-144所示。

图11-142　原始图像

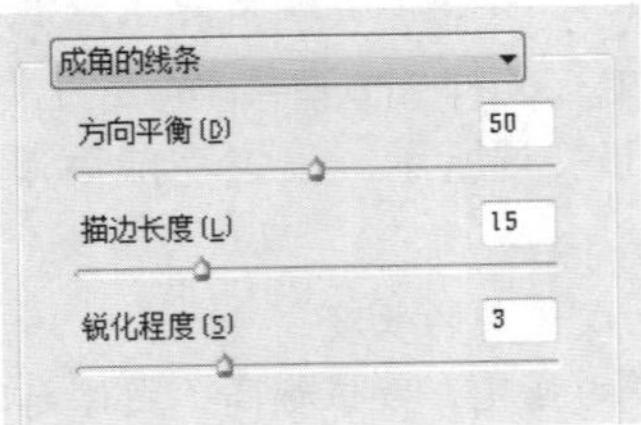

图11-143　成角的线条效果设置

图11-144　成角的线条效果

- 方向平衡：用于设置对角线的倾斜角度，取值范围为0~100。
- 描边长度：用于设置对角线的长度，取值范围为3~50。
- 锐化程度：用于设置对角线的清晰程度，取值范围为0~10。

▶ 11.15.6 "深色线条"效果

"深色线条"效果可以用短而绷紧的深色线条绘制暗区，用长而白的线条绘制亮区。选中要添加效果的对象，如图11-145所示。执行"效果"|"画笔描边"|"深色线条"命令，在弹出的"深色线条"效果面板中设置参数，如图11-146所示。设置完成后单击"确定"按钮，效果如图11-147所示。

- 平衡：用于控制绘制的黑白色调的比例。
- 黑色强度/白色强度：用于设置绘制的黑色调和白色调的强度。

图11-145 原始图像

图11-146 深色线条效果设置

图11-147 深色线条效果

▶ 11.15.7 "烟灰墨"效果

"烟灰墨"效果像是用蘸满油墨的画笔在宣纸上绘画，可以使用非常黑的油墨来创建柔和的模糊边缘。选中要添加效果的对象，如图11-148所示。执行"效果"|"画笔描边"|"烟灰墨"命令，在弹出的"烟灰墨"效果面板中设置参数，如图11-149所示。设置完成后单击"确定"按钮，效果如图11-150所示。

图11-148 原始图像

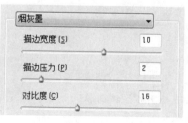
图11-149 烟灰墨效果设置

图11-150 烟灰墨效果

- 描边宽度/描边压力：用于设置笔触的宽度和压力。
- 对比度：用于设置图像效果的对比度。

▶ 11.15.8 "阴影线"效果

"阴影线"效果可以保留原始图像的细节和特征，同时使用模拟的铅笔阴影线在图像中添加纹理，并使彩色区域的边缘变粗糙。选中要添加效果的对象，如图11-151所示。执行"效

果"|"画笔描边"|"阴影线"命令,在弹出的"阴影线"效果面板中设置参数,如图11-152所示。设置完成后单击"确定"按钮,效果如图11-153所示。

图11-151　原始图像　　　　图11-152　阴影线效果设置　　　　图11-153　阴影线效果

- 描边长度:用于设置线条的长度。
- 锐化程度:用于设置线条的清晰程度。
- 强度:用于设置线条的数量和强度。

11.16 "素描"效果组

许多素描效果都使用黑白颜色来重绘图像。这些效果是基于栅格的,无论何时对矢量图形应用这些效果,都将使用文档的栅格效果设置。

▶ 11.16.1 "便条纸"效果

"便条纸"效果可以创建类似于手工制作的纸张构建的图像效果。如图11-154、图11-155和图11-156所示为原始图像、应用的便条纸效果以及参数面板。

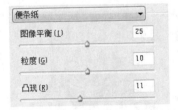

图11-154　原始图像　　　　图11-155　便条纸效果　　　　图11-156　便条纸效果设置

- 图像平衡:用于调整高光区域与阴影区域面积的大小。
- 粒度:用于设置图像中生成颗粒的数量。
- 凸现:用于设置颗粒的凹凸程度。

▶ 11.16.2 "半调图案"效果

"半调图案"效果可以在保持连续的色调范围的同时模拟半调网屏效果,如图11-157、图11-158和图11-159所示为原始图像、应用的半调图案效果以及参数面板。

- 大小:用于设置网格图案的大小。
- 对比度:用于设置前景色与图像的对比度。
- 图案类型:用于设置生成图案的类型,包含"圆形"、"网点"和"直线"3种类型。

图11-157 原始图像　　　　图11-158 半调图案效果　　　　图11-159 半调图案效果设置

11.16.3 "图章"效果

　　"图章"效果可以简化图像，常用于模拟橡皮或木制图章效果（该效果用于黑白图像时效果最佳），如图11-160、图11-161和图11-162所示为原始图像、应用的图章效果以及参数面板。

图11-160 原始图像　　　　图11-161 图章效果　　　　图11-162 图章效果设置

- 明/暗平衡：用于设置前景色和背景色之间的混合程度。
- 平滑度：用于设置图章效果的平衡程度。

11.16.4 "基底凸现"效果

　　"基底凸现"效果可以通过变换图像，使其呈现浮雕的雕刻状和突出光照下变化各异的表面，其中图像的暗部区域呈现为前景色，而浅色区域呈现为背景色。如图11-163、图11-164和图11-165所示为原始图像、应用的基底凸现效果以及参数面板。

图11-163 原始图像　　　　图11-164 基底凸现效果　　　　图11-165 基底凸现效果设置

- 细节：用于设置图像细节的保留程度。
- 平滑度：用于设置凸现效果的光滑度。
- 光照：用于设置凸现效果的光照方向。

11.16.5 "石膏"效果

　　"石膏"效果对图像进行类似石膏的石膏成像，然后使用黑色和白色为结果图像上色，将暗区凸

起、亮区凹陷。如图11-166、图11-167和图11-168所示为原始图像、应用的石膏效果以及参数面板。

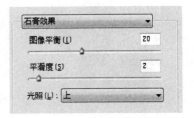

图11-166　原始图像　　　　图11-167　石膏效果　　　　图11-168　石膏效果设置

- 图像平衡：用于设置前景色和背景色之间的混合程度。
- 平滑度：用于设置凸现效果的光滑度。
- 光照：用于设置凸现效果的光照方向。

11.16.6　"影印"效果

"影印"效果可以模拟影印图像效果。如图11-169、图11-170和图11-171所示为原始图像、应用的影印效果以及参数面板。

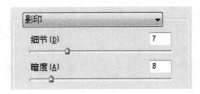

图11-169　原始图像　　　　图11-170　影印效果　　　　图11-171　影印效果设置

- 细节：用于控制图像细节的保留程度。
- 暗度：用于控制图像暗部区域的深度。

11.16.7　"撕边"效果

"撕边"效果可以重建图像，使之呈现由粗糙、撕破的纸片状组成，再使用前景色与背景色为图像着色。如图11-172、图11-173和图11-174所示为原始图像、应用的撕边效果以及参数面板。

图11-172　原始图像　　　　图11-173　撕边效果　　　　图11-174　撕边效果设置

- 图像平衡：用于设置前景色和背景色的混合比例。数值越大，前景色所占的比例越大。
- 平滑度：用于设置图像边缘的平滑程度。
- 对比度：用于设置图像的对比程度。

11.16.8 "水彩画纸"效果

"水彩画纸"效果可以利用有污点的画笔在潮湿的纤维纸上绘画，使颜色产生流动效果并相互混合。如图11-175、图11-176和图11-177所示为原始图像、应用的水彩画纸效果以及参数面板。

- 纤维长度：用于控制在图像中生成的纤维的长度。
- 亮度/对比度：用于控制图像的亮度和对比度。

图11-175　原始图像　　　图11-176　水彩画纸效果　　　图11-177　水彩画纸效果设置

11.16.9 "炭笔"效果

"炭笔"效果可以产生色调分离的涂抹效果，其中图像中的主要边缘以粗线条进行绘制，而中间色调则用对角描边进行素描。另外，炭笔采用前景色，背景采用纸张颜色。如图11-178、图11-179和图11-180所示为原始图像、应用的炭笔效果以及参数面板。

图11-178　原始图像　　　图11-179　炭笔效果　　　图11-180　炭笔效果设置

- 炭笔粗细：用于控制炭笔笔触的粗细程度。
- 细节：用于控制图像细节的保留程度。
- 明/暗平衡：用于设置前景色和背景色之间的混合程度。

11.16.10 "炭精笔"效果

"炭精笔"效果可以在图像上模拟出浓黑和纯白的炭精笔纹理，在暗部区域使用前景色，在亮部区域使用背景色，如图11-181、图11-182和图11-183所示为原始图像、应用的炭精笔效果以及参数面板。

图11-181　原始图像　　　图11-182　炭精笔效果　　　图11-183　炭精笔效果设置

11.16.11 "粉笔和炭笔"效果

"粉笔和炭笔"效果可以制作粉笔和炭笔效果，其中炭笔使用前景色绘制，粉笔使用背景色绘制，如图11-184、图11-185和图11-186所示为原始图像、应用的粉笔和炭笔效果以及参数面板。

图11-184　原始图像　　　图11-185　粉笔和炭笔效果　　　图11-186　粉笔和炭笔效果设置

- 炭笔区：用于设置炭笔涂抹的区域大小。
- 粉笔区：用于设置粉笔涂抹的区域大小。
- 描边压力：用于设置画笔的笔触大小。

11.16.12 "绘图笔"效果

"绘图笔"效果可以使用细线状的油墨描边以捕捉原始图像中的细节，如图11-187、图11-188和图11-189所示为原始图像、应用的绘图笔效果以及参数面板。

图11-187　原始图像　　　图11-188　绘图笔效果　　　图11-189　绘图笔效果设置

- 描边长度：用于设置笔触的描边长度，即生成线条的长度。
- 明/暗平衡：用于调节图像的亮部与暗部的平衡。
- 描边方向：用于设置生成线条的方向，包含"右对角线"、"水平"、"左对角线"和"垂直"4个方向。

11.16.13 "网状"效果

"网状"效果可以用来模拟胶片乳胶的可控收缩和扭曲来创建图像，使图像在阴影区域呈现为块状，在高光区域呈现为颗粒。如图11-190、图11-191和图11-192所示为原始图像、应用的网状效果以及参数面板。

图11-190　原始图像　　　图11-191　网状效果　　　图11-192　网状效果设置

11.16.14 "铬黄渐变"效果

"铬黄渐变"效果是指像被磨光的铬表面或发亮光液体金属效果。如图11-193、图11-194和图11-195所示为原始图像、应用的铬黄渐变效果以及参数面板。

图11-193 原始图像

图11-194 铬黄渐变效果

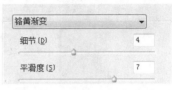

图11-195 铬黄渐变效果设置

实例：使用素描效果制作复古海报

源 文 件：	源文件\第11章\使用素描效果制作复古海报
视频文件：	视频\第11章\使用素描效果制作复古海报.avi

本实例将使用素描效果制作复古海报，效果如图11-196所示。

本实例的具体操作步骤如下。

01 新建一个空白文档，先为海报制作背景。首先在页面中绘制一个高为297mm、宽为210mm的矩形，填充为R210、G215、B170。

02 在画板中绘制一大一小两个正圆形，大圆直径为210mm，颜色填充为R45、G135、B135。小圆直径为120mm，颜色填充为R210、G90、B35。最后绘制完成后的正圆摆放到矩形相应位置，背景制作完成，如图11-197所示。

03 置入素材文件"1.png"，调整大小并摆放在页面中，如图11-198所示。

图11-196 效果图

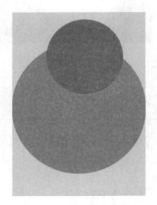

图11-197 制作背景

图11-198 制作素材

04 选中该素材，执行"效果"|"像素"|"炭精笔"命令，在弹出的"炭精笔"设置面板中设置

创意大学
Illustrator CS6标准教材

参数，如图11-199所示。

05 参数设置完成后，单击"确定"按钮，完成图像效果处理，效果如图11-200所示。

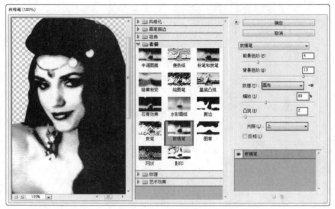

图11-199 设置参数　　　　　图11-200 制作素材

06 使用"钢笔工具"绘制海报下方的空白区域，填充为白色，如图11-201所示。

07 使用"文字工具"输入文字"BLUE"，填充为白色，将文字复制并粘贴在其后面，填充为灰色。按快捷键Shift+→，继续按快捷键Shift+↓将粘贴在后面的对象精确移动，制作出投影效果，如图11-202所示。

08 输入文字，并摆放到合适位置，完成本实例的操作，如图11-203所示。

图11-201 填充颜色　　　　图11-202 摆放文字　　　　图11-203 完成效果

11.17 "纹理"效果组

"纹理"效果是基于栅格的效果，无论何时对矢量图形应用这些效果，都将使用文档的栅格效果设置。

11.17.1 "拼缀图"效果

"拼缀图"效果可以将图像分解为用图像中该区域的主色填充的正方形。如图11-204、图11-205

260

和11-206所示为原始图像、应用的拼缀图效果以及参数面板。

  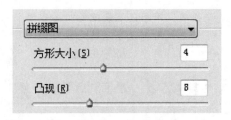

图11-204 原始图像　　　　图11-205 拼缀图效果　　　　图11-206 拼缀图效果设置

- 方形大小：用于设置方形色块的大小。
- 凸现：用于设置色块的凹凸程度。

11.17.2 "染色玻璃"效果

"染色玻璃"效果可以将图像重新绘制成用前景色勾勒的单色的相邻单元格色块。如图11-207、图11-208和图11-209所示为原始图像、应用的染色玻璃效果以及参数面板。

- 单元格大小：用于设置每个玻璃小色块的大小。
- 边框粗细：用于控制每个玻璃小色块边界的粗细程度。
- 光照强度：用于设置光照的强度。

 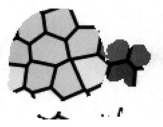 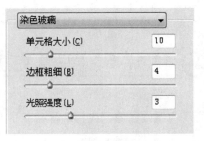

图11-207 原始图像　　　　图11-208 染色玻璃效果　　　　图11-209 染色玻璃效果设置

11.17.3 "纹理化"效果

"纹理化"效果可以将选定或外部的纹理应用于图像，如图11-210、图11-211和图11-212所示为原始图像、应用的纹理化效果以及参数面板。

图11-210 原始图像　　　　图11-211 纹理化效果　　　　图11-212 纹理化效果设置

- 纹理：用于选择纹理的类型，包括"砖形"、"粗麻布"、"画布"和"砂岩"4种（单击右侧的 ▼≡ 图标，可以载入外部的纹理）。
- 缩放：用于设置纹理的尺寸大小。
- 凸现：用于设置纹理的凹凸程度。
- 光照：用于设置光照的方向。
- 反相：用于反转光照的方向。

▶ 11.17.4 "颗粒"效果

"颗粒"效果可以模拟多种颗粒纹理效果，如图11-213、图11-214和图11-215所示为原始图像、应用的颗粒效果以及参数面板。

图11-213　原始图像

图11-214　颗粒效果

图11-215　颗粒效果设置

- 强度：用于设置颗粒的密度。数值越大，颗粒越多。
- 对比度：用于设置图像中颗粒的对比度。
- 颗粒类型：用于选择颗粒的类型，包括"常规"、"柔和"、"喷洒"、"结块"、"强反差"、"扩大"、"点刻"、"水平"、"垂直"和"斑点"。

▶ 11.17.5 "马赛克拼贴"效果

"马赛克拼贴"效果可以将图像用马赛克碎片拼贴起来。如图11-216、图11-217和图11-218所示为原始图像、应用的马赛克拼贴效果以及参数面板。

图11-216　原始图像

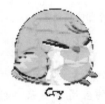

图11-217　马赛克拼贴效果

图11-218　马赛克拼贴效果设置

▶ 11.17.6 "龟裂缝"效果

"龟裂缝"效果可以将图像应用在一个高凸现的石膏表面上，以沿着图像等高线生成精细的网状裂缝。如图11-219、图11-220和图11-221所示为原始图像、应用的龟裂缝效果以及参数面板。

- 裂缝间距：用于设置生成的裂缝的间隔。
- 裂缝深度：用于设置生成的裂缝的深度。
- 裂缝亮度：用于设置生成的裂缝的亮度。

图11-219　原始图像

图11-220　龟裂缝效果

图11-221　龟裂缝效果设置

11.18　"艺术效果"效果组

艺术效果是基于栅格的效果，无论何时对矢量对象应用这些效果，都将使用文档的栅格效果设置。

▶ 11.18.1　"塑料包装"效果

"塑料包装"效果就像是在图像上涂上一层光亮的塑料，以表现出图像表面的细节。如图11-222、图11-223和图11-224所示为原始图像、应用的塑料包装效果以及参数面板。

图11-222　原始图像

图11-223　塑料包装效果

图11-224　塑料包装效果设置

- 高光强度：用于设置图像中高光区域的亮度。
- 细节：用于调节作用于图像细节的精细程度。数值越大，塑料包装效果越明显。
- 平滑度：用于设置塑料包装效果的光滑程度。

▶ 11.18.2　"壁画"效果

"壁画"效果可以使用一种粗糙的绘画风格来重绘图像。如图11-225、图11-226和图11-227所示为原始图像、应用的壁画效果以及参数面板。

图11-225　原始图像

图11-226　壁画效果

图11-227　壁画效果设置

- 画笔大小：用于设置画笔笔触的大小。
- 画笔细节：用于设置画笔刻画图像的细腻程度。
- 纹理：用于设置添加纹理的数量。

▶ 11.18.3 "干画笔"效果

"干画笔"效果可以使用干燥的画笔来绘制图像边缘。如图11-228、图11-229和11-230所示为原始图像、应用的干画笔效果以及参数面板。

- 画笔大小：用于设置干画笔的笔触大小。
- 画笔细节：用于设置绘制图像的细腻程度。
- 纹理：用于设置画笔纹理的清晰程度。

图11-228　原始图像　　　　图11-229　干画笔效果　　　　图11-230　干画笔效果设置

▶ 11.18.4 底纹效果

"底纹效果"可以在带纹理的背景上绘制底纹图像。如图11-231、图11-232和图11-233所示为原始图像、应用的底纹效果以及参数面板。

图11-231　原始图像　　　　图11-232　底纹效果　　　　图11-233　底纹效果效果设置

- 画笔大小：用于设置底纹纹理的大小。
- 纹理覆盖：用于设置笔触的细腻程度。

▶ 11.18.5 "彩色铅笔"效果

"彩色铅笔"效果可以使用彩色铅笔在纯色背景上绘制图像，并且可以保留图像的重要边缘。如图11-234、图11-235和图11-236所示为原始图像、应用的彩色铅笔效果以及参数面板。

图11-234 原始图像　　　图11-235 彩色铅笔效果　　　图11-236 彩色铅笔效果设置

- 铅笔宽度：用于设置铅笔笔触的宽度。数值越大，铅笔线条越粗糙。
- 描边压力：用于设置铅笔的压力。数值越高，线条越粗糙。
- 纸张亮度：用于设置背景色在图像中的明暗程度。数值越大，背景色就越明显。

▶ 11.18.6 "木刻"效果

"木刻"效果可以将高对比度的图像处理成剪影效果，将彩色图像处理成由多层彩纸组成的效果。如图11-237、图11-238和图11-239所示为原始图像、应用的木刻效果以及参数面板。

图11-237 原始图像　　　图11-238 木刻效果　　　图11-239 木刻效果设置

- 色阶数：用于设置图像中的色彩层次。数值越大，图像的色彩层次越丰富。
- 边缘简化度：用于设置图像边缘的简化程度。数值越小，边缘越明显。
- 边缘逼真度：用于设置图像中所产生痕迹的精确度。数值越小，图像中的痕迹越明显。

▶ 11.18.7 "水彩"效果

"水彩"效果可以用水彩风格绘制图像，当边缘有明显的色调变化时，该效果会呈现出更加饱满的颜色。如图11-240、图11-241和图11-242所示为原始图像、应用的水彩效果以及参数面板。

图11-240 原始图像　　　图11-241 水彩效果　　　图11-242 水彩效果设置

- 画笔细节：用于设置画笔在图像中刻画的细腻程度。
- 阴影强度：用于设置画笔在图像中绘制暗部区域的范围。
- 纹理：用于调节水彩的材质肌理。

▶ 11.18.8 "海报边缘"效果

"海报边缘"效果可以减少图像中的颜色数量（对其进行色调分离），并查找图像的边缘，在边缘上绘制黑色线条。图11-243、图11-244和图11-245所示为原始图像、应用的海报边缘效果以及参数面板。

- 边缘厚度：用于控制图像中黑色边缘的宽度。
- 边缘强度：用于控制图像边缘的绘制强度。
- 海报化：用于控制图像的渲染效果。

图11-243 原始图像　　　　图11-244 海报边缘效果　　　　图11-245 海报边缘效果设置

▶ 11.18.9 "海绵"效果

"海绵"效果使用颜色对比度比较强烈、纹理较重的区域绘制图像，以模拟海绵效果。如图11-246、图11-247和图11-248所示为原始图像、应用的海绵效果以及参数面板。

图11-246 原始图像　　　　图11-247 海绵效果　　　　图11-248 海绵效果设置

- 画笔大小：用于设置海绵的尺寸大小。
- 清晰度：用于设置海绵的清晰程度。
- 平滑度：用于设置图像的柔化程度。

▶ 11.18.10 "涂抹棒"效果

"涂抹棒"效果可以使用较短的对角描边涂抹暗部区域，以柔化图像。如图11-249、图11-250和图11-251所示为原始图像、应用的涂抹棒效果以及参数面板。

- 描边长度：用于设置画笔笔触的长度。数值越大，生成线条的长度越长。
- 高光区域：用于设置图像高光区域的大小。
- 强度：用于设置图像的明暗对比程度。

图11-249　原始图像

图11-250　涂抹棒效果

图11-251　涂抹棒效果设置

11.18.11　"粗糙蜡笔"效果

"粗糙蜡笔"效果可以在带纹理的背景上应用粉笔描边。在亮部区域粉笔效果比较厚，几乎观察不到纹理；在深色区域粉笔效果比较薄，而纹理效果非常明显，如图11-252、图11-253和图11-254所示为原始图像、应用的粗糙蜡笔效果以及参数面板。

图11-252　原始图像

图11-253　粗糙蜡笔效果

图11-254　粗糙蜡笔效果设置

11.18.12　"绘画涂抹"效果

"绘画涂抹"效果可以使用6种不同类型的画笔来进行绘画，如图11-255、图11-256和图11-257所示为原始图像、应用的绘画涂抹效果以及参数面板。

图11-255　原始图像

图11-256　绘画涂抹效果

图11-257　绘画涂抹效果设置

- 画笔大小：用于设置画笔的大小。
- 锐化程度：用于设置画笔涂抹的锐化程度。数值越大，绘画效果越明显。
- 画笔类型：用于设置绘画涂抹的画笔类型，包含"简单"、"未处理光照"、"未处理深色"、"宽锐化"、"宽模糊"和"火花"6种类型。

11.18.13 "胶片颗粒"效果

"胶片颗粒"效果可以将平滑图案应用于阴影和中间色调上。如图11-258、图11-259和图11-260所示为原始图像、应用的胶片颗粒效果以及参数面板。

图11-258 原始图像

图11-259 胶片颗粒效果

图11-260 胶片颗粒效果设置

- 颗粒：用于设置颗粒的密度。数值越大，颗粒越多。
- 高光区域：用于控制整个图像的高光范围。
- 强度：用于设置颗粒的强度。数值越高，图像的阴影部分显示为颗粒的区域越多；数值越低，将在整个图像上显示颗粒。

11.18.14 "调色刀"效果

"调色刀"效果可以减少图像中的细节，以生成淡淡的描绘效果。如图11-261、图11-262和图11-263所示为原始图像、应用的调色刀效果以及参数面板。

图11-261 原始图像

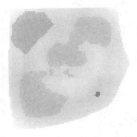
图11-262 调色刀效果

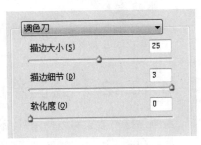
图11-263 调色刀效果设置

- 描边大小：用于设置调色刀的笔触大小。
- 描边细节：用于设置图像的细腻程度。
- 软化度：用于设置图像边缘的柔和程度。数值越大，图像边缘就越柔和。

11.18.15 "霓虹灯光"效果

"霓虹灯光"效果可以将霓虹灯光效果添加到图像上。该效果可以在柔化图像外观时为图像着色。如图11-264、图11-265和图11-266所示为原始图像、应用的霓虹灯光效果以及参数面板。

- 发光大小：用于设置霓虹灯的照射范围。数值越大，照射的范围越广。
- 发光亮度：用于设置灯光的亮度。
- 发光颜色：用于设置灯光的颜色。单击右侧的颜色图标，可以在弹出的"拾色器"对话框中设置灯光的颜色。

图11-264 原始图像

图11-265 霓虹灯光效果

图11-266 霓虹灯光效果设置

实例：制作逼真的绘画效果

源 文 件：	源文件\第11章\制作逼真的绘画效果
视频文件：	视频\第11章\制作逼真的绘画效果.avi

本实例主要通过使用各种特殊效果制作逼真的绘画效果，如图11-267所示。

本实例的具体操作步骤如下。

01 新建一个空白文档，置入素材文件"1.jpg"，如图11-268所示。

图11-267 效果图

图11-268 置入素材

02 执行"效果"|"艺术效果"|"绘画涂抹"命令，在弹出的"涂抹效果"对话框中输入参数，参数设置如图11-269所示。设置完成后单击"确定"按钮，图像效果如图11-270所示。

03 执行"文件"|"置入"命令，将素材文件中的"2.png"置入到文件中，调整大小和位置，完成本实例的操作，如图11-271所示。

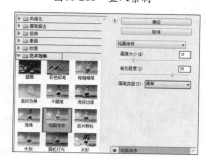

图11-269 参数设置

图11-270 为图像添加艺术效果

图11-271 完成效果

11.19 "视频"效果组

"视频"效果组中包含两种效果："NTSC颜色"和"逐行"，这两种效果可以处理以隔行扫描方式的设备中提取的图像。

▶ 11.19.1 "NTSC颜色"效果

"NTSC颜色"效果可将色域限制在电视机重现可接受的范围内，以防止过饱和的颜色渗到电视扫描行中。

▶ 11.19.2 "逐行"效果

"逐行"效果可以移去视频图像中的奇数或偶数隔行线，使在视频上捕捉的运动图像变得平滑，如图11-272所示为"逐行"对话框。

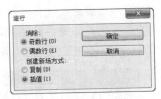

图11-272 "逐行"对话框

11.20 "照亮边缘"效果

"照亮边缘"效果是基于栅格的效果，无论何时对矢量图形应用这种效果，都将使用文档的栅格效果设置。选中要添加效果的对象，如图11-273所示。执行"效果"|"风格化"|"照亮边缘"命令，在弹出的"照亮边缘"设置面板中调整参数，如图11-274所示。设置完成后单击"确定"按钮完成设置，效果如图11-275所示。

图11-273 原始图像

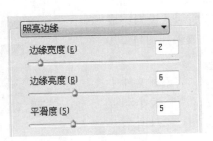

图11-274 照亮边缘效果设置

图11-275 照亮边缘效果

11.21 拓展练习——制作立体文字海报

源 文 件：	源文件\第11章\制作立体文字海报
视频文件：	视频\第11章\制作立体文字海报.avi

本实例将使用3D效果制作立体文字，以完成海报的制作，效果如图11-276所示。

本实例的具体操作步骤如下。

01 新建一个空白文档，将素材文件"1.jpg"置入到文件中，调整大小作为背景。

02 使用"椭圆工具"绘制正圆，填充白色，将其进行复制、缩放等编辑，制作出如图11-277的形状，制作完成后按快捷键Ctrl+G将其进行群组，并放在相应的位置上，如图11-278所示。

图11-276　效果图

图11-277　置入背景

图11-278　绘制图形

03 按快捷键T选择"文字工具"，使用鼠标左键在空白处单击，输入文字"ETERNITY"、"FANTASTIC"、"DESTINY"，在输入文字时，每输入一个单词按Enter键进行换行。文字输入完成后，选择文字并调整大小后放置在相应位置上，如图11-279所示。

04 选择文字，按快捷键Ctrl+Shift+O将其创建轮廓，将创建轮廓后的文字填充一个由黄色到蓝色的渐变，效果如图11-280所示。

05 选择文字并按快捷键Ctrl+C进行复制，按快捷键Ctrl+V进行粘贴。选中复制的文字，对其填充一个由黄色到橘色的渐变，描边为橘色，调整其大小及位置，如图11-281所示。

图11-279　调整文字

图11-280　制作文字效果

图11-281　填充文字

06 执行"效果"|"3D"|"凸出和斜角"命令，在弹出的"3D凸出和斜角"对话框中设置参数，如图11-282所示。

07 参数设置完成后，单击"确定"按钮完成制作，效果如图11-283所示。

08 将素材文件中的素材参照效果图摆放到相应位置，完成本实例的制作，效果如图11-284所示。

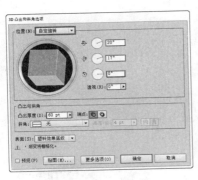

图11-282 设置参数

图11-283 制作文字3D效果

图11-284 效果图

11.22 本章小结

　　在Illustrator中将填色、描边、透明度以及效果等属性称为"外观"，通过学习"外观"面板的使用可以轻松地控制对象的多种属性。Illustrator中虽然包含很多种效果，但是使用方法并不复杂，通过本章的学习需要掌握不同效果的使用方法。

- 执行"窗口"|"外观"命令，可以打开"外观"面板，填充和描边将按堆栈顺序列出；面板中从上到下的顺序对应于图稿中从前到后的顺序。各种效果按其在图稿中的应用顺序从上到下排列。
- 选中要添加新效果的对象，在"外观"面板中选择相应的填充或描边选项，单击"添加新效果"按钮 **fx.**，在子菜单中选择需要的效果命令，在弹出的相应效果对话框中进行参数设置后，单击"确定"按钮即可为相应属性添加效果。
- 执行"效果"|"栅格化"命令，在弹出的对话框中可以对栅格化选项进行设置。"效果"菜单中的"栅格化"命令可以创建栅格化外观，而不更改对象的底层结构。

11.23 课后习题

1. 单选题

（1）下列关于投影效果的描述正确的是（　　）。

  A. 投影效果只对矢量图形有效

  B. 投影效果只对图像有效

  C. 投影效果生成的阴影是矢量图形

  D. 投影效果生成的阴影是位图

（2）下列（　　）操作不能复制所选对象的外观属性。

  A. 在"外观"面板中选择一种属性选项，然后单击面板中的"复制所选项目"按钮

B．在面板菜单中选择"复制项目"命令

C．按住Shift键单击该外观属性

D．直接将需要复制的外观属性拖动到面板中的"复制所选项目"按钮上

2．多选题

（1）外观属性包括（　　）等内容。

A．填色　　　　　　　　　　　　　B．描边

C．透明度　　　　　　　　　　　　D．效果

（2）如果对一个图层应用投影效果，下列描述正确的是（　　）。

A．该图层中的所有对象都将应用此投影效果

B．将其中的一个对象移出该图层，则此对象将不再具有投影效果

C．投影效果属于图层

D．将其中的一个对象移出该图层，则此对象依然具有投影效果

（3）可以将外观属性应用于（　　）元素。

A．参考线　　　　　　　　　　　　B．层

C．组　　　　　　　　　　　　　　D．对象

（4）下列（　　）操作可以在对象间复制外观属性。

A．通过拖动复制外观属性

B．使用吸管工具复制外观属性

C．使用吸管工具从桌面复制属性

D．指定可以使用吸管工具复制的属性

3．填空题

（1）执行"效果"|"转换为形状"|"矩形"命令，即可将选中的对象转换为＿＿＿＿＿。

（2）执行"效果"|"风格化"|"羽化"命令，在弹出的"羽化"对话框中，设置"羽化半径"数值可以控制对象从＿＿＿＿＿渐隐到＿＿＿＿＿的中间距离。

4．判断题

（1）"3D"效果组可以将路径或是位图对象从二维图稿转换为可以旋转、受光、产生投影的三维对象。（　　）

（2）"效果"菜单下的"模糊"子菜单中的命令是基于栅格的，无论何时对矢量对象应用这些效果，都将使用文档的栅格效果设置。（　　）

5．上机操作题

使用Photoshop效果画廊制作壁画效果，如图11-285所示。

图11-285　制作效果

第 12 章
Web图形与切片

在Illustrator中创建的Web图形，可与其他Web应用程序有效地互动兼容。通过了解Web图形的创建方法及过程、认识Web图形格式、设置输出选项、为Web创建矢量图形，以及掌握Web切片创作的创建方法，可在创建Web图形时更好地应用相关操作应用。

学习要点

- Web图形
- 切片

12.1 Web图形

Web图形与设计印刷品不同。Web图形制作时需要使用安全颜色，输出时则需要平衡图像品质和文件大小，并且需要为图形选择最佳文件格式，如图12-1和图12-2所示为网页设计作品。

图12-1 网页设计1

图12-2 网页设计2

12.1.1 Web图形输出设置

执行"文件"|"存储为Web所用格式"命令或使用快捷键Ctrl+Shift+Alt+S，弹出"存储为Web所用格式"对话框，在"预设"下的"名称"下拉列表中可以选择软件预设的压缩选项，通过直接选中相应的选项，可以快速对图像质量进行设置。由于使用较小的文件，Web服务器不仅能够更加高效地存储和传输图像，而且用户能够更快地下载图像。可以在"存储为Web所用格式"对话框中查看Web图形的大小和估计的下载时间，如图12-3所示。

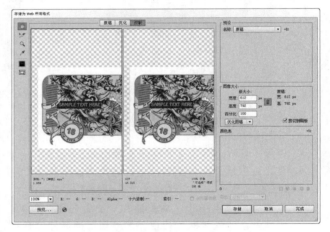

图12-3 "存储为Web所用格式"对话框

不同的图形类型需要存储为不同的文件格式，以便以最佳方式显示，并创建适用于Web的文件大小。可供选择的Web图形的优化格式包括GIF格式、JPEG格式、PNG-8格式、PNG-24格式和WBMP格式。

1. 保存为GIF格式

GIF是用于压缩具有单调颜色和清晰图像细节的标准格式，它是一种无损的压缩格式。GIF文件支持8位颜色，因此它可以显示多达256种颜色，如图12-4所示为GIF格式的设置选项。

- 设置文件格式：设置优化图像的格式。
- 减低颜色深度算法/颜色：设置用于生成颜色查找表的方法，以及在颜色查找表中使用的颜色数量。

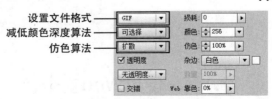

图12-4 GIF格式的设置选项

- 仿色算法/仿色： "仿色"是指通过模拟计算机的颜色来显示提供颜色的方法。较高的仿色百分比可以使图像生成更多的颜色和细节，但是会增加文件的大小。
- 透明度/杂边：设置图像中的透明像素的优化方式。
- 交错：当正在下载图像文件时，在浏览器中显示图像的低分辨率版本。
- Web靠色：设置将颜色转换为最接近Web面板等效颜色的容差级别。数值越高，转换的颜色越多。
- 损耗：扔掉一些数据来减小文件的大小，通常可以将文件减小5%~40%，设置5~10的"损耗"值不会对图像产生太大的影响。如果设置的"损耗"值大于10，文件虽然会变小，但是图像的质量会下降。

2. 保存为PNG-8格式

PNG-8格式与GIF格式一样，可以有效地压缩纯色区域，同时保留清晰的细节。PNG-8格式也支持8位颜色，因此它可以显示多达256种颜色，如图12-5所示为PNG-8格式的参数选项。

3. 保存为JPEG格式

JPEG格式是用于压缩连续色调图像的标准格式。将图像优化为JPEG格式的过程中，会丢失图像的一些数据，如图12-6所示为JPEG格式的参数选项。

图12-5　PNG-8格式的参数选项　　　图12-6　JPEG格式的参数选项

- 压缩方式/品质：选择压缩图像的方式。后面的"品质"数值越高，图像的细节越丰富，但文件也越大。
- 连续：在Web浏览器中以渐进的方式显示图像。
- 优化：创建更小但兼容性更低的文件。
- ICC配置文件：在优化文件中存储颜色配置文件。
- 模糊：创建类似于"高斯模糊"滤镜的图像效果。数值越大，模糊效果越明显，但会减小图像的大小，在实际工作中，"模糊"值最好不要超过0.5。
- 杂边：为原始图像的透明像素设置一种填充颜色。

4. 保存为PNG-24格式

PNG-24格式可以在图像中保留多达256个透明度级别，适合于压缩连续色调图像，但它所生成的文件比JPEG格式生成的文件要大得多，如图12-7所示。

图12-7　PNG-24格式的参数选项

▶ 12.1.2　使用Web安全色

在制作网页时就需要使用Web安全色。Web安全色是指能在不同操作系统和不同浏览器之

中同时正常显示颜色。Web安全颜色是所有浏览器使用的216种颜色，与平台无关。如果选择的颜色不是Web安全颜色，则在"颜色"面板、拾色器或执行"编辑"|"编辑颜色"|"重新着色图稿"命令，在对话框中会出现一个警告方块，如图12-8所示。

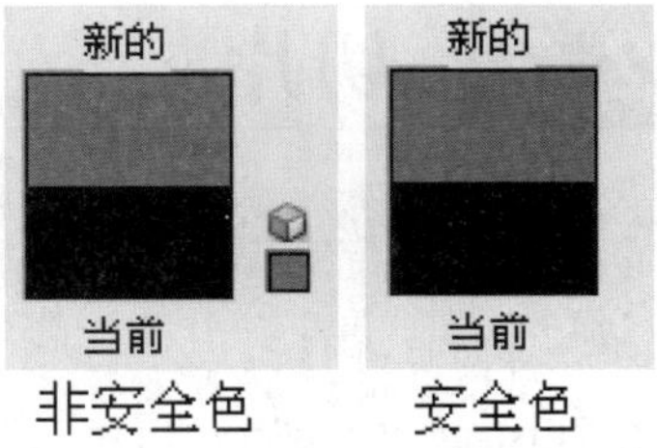

图12-8　安全色

1. 将非安全色转化为安全色

在"拾色器"对话框中选择颜色时，在所选颜色右侧出现⬚警告图标，这说明当前选择的颜色不是Web安全色。单击该图标，即可将当前颜色替换为与其最接近的Web安全色，如图12-9和图12-10所示。

图12-9　非Web安全色 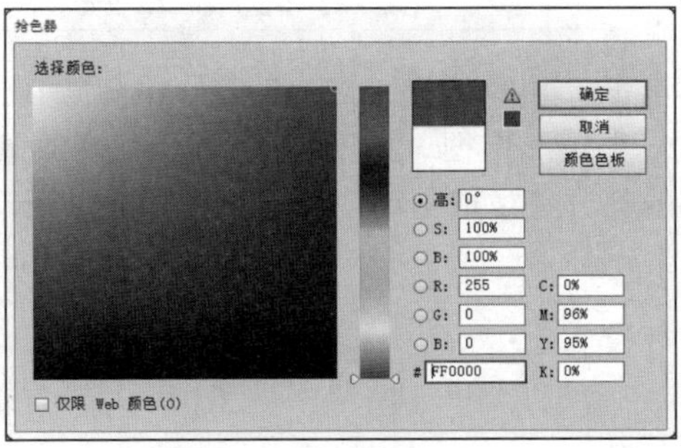　　　　　　　图12-10　替换Web安全色

2. 在安全色状态下工作

在"拾色器"对话框中选择颜色时，可以勾选底部的"仅限Web颜色"复选框，勾选之后可以始终在Web安全色下工作，如图12-11所示。

在使用"颜色"面板设置颜色时，可以在其面板菜单中选择"Web安全RGB"命令，如图12-12所示。"颜色"面板会自动切换为Web安全色模式，并且可选颜色数量明显减少，如图12-13所示。

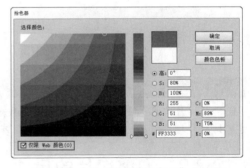

图12-11　勾选"仅限Web颜色"复选框

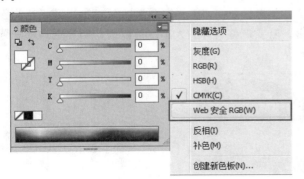

图12-12　"Web安全RGB"命令

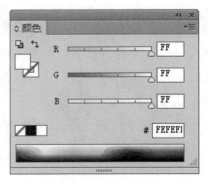

图12-13　"颜色"面板

12.2 切片

"网页切片"指的是在网页制作完毕后需要将图像切分为几部分的过程，在网络传输过程中，多个较小图片的传输速度远快于单个大图片的速度，所以在进行上传之前通常需要使用"切片工具"将网页进行切片。

在Illustrator中使用"切片工具"可以绘制切片，并使用"切片选择工具"编辑这些切片，该工具允许移动切片及调整它们的大小，如图12-14所示为切片工具组。

图12-14　切片工具组

12.2.1　使用切片工具

单击工具箱中的"切片工具"按钮或使用快捷键Shift+K，在图像中单击左键并拖动鼠标创建一个矩形选框，如图12-15所示。释放鼠标左键以后就可以创建一个用户切片，而用户切片以外的部分将生成自动切片，如图12-16所示。

图12-15　创建用户切片　　　　　　图12-16　生成用户切片

> 🔍 **提示**
>
> 使用"切片工具"创建切片时，按住Shift键可以创建正方形切片；按住Alt键可以从中心向外创建矩形切片；按住Shift+Alt键，可以从中心向外创建正方形切片。

12.2.2　调整切片的尺寸

在切片创建后，可以使用"切片选择工具"选择切片，并调整切片的尺寸和位置。若要移动切片，可以先选择切片，然后拖动鼠标即可。若要调整切片的大小，可以拖动切片定界点进行调整大小，如图12-17、图12-18和图12-19所示。

图12-17　选择对象　　　图12-18　调整切片位置　　　图12-19　调整切片大小

12.2.3　创建精确切片

单击工具箱中的"切片选择工具"按钮，在图像中单击鼠标，将整个图像切片选中，执行"对象"|"切片"|"划分切片"命令，然后弹出"划分切片"对话框，在其中可以对切片进行平均切分或指定精确的数值进行切分，单击"确定"按钮，如图12-20所示。

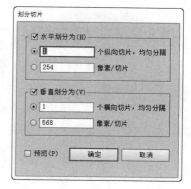

- 水平划分为：勾选该复选框后，可以在水平方向上划分切片。
- 垂直划分为：勾选该复选框后，可以在垂直方向上划分切片。
- 预览：在画面中预览切片的划分结果。

图12-20　"划分切片"对话框

12.2.4　删除切片

若要删除切片，可以使用"切片选择工具"选择一个或多个切片后，按Delete键删除切片。如果切片是通过执行"对象"|"切片"|"建立"命令创建的，则会同时删除相应的图像。如果要保留对应的图像，则使用释放切片而不要删除切片。若要释放切片，选择该切片，然后执行"对象"|"切片"|"释放"命令。若要删除所有切片，执行"对象"|"切片"|"全部删除"命令。

12.2.5　定义切片选项

切片的选项确定了切片内容如何在生成的网页中显示、如何发挥作用。单击工具箱中的"切片选择工具"按钮，在图像中选择要进行定义的切片，然后执行"对象"|"切片"|"切片选项"命令，弹出"切片选项"对话框，如图12-21所示。

- 切片类型：设置切片输出的类型，即在与HTML文件一起导出时，切片数据在Web中的显示方式。选择"图像"选项时，切片包含图像数据；选择"无图像"选项时，可以在切片中输入HTML文本，但无法导出图像，也无法在Web中浏览；选择"表"选项时，切片导出时将作为嵌套表写入到HTML文件中。

图12-21　"切片选项"对话框

- 名称：用于设置切片的名称。
- URL：设置切片链接的Web地址（只能用于"图像"切片），在浏览器中单击切片图像时，即可链接到这里设置的网址和目标框架。
- 目标：设置目标框架的名称。
- 信息：设置哪些信息出现在浏览器中。
- 替代文本：输入相应的字符，将出现在非图像浏览器中的该切片位置上。
- 背景：选择一种背景色来填充透明区域或整个区域。

12.2.6　组合切片

使用"组合切片"命令，通过连接组合切片的外边缘创建的矩形来确定所生成切片的尺寸和

位置，将多个切片组合成一个单独的切片。单击工具箱中的"切片选择工具"按钮，按住Shift键加选多个切片，然后执行"对象"|"切片"|"组合切片"命令，所选的切片即可组合为一个切片。

▶ 12.2.7 保存切片

当要对图像进行"切片"方式的保存时，必须要使用"存储为Web所用格式"命令，否则将只能按照整个图像进行保存。首先对图像进行相应的切片操作，然后执行"文件"|"存储为Web所用格式"命令，弹出"存储为Web所用格式"对话框，单击"存储"按钮，在弹出的"将优化结果存储为"对话框中，选择保存文件的设置，如图12-22所示。

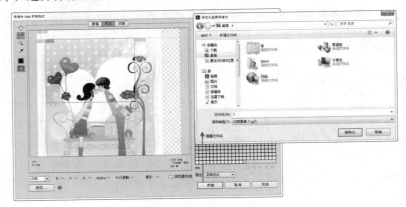

图12-22 保存切片

12.3 拓展练习——为网页切片并输出

源 文 件：	源文件\第12章\为网页切片并输出
视频文件：	视频\第12章\为网页切片并输出.avi

本实例通过使用切片工具为网页划分切片，并进行输出，效果如图12-23所示。

本实例的具体操作步骤如下。

01 打开素材文件"1.ai"，如图12-24所示。

图12-23 实例效果

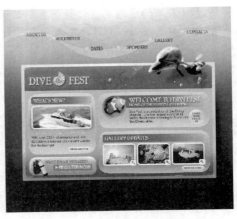

图12-24 置入素材

02 观察该网页图片，拟定切片位置。使用"直线工具"，划分大致的切片位置，如图12-25所示。

03 将划分切片位置的线段全选，按快捷键Ctrl+5转换为辅助线，如图12-26所示。

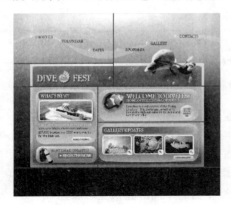

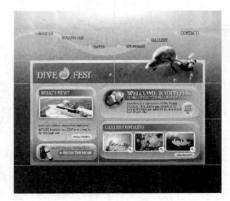

图12-25　切片大致位置　　　　　　　　　　图12-26　转换辅助线

04 单击工具箱中的"切片工具"，或者直接使用快捷键Shift+K，使用"切片工具"沿辅助线进行切片，如图12-27所示。

05 完成切片后，执行"文件"|"存储为Web所用格式"命令，弹出"存储为Web所用格式"对话框，在对话框右下角的"导出"下拉菜单中选择"所有切片"选项，如图12-28所示。

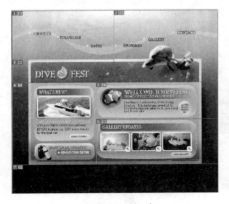

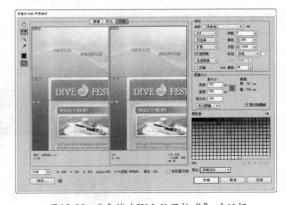

图12-27　切片　　　　　　　　　　图12-28　"存储为Web所用格式"对话框

06 单击"存储"按钮，在弹出的"将优化结果存储为"对话框中，选择保存文件位置，单击"确定"按钮，完成输出。

12.4　本章小结

通过本章节的学习，需要了解Web图形的输出设置，掌握切片工具的使用方法以及切片的编辑方法。

- 执行"文件"|"存储为Web所用格式"命令或使用快捷键Ctrl+Shift+Alt+S，弹出"存储为Web所用格式"对话框，在"预设"下拉列表中可以选择软件预设的压缩选项，通过直接选中相应的选项，可以快速对图像质量进行设置。
- 在"拾色器"对话框中选择颜色时，在所选颜色右侧出现⚠警告图标，就说明当前选择的颜色不是Web安全色。单击该图标，即可将当前颜色替换为与其最接近的Web安全色。

● "网页切片"指的是在网页制作完毕后需要将图像切分为几部分的过程，在网络传输过程中，多个较小图片的传输速度远快于单个大图片的速度，所以在进行上传之前通常需要使用"切片工具"将网页进行切片。

12.5 课后习题

1. 填空题

（1）可供选择的Web图形的优化格式包括_____、_____、_____、_____和_____。

（2）GIF文件支持_____颜色，因此它可以显示多达_____颜色。

（3）_____是用于压缩连续色调图像的标准格式。

（4）_____是指能在不同操作系统和不同浏览器之中同时正常显示颜色。

2. 判断题

（1）使用"切片工具"创建切片时，按住Alt键可以创建正方形切片。（　　）

（2）在切片创建后，可以使用"切片选择工具"对相应切片的尺寸和位置进行调整。（　　）

（3）单击工具箱中的"切片选择工具"按钮，按住Ctrl键加选多个切片。（　　）

（4）当要对图像进行"切片"方式的保存时，必须要使用"存储为Web所用格式"命令，否则将只能按照整个图像进行保存。（　　）

3. 上机操作题

为网页切片并输出，如图12-29所示。

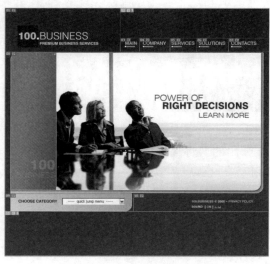

图12-29　网页切片

第 13 章
任务自动化与打印输出

在进行大量、操作相同的任务时，如果逐一进行操作会非常浪费时间，在Illustrator中可以通过"动作"面板以及批处理功能快速地自动处理大量任务。

学习要点

- 任务自动化
- 输出为PDF文件
- 打印设置

13.1 任务自动化

13.1.1 认识"动作"面板

使用"动作"面板可以自动对文件执行设置好的操作，执行"窗口"|"动作"命令，打开"动作"面板，该面板主要用于记录、播放、编辑和删除各个动作，如图13-1所示。

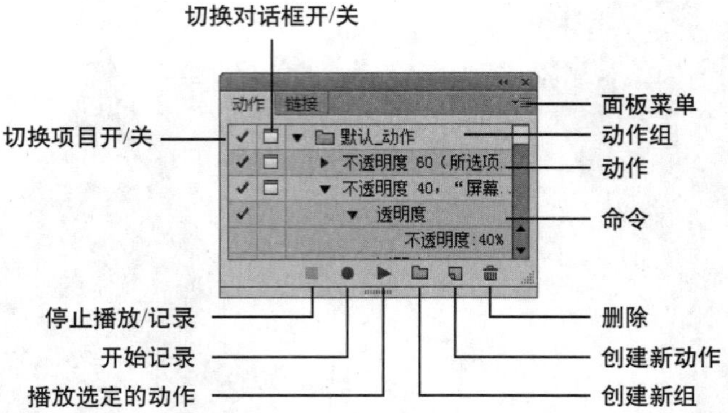

图13-1 "动作"面板

- 切换项目开/关☑：如果动作组、动作和命令前显示有该图标，代表该动作组、动作和命令可以执行；如果没有该图标，代表不可以被执行。
- 切换对话框开/关☐：如果命令前显示该图标，表示动作执行到该命令时会暂停，并打开相应命令的对话框，此时可以修改命令的参数，单击"确定"按钮可以继续执行后面的动作；如果动作组和动作前出现该图标☐，则表示该动作中有部分命令设置了暂停。
- 动作组/动作/命令：动作组是一系列动作的集合，而动作是一系列操作命令的集合。
- "停止播放/记录"按钮■：用来停止播放动作和停止记录动作。
- "开始记录"按钮●：单击该按钮，可以开始录制动作。
- "播放选定的动作"按钮▶：选择一个动作后，单击该按钮可以播放该动作。
- "创建新组"按钮▢：单击该按钮，可以创建一个新的动作组，以保存新建的动作。
- "创建新动作"按钮▢：单击该按钮，可以创建一个新的动作。
- "删除"按钮🗑：选择动作组、动作和命令后单击该按钮，可以将其删除。
- 面板菜单：单击▤图标，可以打开"动作"面板的菜单。

1. 对文件播放动作

播放动作可以在活动文档中执行动作记录的命令。可以排除动作中的特定命令或只播放单个命令。如果动作包括模态控制，可以在对话框中指定值或在动作暂停时使用工具。如果需要，可以选择要对其播放动作的对象或打开文件。

（1）若要播放一组动作，选择该组的名称，然后在"动作"面板中单击"播放"按钮▶，或从面板菜单中选择"播放"命令。

（2）若要播放整个动作，选择该动作的名称，然后在"动作"面板中单击"播放"按钮▶，或从面板菜单中选择"播放"命令。

如果为动作指定了快捷键，则按该快捷键就会自动播放动作。

（1）若要仅播放动作的一部分，选择要开始播放的命令，并单击"动作"面板中的"播放"按钮，或从面板菜单中选择"播放"命令。

（2）若要播放单个命令，选择该命令，然后按住Ctrl键，并单击"动作"面板中的"播放"按钮，也可以按住Ctrl键，并双击该命令。

🔍 提 示

在加速播放动作时，计算机屏幕可能不会在动作执行的过程中更新（即不出现应用动作的过程
而直接显示结果）。

2. 指定回放速度

在"动作"面板菜单中选择"回放选项"命令，打开"回
放选项"对话框，如图13-2所示。在该对话框中可以设置动作的
播放速度，也可以将其暂停，以便对动作进行调试。

- 加速：以正常的速度播放动作。
- 逐步：显示每个命令的处理结果，然后再执行动作中的下
  一个命令。
- 暂停：选择该复选框，并在后面设置时间以后，可以指定
  播放动作时各个命令的间隔时间。

图13-2 "回放选项"对话框

🔍 提 示

在加速播放动作时，计算机屏幕可能不会在动作执行的过程中更新（即不出现应用动作的过程
而直接显示结果）。

3. 记录动作

记录动作可以将所用的命令和工具都添加到动作中，直到停止记录。

在"动作"面板中单击"创建新动作"按钮，或从"动作"面板菜单中选择"新建动作"命
令，输入一个动作名称，选择一个动作集等相应设置。在"功能键"下拉列表中可以为该动作指定
一个键盘快捷键。在"颜色"下拉列表中可以为按钮模式显示指定一种颜色，单击"确定"按钮，
如图13-3所示。

单击"记录"按钮，"动作"面板中的"开始记录"按钮将变为红色，如图13-4所示。记录
"存储为"命令时，不要更改文件名。如果输入新的文件名，每次运行动作时，都会记录和使用
该新名称。在存储之前，如果浏览到另一个文件夹，则可以指定另一位置而不必指定文件名。

图13-3 "新建动作"对话框

图13-4 "动作"面板

若要停止记录，单击"停止播放/记录"按钮，或从"动作"面板菜单中选择"停止记录"
命令。

若要在同一动作中继续开始记录，从"动作"面板菜单中选择"开始记录"命令。

13.1.2　批量处理

使用"批处理"功能可以快速地对大量图形文件进行处理，从而提高工作效率并实现图像处

理的自动化。批处理命令用来对文件夹和子文件夹播放动作，也可以使用"批处理"命令为带有不同数据组的数据驱动图形合成一个模板。

在"动作"面板中单击"动作菜单"按钮 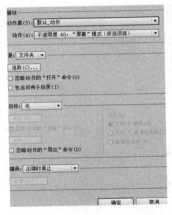，执行"批处理"命令，弹出"批处理"对话框，此时参数设置如图13-5所示。

- 在"播放"选项区域中定义要执行的动作，在"动作集"下拉列表中选择动作所在的文件夹，在"动作"下拉列表中选择相应的动作选项。

如果为"源"选择"文件夹"，定义要执行的目标文件。

- 忽略动作的"打开"命令：从指定的文件夹打开文件，忽略记录为原动作部分的所有"打开"命令。

图13-5　"批处理"对话框

- 包含所有子目录：处理指定文件夹中的所有文件和文件夹。

如果动作含有某些存储或导出命令，可以设置下列选项。

- 忽略动作的"存储"命令：将已处理的文件存储在指定的目标文件夹中，而不是存储在动作中记录的位置上。单击"选取"按钮以指定目标文件夹。
- 忽略动作的"导出"命令：将已处理的文件导出到指定的目标文件夹中，而不是存储在动作中记录的位置上。单击"选取"按钮以指定目标文件夹。

如果为"源"选择"数据组"，可以设置一个在忽略"存储"和"导出"命令时生成文件名的选项。

- 文件 + 编号：生成文件名，方法是取原文档的文件名，去掉扩展名，然后缀以一个与该数据组对应的三位数字。
- 文件 + 数据组名称：生成文件名，方法是取原文档的文件名，去掉扩展名，然后缀以下划线加该数据组的名称。
- 数据组名称：取数据组的名称生成文件名。

🔍 提 示

　　使用"批处理"命令选项存储文件时，总是将文件以原来的文件格式存储。若要创建以新格式存储文件的批处理，执行"存储为"命令，其后是"关闭"命令，将此作为原动作的一部分。然后在设置批处理时，为"目标"选择"无"。

13.2　输出为PDF文件

　　可以在Illustrator中创建不同类型的PDF文件，可以创建多页PDF、包含图层的PDF和PDF/X兼容的文件。包含图层的PDF可让存储一个包含可在不同上下文中使用的图层的PDF。PDF/X兼容的文件可减少颜色、字体和陷印问题的出现。

▶ 13.2.1　Adobe PDF选项

　　当要将当前的图像文件保存为一个PDF文件时，执行"文件"|"存储为"或"文件"|"存储副本"命令，输入文件名，并选择存储文件的位置。选择Adobe PDF (*.PDF)作为文件格式，然后单击"保存"按钮，如图13-6所示。在弹出的"存储Adobe PDF"对话框中进行相应的设置，如图13-7所示。

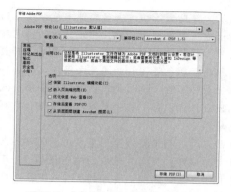

图13-6　"储存为"对话框　　　　　　图13-7　"存储Adobe PDF"对话框

- 从"Adobe PDF预设"下拉列表中选择一个预设，或从对话框左侧的列表中选择一个类别，然后自定选项。
- 标准：指定文件的PDF标准。
- 兼容性：指定文件的PDF版本。
- 常规：指定基本文件选项。
- 压缩：指定图稿是否应压缩和缩减像素取样，如果这样做，使用哪些方法和如何设置。
- 标记和出血：指定印刷标记和出血及辅助信息区。尽管选项与"打印"对话框中相同，但计算存在微妙差别，因为PDF不是输出到已知页面大小。
- 输出：控制颜色和PDF/X输出目的配置文件存储在PDF文件中的方式。
- 高级：控制字体、压印和透明度存储在PDF文件中的方式。
- 安全性：增强PDF文件的安全性。
- 小结：显示当前PDF设置的小结。要将小结存储为ASCII文本文件，可单击"存储小结"按钮。

13.2.2　设置输出选项卡

可以在"存储Adobe PDF"对话框的"输出"选项区域进行相应的设置，"输出"选项间交互的更改取决于"颜色管理"打开还是关闭以及选择的PDF标准，如图13-8所示。

- 颜色转换：指定如何在Adobe PDF文件中表示颜色信息。在将颜色对象转换为RGB或CMYK时，可同时从弹出式菜单中选择一个目标配置文件。所有专色信息在颜色转换过程中保留；只有印刷色等同的颜色转换为指定的色彩空间。
  - "不转换"保留颜色数据原样。在选择了"PDF/X-3"时，这是默认值。

图13-8　设置输出选项卡

  - "转换为目标配置文件"（保留颜色值）保留同一色彩空间中未标记内容的颜色值作为目标配置文件（通过指定目标配置文件，而不是转换）。所有其他内容将转换为目标空间。如果颜色管理关闭，此选项不可用。是否包含该配置文件由配置文件包含策略决定。
  - "转换为目标配置文件"将所有颜色转换为针对目标选择的配置文件。是否包含该配置文件由配置文件包含策略决定。
- 目标：说明最终RGB或CMYK输出设备的色域，例如显示器或SWOP标准。使用此配置文件，Illustrator将文档的颜色信息转换为目标输出设备的色彩空间。

- 配置文件包含策略：决定文件中是否包含颜色配置文件。
- 输出方法配置文件名称：指定文档的特定印刷条件。创建PDF/X兼容的文件需要输出方法配置文件。此菜单仅在"存储 Adobe PDF"对话框中选择了PDF/X标准（或预设）时可用。可用选项取决于颜色管理打开还是关闭。
- 输出条件名称：说明要采用的印刷条件。此条目对要接收PDF文档的一方有用。
- 输出条件标识符：提供更多印刷条件信息的指针。标识符会针对ICC注册中包括的印刷条件自动输入。
- 注册名称：指定提供注册更多信息的Web地址。URL会针对ICC注册名称自动输入。
- 标记为陷印：指定文档中的陷印状态。PDF/X兼容性需要一个值：True（选择）或False（取消选择）。任何不满足要求的文档将无法通过PDF/X兼容性检查。

13.3 打印设置

执行"文件"|"打印"命令，在打开的"打印"对话框中可以预览打印作业的效果，并且可以对打印机、打印份数、输出选项和色彩管理等进行设置。

13.3.1 打印

执行"文件"|"打印"命令，从"打印机"下拉列表中选择某种打印机。如果要打印到文件而不是打印机，可选择"Adobe PostScript文件"或"Adobe PDF"。如果是要在一页上打印所有内容，选择"忽略画板"。如果要分别打印每个画板，取消选择"忽略画板"，并指定要打印所有画板，还是打印特定范围，最后单击"打印"按钮，如图13-9所示。

- 打印机：在该下拉列表中可以选择打印机。
- 份数：设置要打印的份数。
- 设置：单击该按钮，可以打开一个"打印首选项"对话框，在该对话框中可以设置纸张的方向、页面的打印。

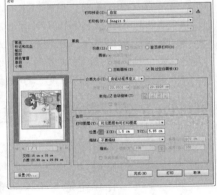

图13-9 "打印"对话框

13.3.2 打印对话框选项

在"打印"对话框中的每类选项，从"常规"选项到"小结"选项都是为了指导完成文档的打印过程而设计的。要显示一组选项，在对话框左侧选择该组的名称，其中的很多选项是由启动文档时选择的启动配置文件预设的，如图13-10所示。

- 常规：设置页面大小和方向、指定要打印的页数、缩放图稿，指定拼贴选项以及选择要打印的图层。
- 标记和出血：选择印刷标记与创建出血。
- 输出：创建分色。
- 图形：设置路径、字体、PostScript 文件、渐变、网格和混合的打印选项。

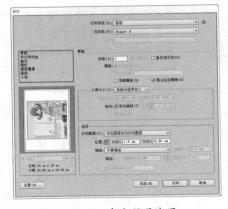

图13-10 打印设置选项

- 颜色管理：选择一套打印颜色配置文件和渲染方法。
- 高级：控制打印期间的矢量图稿拼合（或可能栅格化）。
- 小结：查看和存储打印设置小结。

13.4 本章小结

通过本章节的学习，需要了解Web图形的输出设置，掌握切片工具的使用方法以及切片的编辑方法。

- 使用"动作"功能可以自动对文件执行设置好的操作，执行"窗口"|"动作"命令，打开"动作"面板，该面板主要用于记录、播放、编辑和删除各个动作。
- 使用"批处理"功能可以快速地对大量图形文件进行处理，提高工作效率并实现图像处理的自动化。批处理命令用来对文件夹和子文件夹播放动作。也可以用"批处理"命令为带有不同数据组的数据驱动图形合成一个模板。
- 当要将当前的图像文件保存为一个PDF文件时，执行"文件"|"存储为"或"文件"|"存储副本"命令，输入文件名，并选择存储文件的位置。选择 Adobe PDF (*.PDF) 作为文件格式，然后单击"存储"按钮。
- 执行"文件"|"打印"命令，在打开的"打印"对话框中可以预览打印作业的效果，并且可以对打印机、打印份数、输出选项和色彩管理等进行设置。

13.5 课后习题

1. 单选题

（1）若要停止记录，可以单击"动作"面板上的（　　）按钮。

A. □　　　　　B. ▶　　　　　C. ●　　　　　D. ■

（2）"回放选项"对话框中"加速"选项的意义为（　　）。

A．显示每个命令的处理结果，然后再执行动作中的下一个命令

B．以正常的速度播放动作

C．加快播放速度

D．指定播放动作时各个命令的间隔时间

2. 填空题

（1）当要将当前的图像文件保存为一个PDF文件时，可执行＿＿＿＿＿或＿＿＿＿＿命令。

（2）"输出"选项间交互的更改取决于＿＿＿＿＿打开还是关闭以及＿＿＿＿＿。

3. 判断题

（1）若要打印到文件而不是打印机，可选择"Adobe PostScript文件"或"Adobe PDF"。（　　）

（2）色彩管理的作用是创建分色。（　　）

（3）分别打印每个画板，需要勾选"忽略画板"复选框。（　　）

4. 上机操作题

练习批处理的使用方法。

第14章
综合案例

本章主要通过综合应用前面1~13章所有章节中讲解的知识，学习完整商业案例的制作流程，从而在掌握商业案例制作流程的基础上巩固这些重要的知识点。

14.1 商业促销海报

源 文 件：	源文件\第14章\商业促销海报
视频文件：	视频\第14章\商业促销海报.avi

本案例主要通过形状绘制工具、钢笔工具、文字工具的配合使用来制作商业促销海报，效果如图14-1所示。

本案例的具体操作步骤如下。

01 新建一个空白文档，将素材文件"1.jpg"置入到当前文件中，调整其大小作为背景，如图14-2所示。

02 打开素材文件"5.ai"，将文件中的"圆角矩形"复制到新建文件中，调整大小并摆放到相应位置，如图14-3所示。

图14-1 效果图

图14-2 置入背景

图14-3 摆放素材

03 单击工具箱中的"圆角矩形工具"，绘制一个高105mm、宽190mm的圆角矩形，如图14-4所示。同时选中"圆角矩形"素材，在控制栏中分别单击"水平居中对齐"和"垂直居中对齐"按钮，使两个对象居中对齐，如图14-5所示。

图14-4 绘制圆角矩形

图14-5 设置对齐方式

04 将素材文件"5.ai"中的"沙滩"素材复制到文档中，摆放在圆角素材上方，如图14-6所示。使用快捷键Ctrl+[将沙滩移动到圆角矩形下方，调整大小后，选择沙滩及圆角矩形，使用快捷

键Ctrl+7制作剪切蒙版，如图14-7所示。

图14-6　导入素材

图14-7　创建剪切蒙版

05 将素材文件中的"海浪"素材复制到新建文档中，按快捷键Ctrl+[将其放置在圆角矩形的后面。选中该素材，双击工具箱中的"镜像工具"，在"镜像"对话框中设置"轴"为垂直，"角度"为"90度"，单击"复制"按钮进行复制，并将复制后的素材摆放到相应位置，如图14-8所示。采用同样的方式摆放其他"海浪"，如图14-9所示。

图14-8　置入海浪素材

图14-9　复制海浪素材

06 单击工具箱中的"钢笔工具"，在空白区域绘制海豚图形，如图14-10所示。并为其填充蓝色系渐变，描边为白色，描边粗细为4pt，如图14-11所示。

图14-10　绘制海豚

图14-11　设置填充描边

07 使用"钢笔工具"为海豚绘制眼睛，并摆放到相应位置，完成海豚的制作。将绘制完成后的海豚摆放到合适位置，如图14-12和图14-13所示。

08 将素材文件中的"鹦鹉"素材组复制到新建文档中，调整其大小并摆放在合适位置，如图14-14所示。执行"效果"|"风格化"|"投影"命令，在"投影"对话框中设置投影参数，参数设置如图14-15所示。参数设置完成后单击"确定"按钮，投影效果制作完成，如图14-16所示。

图14-12　绘制海豚眼睛

图14-13　摆放在合适位置

图14-14　置入鹦鹉素材

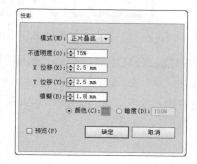

图14-15　设置投影参数

图14-16　投影效果

09 采用同样的方法添加其他植物素材，并摆放在合适的位置，如图14-17所示。

10 单击工具箱中的"文字工具"，或使用快捷键T，在控制栏中设置字体和文字大小，设置填充颜色为黄色，描边为白色，粗细为3xp，参数如图14-18所示。设置完成后，输入文字"Happy childhood"。

图14-17　导入植物的画面效果

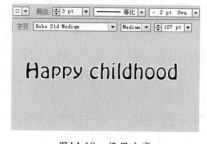

图14-18　设置文字

11 选中文字并单击右键，执行快捷菜单中的"创建轮廓"命令，打开"渐变"面板，为其编辑一种黄色系渐变效果，如图14-19所示，效果如图14-20所示。

图14-19　设置渐变

图14-20　文字效果

⓬ 选中文字，使用快捷键Ctrl+C进行复制，使用快捷键Ctrl+B粘贴在后面。执行"效果"|"路径"|"位移路径"命令，在"位移路径"对话框中设置位移为3mm，单击"确定"按钮，如图14-21所示。将位移路径的文字填充为褐色，如图14-22所示。

图14-21 "偏移路径"对话框　　　　　　　　　　图14-22 偏移路径效果

⓭ 执行同样的步骤，设置同样的参数，在文字部分的最底层添加白色位移路径。制作完成后，将文字部分群组，摆放到相应的位置，如图14-23所示。

⓮ 继续使用"文字工具"在画面中输入文字"At the touch of love everyone becomes a poet."，输入完成后摆放到相应的位置，如图14-24所示。

图14-23 文字效果　　　　　　　　　　　图14-24 文字摆放位置

⓯ 执行"文件"|"置入"命令，将素材文件"2.jpg"置入到文档中，调整大小并摆放在合适的位置，并以同样的方式将素材文件"3.jpg"、"4.jpg"置入到文件中，调整大小并摆放在合适位置，如图14-25所示。

⓰ 选中素材文件"2.jpg"、"3.jpg"和"4.jpg"，执行"效果"|"风格化"|"投影"命令，为其添加投影效果，参数如图14-26所示，效果如图14-27所示。

⓱ 将素材文件"5.ai"中的其他素材参照效果图，调整大小后并摆放在相应位置，完成本案例的制作，如图14-28所示。

　　　　　　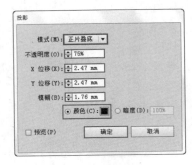

图14-25 置入素材图片　　　　　　　　　　图14-26 投影参数

图14-28　完成效果

图14-27　投影效果

14.2　网站页面设计

源　文　件：	源文件\第14章\网站页面设计
视频文件：	视频\第14章\网站页面设计.avi

　　本案例将使用学过的内容设计并制作网站页面，效果如图14-29所示。

　　本案例的具体操作步骤如下。

01 新建一个空白文档，使用"矩形工具"先绘制一个宽为273mm、高为246mm的矩形，填色为R45、G40、B40。再绘制一个宽为240mm、高为170mm的矩形，填充为白色。同时选中两个矩形，在控制栏中依次单击"水平居中对齐"和"垂直居中对齐"按钮，如图14-30所示。

02 使用快捷键Ctrl+R调出标尺，在标尺上按住鼠标左键拖动出参考线，并将参考线放置到相应位置。参照效果图使用"参考线"划分版面，如图14-31所示。

图14-29　效果图

图14-30　摆放矩形

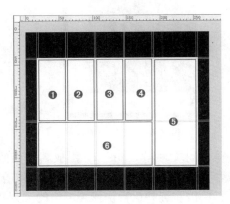

图14-31　使用参考线分割版面

🔍 **提 示**

为了方便讲解，可参照如图14-31所示将版面分为六部分。

03 绘制一个宽为63mm、高为167mm的矩形，填充为蓝色。参照"参考线"摆放在版面的第五部分，如图14-32所示。

图14-32　蓝色矩形

04 制作版面第五部分的"箭头"按钮。使用"矩形工具"绘制一个高为3mm、宽为17mm的矩形，如图14-33所示。选择该矩形，单击鼠标右键，执行快捷菜单中的"变换"|"旋转"命令，在弹出的对话框中设置旋转角度为90°，单击"复制"按钮，如图14-34所示。同时选中两个矩形，单击控制栏中的"水平左对齐"和"垂直底对齐"按钮。"箭头"的指向部分绘制完成，如图14-35所示。

图14-33　绘制矩形

图14-34　旋转复制

图14-35　"箭头"指向部分

05 继续绘制边长为3mm的正方形，填充为灰色，按住Shift+Alt键向左上方45°角的位置拖动并复制。使用该方法再复制出两个正方形，并为其调整由浅到深的透明度并摆放到相应位置。"箭头"制作完成，如图14-36所示。

06 继续使用"文字工具"输入文字，并将"箭头"与文字一起摆放到相应位置，完成"箭头"按钮的制作，如图14-37所示。

图14-36　箭头效果

图14-37　"箭头"按钮的摆放位置

07 置入素材文件"1.jpg"，摆放到版面的左侧，调整其大小。使用"矩形工具"参照参考线，在第一部分绘制矩形，如图14-38所示。矩形绘制完成后，选中素材文件"1.jpg"和矩形，单击右键并执行快捷菜单中的"创建剪切蒙版"命令，或使用快捷键Ctrl+7制作剪切蒙版，效果如图14-39所示。

图14-38　置入素材

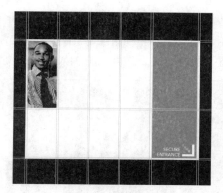

图14-39　创建剪切蒙版

08　继续置入人像素材"2.jpg"、"3.jpg"和"4.jpg"，采用同样的方式进行编辑，操作步骤同上，如图14-40所示。

09　使用"矩形工具"绘制正方形，填充为黑色。在控制栏中设置"不透明度"为90%，使用"直接选择工具"选中左上角的锚点，按Delete键，不透明三角形制作完成，如图14-41所示。

10　选择不透明三角形，按住Shift键加选左起第一个人像素材，并单击人像素材，以其为参照物，单击控制栏中的"水平右对齐"和"垂直左对齐"按钮，效果如图14-42所示。

图14-40　置入其他素材并进行编辑

图14-41　制作不透明三角形

图14-42　人物素材的编辑

11　使用"矩形工具"绘制一个高为3mm、宽为13mm的矩形，填充为白色，并摆放在相应位置。选择该矩形，使用快捷键Ctrl+C将其复制，继续使用快捷键Ctrl+F将其粘贴在前面，并填充为棕色。选择复制的对象，将宽度缩短。复制之前制作的"箭头"，调整其大小，并摆放在相应位置，如图14-43所示。

12　使用"文字工具"在页面相应位置单击，在控制栏中设置字体和字号，设置完成后输入文字"news"，将文字摆放到相应位置，如图14-44所示。

13　选择人像素材上的所有对象，按住Shift+Alt键，按下鼠标左键平行移动并复制。参照"参考线"摆放在合适的位置。更改文字及右下方矩形的颜色，并

图14-43　角标摆放位置

图14-44　文字摆放位置

将其他剩余部分制作出来，如图14-45所示。

⒕ 使用"矩形工具"在区域5内沿参考线绘制矩形，填充为灰色。将"箭头"复制并移动到相应位置，更改大小。在其后方输入相应的文字，如图14-46所示。

图14-45 摆放角标

图14-46 文字摆放位置

⒖ 将素材文件"5.jpg"置入到文件中，调整大小并摆放在相应位置上。选择"矩形工具"，绘制一个如图片大小的矩形，与图片中心对齐，置于图片的底层，如图14-47所示。

⒗ 单击工具箱中的"文字工具"，在相应范围内按住鼠标左键拖动出文本框，执行"文件"|"置入"命令，选择素材文件"6.txt"，将文字置入到文本框中。执行"窗口"|"文字"|"字符"命令，在"字符"面板上更改文字字体和大小，如图14-48所示。

图14-47 素材摆放位置

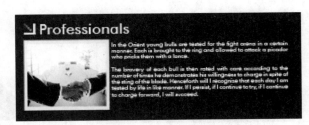

图14-48 制作文字部分

⒘ 下面使用"矩形工具"绘制与文本框大小匹配的矩形，颜色填充为深灰色，不透明度90°，设置完成后将其置于文字底层，如图14-49所示。

⒙ 最后使用"文字工具"键入页面中的其他文字，完成本案例的操作，如图14-50所示。

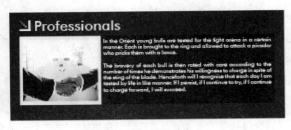

图14-49 编辑对象

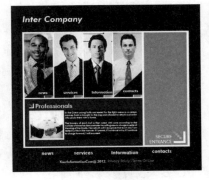

图14-50 最终效果

习题答案

第1章

1. 单选题

（1）A　　（2）C　　（3）A

2. 填空题

（1）工作区　　（2）空格

3. 判断题

（1）✓　　（2）✓

4. 上机操作题

（1）（略）　　（2）（略）

第2章

1. 单选题

（1）B　　（2）B

2. 填空题

（1）新建　　（2）置入

3. 判断题

（1）×　　（2）✓

4. 上机操作题

（略）

第3章

1. 单选题

（1）B　　（2）A　　（3）B

（4）A　　（5）C

2. 多选题

（1）ABCD　　（2）ABCDE

（3）BCD　　（4）AD　　（5）AC

3. 填空题

（1）转换锚点工具

（2）透视选区

（3）平滑点、角点

（4）实时描摹

4. 上机操作题

（略）

第4章

1. 单选题

（1）C　　（2）A　　（3）B

（4）C　　（5）D

2. 多选题

（1）AC　　（2）AD　　（3）ABCDE

（4）BC　　（5）BD

3. 填空题

（1）锚点、方向点、路径线段

（2）仅变换对象、仅变换图案、变换两者

（3）Shift

4. 判断题

（1）×　　（2）✓　　（3）×

5. 上机操作题

（略）

第5章

1. 单选题

（1）B　　（2）A

2. 多选题

（1）AC　　（2）ACD　　（3）AD

（4）BC　　（5）AC

3. 填空题

（1）宽度、颜色

（2）颜色、属性

4. 判断题

（1）✓　　（2）✓

5. 上机操作题

（略）

第6章

1. 单选题

（1）C　　（2）A　　（3）B

2. 填空题

（1）宽度工具、变形工具、旋转扭曲工具、缩拢工具、膨胀工具、扇贝工具、晶格化工具、皱褶工具

（2）连接

3. 判断题

（1）✓　　（2）✓

4. 上机操作题

（1）（略）　　（2）（略）

第7章

1. 单选题

（1）D　　（2）A

2. 填空题

（1）剪切蒙版、不透明蒙版

（2）隔离混合

3. 判断题

（1）×　　（2）×

4. 上机操作题

（略）

第8章

1. 单选题

（1）A　　（2）D

2. 多选题

（1）BC　　（2）ABD　　（3）BC

（4）ABCD　　（5）BCD　　（6）AD

3. 填空题

（1）3　　（2）镜像　　（3）终点

4. 判断题

（1）√　　（2）×　　（3）√

5. 上机操作题

（略）

第9章

1. 单选题

（1）A　　（2）B　　（3）C　　（4）D

2. 填空题

（1）Alt　　（2）符号库

3. 判断题

（1）×　　（2）√　　（3）√

4. 上机操作题

（略）

第10章

1. 单选题

（1）D　　（2）A　　（3）B

2. 多选题

（1）AB　　（2）ABCD

3. 填空题

（1）饼图　　（2）部分、总体

4. 上机操作题

（略）

第11章

1. 单选题

（1）D　　（2）C

2. 多选题

（1）ABCD　　（2）ABC

（3）BCD　　（4）ABCD

3. 填空题

（1）矩形　　（2）不透明、透明

4. 判断题

（1）√　　（2）√

5. 上机操作题

（略）

第12章

1. 填空题

（1）GIF格式、JPEG格式、PNG-8格式、PNG-24格式、WBMP格式

（2）8位、256种

（3）JPEG格式

（4）Web安全色

2. 判断题

（1）×　　（2）√

（3）×　　（4）√

3. 上机操作题

（略）

第13章

1. 单选题

（1）D　　（2）B

2. 填空题

（1）"文件"|"存储为"、"文件"|"存储副本"

（2）颜色管理、选择的PDF标准

3. 判断题

（1）√　　（2）×　　（3）×

4. 上机操作题

（略）